政商融洽的受益者

商業巨人的創業傳奇

張愛民 著

Entrepreneurial Legend

從學徒到大亨，
挑戰極限且成就非凡，
是什麼造就那些商業翹楚的榮光？

U0078243

創新、堅持、社會責任……從零開始的商業帝國，
深究成功背後的艱辛與智慧！

▶企業家傳奇──那些輝煌與苦難
▶經營智慧解析──從創業困難到國際市場的成功
▶商業道德與社會責任──高度的專業素養和遠見卓識
▶獨特的經營理念──創造市場奇蹟

目錄

第一章　五百元起家的冼冠生

學徒生涯，艱苦創業　　　　　　　　　10

拓展業務，遍及中華　　　　　　　　　13

苦辣酸甜，個中滋味　　　　　　　　　16

冠生園走向新生　　　　　　　　　　　24

第二章　百貨人王郭樂

獨闖澳洲，試辦果欄　　　　　　　　　28

開創新業，小試牛刀　　　　　　　　　31

大鵬展翅，輝煌鑄就　　　　　　　　　33

富國強民，花落何處　　　　　　　　　38

第三章　紡織俊傑劉國鈞

在戰爭夾縫中成長　　　　　　　　　　42

兩「偷」技術　　　　　　　　　　　　44

風雲突變　　　　　　　　　　　　　　48

最後的歸途　　　　　　　　　　　　　51

第四章　西藥翹楚項松茂

做小學徒，成大經理　　　　　　　　　56

目錄

自製藥品，產銷兩旺　　　　　　58

一筆小資金，買來大廠家　　　　61

重視科學研究，狠抓品質　　　　63

商場鏖戰急，固本領風騷　　　　66

寧死不屈，以身殉國　　　　　　69

第五章　化工先導范旭東

少年立志，救國救民　　　　　　74

艱辛創業，百折不撓　　　　　　75

創辦鹼廠，坎坷難平　　　　　　78

擴大生產，占領市場　　　　　　81

進軍硫酸銨工業　　　　　　　　84

時世艱難，壯志難酬　　　　　　86

第六章　味精大王吳蘊初

出身貧困，經歷坎坷　　　　　　90

初顯才能，受任三職　　　　　　91

漸成系統，報效社會　　　　　　97

工廠遷川，重整旗鼓　　　　　　100

劫後新生，困境重重　　　　　　102

第七章　輪船大王盧作孚

出身貧寒，經歷坎坷　　　　　　106

創辦公司，發展「民生」　　　　109

化零為整，統一川江航運　　　　112

支援抗戰，壯大自身　　　　　　115

發展業務，打進沿海　　　　　　116

借款造船，由盛及衰　　　　　　117

第八章　菸草大王簡氏兄弟

自立名號，經營航運　　　　　　124

初創「南洋」，困苦中失利　　　125

再建「南洋」，抗爭中發展　　　127

由盛而衰，終獲新生　　　　　　137

第九章　金融才俊陳光甫

勤奮刻苦，獲得良機　　　　　　142

改革受阻，自創小銀行　　　　　144

喘息艱難，夾縫中求生　　　　　145

結交要人，打通歐美　　　　　　155

第十章　計程車大王周祥生

獨身闖滬，鍾愛出租業　　　　　160

天賜良機，賒車開業　　　　　　161

初顯身手，嶄露頭角　　　　　　163

巧借東風，大幹快行　　　　　　164

目錄

一碼萬金，響徹雲霄　　　　　　166

靈活調度，服務優良　　　　　　170

挫敗「雲飛」，戰勝對手　　　　171

苦心經營，風光難再　　　　　　172

第十一章　絲業大王薛南溟、薛壽萱

出身官宦，開設繭行　　　　　　176

創辦「永泰」，出師不利　　　　177

聘用能人，創立名牌　　　　　　178

增設絲廠，「永泰」遷錫　　　　180

壽萱繼業，放眼海外　　　　　　182

改造設備，改良蠶種　　　　　　185

困境求生，揚威海外　　　　　　186

絲業危機，方顯雄厚　　　　　　188

鼎盛時期：絲業「托拉斯」　　　189

躲避戰亂，旅美破產　　　　　　191

第十二章　綢業大王蔡聲白

學業順利，才能顯現　　　　　　194

更新設備，擴大規模　　　　　　195

羅致人才，籠絡員工　　　　　　197

內銷有術，外銷有方　　　　　　199

重視公關，巧妙周旋　　　　　　　　　　204

第十三章　化工鉅子方液仙

百折不撓，艱苦創業　　　　　　　　　　210

創立品牌，奠定根基　　　　　　　　　　213

技術專家，經營行家　　　　　　　　　　217

興也愛國，亡也愛國　　　　　　　　　　224

第十四章　乳、窯業鉅子吳百亨

一窮二白，白手起家　　　　　　　　　　228

涉足煉乳，旋即發財　　　　　　　　　　229

對手強悍，競爭激烈　　　　　　　　　　233

創辦窯業，又創佳績　　　　　　　　　　239

奮力掙扎，走出絕境　　　　　　　　　　242

第十五章　豬鬃大王古耕虞

「小小的豬鬃」與世界大戰　　　　　　　246

「古青記」＋ T 型人才＝豬鬃大王　　　247

商戰中「減號」的特例：小魚吃大魚　　　251

「乘」的不僅僅是商業利潤　　　　　　　254

「除」的辯證法　　　　　　　　　　　　258

目錄

第十六章　經營之神劉鴻生

背叛「上帝」，學業中斷　　　　260

推銷起步，煤炭業稱王　　　　261

劉氏企業，漸成氣候　　　　263

顛沛流離，興辦企業　　　　271

劉氏企業的歸宿　　　　273

第十七章　糧棉大王榮氏兄弟

初涉商業，創立錢莊　　　　276

投身實業，開辦麵粉廠　　　　278

投資紗廠，亦成大王　　　　285

歷經危局，盛極而衰　　　　291

後記

第一章 五百元起家的冼冠生

在當今的中國，恐怕很少有人不知道大白兔奶糖以及那些令美食家如數家珍的「陳皮梅」、「杏花軟糖」、「魚皮花生」等精美食品，或許他們還能說出生產這些美食的廠家的金字招牌 —— 冠生園食品廠。而今，提起冠生園，有些老上海還會對它的老闆 —— 廣東人冼冠生，津津樂道呢。

冼冠出生在貧寒的小裁縫家庭，卻創立了中國現代食品行業的民族資本之最。他創辦的冠生園食品廠和冠生園品牌下的各種點心美食，涵蓋中國的範圍之大，讓人咋舌。但是有誰能夠想像，那麼龐大的一個企業集團的建立，在剛開始的時候，僅僅依靠五百元。（本書皆以人民幣為貨幣單位）

冼冠生當初在創辦企業時，曾遭遇無數次失敗的打擊，但他沒有喪失信心，也許正是他那種開朗的性格、寬闊的胸懷和認真勤奮的經營精神，才讓他登上了成功的頂峰。

學徒生涯，艱苦創業

冼冠生，原名冼炳生，一八八七年出生於廣東佛山一戶裁縫家裡。他幼年喪父，因為家境貧困，只在私塾讀了幾個月，就在家裡幫助母親做些零活勉強餬口。十五歲那年，為了擺脫貧困的處境、填飽肚皮，他央求一個遠房親戚帶他到上海，在一家「竹生居」的宵夜館裡做學徒。

二十世紀初上海失業現象很嚴重，在此謀生很困難。年輕的冼冠生深知他當時的「飯碗」來之不易，每天辛勤的工作，從不偷懶，不久就學會了各種食品製作的手藝，店主十分喜愛他並把他當成好幫手。而南方人那種特有的機敏和狡黠，以及廣東人身上特有的創業意識，使得他處處留心，時時在意，在工作的同時，也在為自己的今後做著打算。

在店主的同意下，冼冠生得以向店裡的老廚師學習烹調技術。他對老廚師們非常尊敬，學習技術的時候又很刻苦用心，老廚師們都樂於教他，使他在烹飪方面打下了堅實的基本功。學徒期間，冼冠生每天抽出時間看報紙，大量的閱讀，他不僅認識了很多字、對當時社會的政治、經濟環境有了一定的了解，而且也豐富了他在各方面的知識，這為他以後的發展打下良好的基礎。

三年學徒期滿以後，冼冠生和一名譚姓的同鄉女子結了婚，婚後不久又把母親從廣東老家接到上海。他利用平時省吃儉用省下的錢，開了一家名叫「陶陶居」的小型家庭宵夜館，專營廣式小吃。冼冠生年輕氣盛，躊躇滿志，認為只要店一開起來，憑著自己的一番苦幹精神，就能賺到錢。

可是事情遠沒有他想像的這麼簡單，宵夜館經營不到半年，

便因沒什麼顧客，面臨即將關門的尷尬處境。年輕的冼冠生對創業的艱難有了切身的感受，但是他沒有被擊垮，而是東拼西湊，又弄了點錢，重新開張了一家餐館，可是不久又蝕本停業了，之後如此停停開開竟達七八次之多！最後資產耗盡，他再也無力經營了。面對這番情景，就算是有雄才大略的經營鉅子也會心灰意冷的，但是冼冠生反而冷靜了下來，他認真的回顧了自己所走過的路，思索著失敗的原因，總結出了三條教訓：一是因為地點偏僻，不得「地利」；二是附近的貧民多，顧客光顧的少，缺乏「人和」；二是因為缺乏本錢，未能隨季節、時令的變化而供應不同的產品，有違「天時」。別看他讀書不多，但分析起問題來，居然頭頭是道。吃一塹，長一智，年輕的冼冠生從失敗中悟出了一些經商的道理。

從學徒到開宵夜館到創辦「冠生園」，冼冠生經歷了多次失敗，這段歷程長達十五年之久，以致他到了而立之年，還是一事無成。有人問他：「大塊頭（上海方言，意為胖子），怎麼樣？又關門了？」他晃動著矮胖的身軀，笑哈哈的回答：「沒什麼，另想法混。」經受過如此多失敗的打擊，反而讓冼冠生變得精明開朗了。

按照自己總結的經商之道，經過反覆思考，冼冠生決定另謀生財之道。

當時的上海文明戲盛行，南市「新舞臺」等戲院演出的戲碼很受歡迎，幾乎場場爆滿。一些小販就在戲院的門口設攤兜售鴨鞭乾、乾果、蜜餞等消費食品，上海的男人女人都愛吃零食，所以生意很好。冼冠生受到了啟發，決定改做攤販生意，一則是本錢小較易籌措；二則可以在繁華鬧市覓選適當地點設攤，這樣既順天時，又得地利人和，生意肯定不會差。

於是，冼冠生便在自家租借的上海亭子間裡開設起食品手工

作坊。白天，他與母親、妻子忙著製作陳皮梅、牛肉乾等，傍晚的時候挑著擔子到南市「新舞臺」戲院的門口設攤，同時也進劇場內托盤子出售。由於這些食品風味獨特，物美價廉，很受顧客的歡迎，他現做現賣，幾乎每天都能賣完；加上他接待顧客時總是笑容可掬，熱心對答，他那張祥和福氣的笑臉，使顧客感到親切，漸漸的，生意就做開了。為了擴大經營，改進製作方法，冼冠生專程回佛山老家的一家乾貨加工廠，就話梅的製作方法學習了兩個月。

　　一天，冼冠生從報紙上看到了香港有一家名為「冠生園」的食品店倒閉了。他覺得「冠生園」這字號很吉利，便撿起了這塊招牌，印製了專用包裝紙。豐富的商品，精湛的手藝，加上別具一格的包裝，使冼冠生在同行中獨樹一幟。沒過多久，他就在附近一帶小有名氣了。冼冠生獨特的經營之道引起了「新舞臺」戲院的檢票員薛壽齡的注意。薛壽齡家資富裕，很想和冼冠生合夥開店，冼冠生也非常樂意，於是他們決定共同集資三千元。冼冠生沒有現金，只好以家具作價五百元入股，這便是冼冠生後來津津樂道的「冠生園是五百元起家的」的緣故。

　　一九一五年，「冠生園」在上海南市九畝地開業，仍以冼冠生的亭子間作為製作食品的作坊，生產的主要人員還是冼家母子三人，只是新添了幾個工人。冼冠生同時主持著業務經營，內外照應。經過一段時間的艱苦創業，生產和業務都有了很大的進展。

　　很快的，合夥經營的組織形式不能適應發展的需要了。到了一九一八年，冠生園增資至六十五萬元，將合夥作坊改組為股份有限公司；公司設立董事會，冼冠生被推舉為董事，並擔任總經理。在斜橋局門路公司建立了一家食品工廠，「冠生園」這才初具規模。

拓展業務，遍及中華

「冠生園」初創之時，上海泰康食品廠和泰豐食品廠的餅乾、罐頭早已馳名全國。冼冠生審時度勢，認為「冠生園」剛踏上發展道路，不宜冒進，主張把初具基礎的糖果、糕點作為經營重點，打通銷路後，再把經營範圍擴大到粵菜、粵點的供應上。在集中人力、物力，發揮自己所長的思想指導下，「冠生園」的生產經營很快就出現了蒸蒸日上的興旺景象。兩年以後，「冠生園」的招牌打響了，資金也充實了，一批生產、業務核心人員也成長起來，「冠生園」出現了第一次的大發展。

接著，冼冠生把「冠生園」的總部遷到上海最繁華的南京路，租用了一幢五開間連底三層相當寬敞的樓房，從門面到店堂、餐廳，均精心設計，布置得既堂皇又雅緻。「冠生園」的發祥地九畝地原址改為「冠生園」老店後，在二馬路設立發行所，經辦批發業務，並在上海市區內陸續開設了五家分店，營業蒸蒸日上。

第一次世界大戰結束後，外資企業紛紛來上海設廠，外國食品商企圖壟斷上海的食品市場。冼冠生面臨外商挑戰時，毫不示弱，專門撰寫了《提倡國貨與改善食品》一文，提出要提倡國貨、抵制外資入侵，必須提高國貨的品質，改良國貨生產的落後狀態。之後，冼冠生還制訂了雄心勃勃的發展計畫。

一九三三年，「冠生園」公開向社會招募新股，增資至九十萬元，冼冠生用此款在滬郊漕河涇興建了設備完善的新廠房，引進了德國、英國的成套先進設備，並從香港、廣州禮聘高級技師，使「冠生園」的生產水準、技術水準都有了極大的提高。

新工廠主要從事糖果、糕點、餅乾等品種的生產，並解決了生

產落後於銷售的矛盾，此時的「冠生園」在上海食品行業中已經與上海灘上赫赫有名的康泰、泰豐食品廠形成鼎足之勢。

冼冠生早就籌劃由南向北發展，現在時機已經成熟了，他採取穩打穩紮、步步為營的策略，先開好一個分店，獲得了利益，再籌建另一間分店，逐步地建立起了一個遍及許多大、中城市的「冠生園」生產、銷售網。到一九三六年，「冠生園」僅上海一地就設有總廠一家、分店十家和生產工廠三座；在漢口、南京、天津、北平、杭州等地，也設立了生產、銷售機構，成為一家以經營糖果、糕點為主，以餅乾、罐頭為輔，品種齊全、工商聯營的大型食品企業集團，年產值在全國食品行業中位居首位。

正當「冠生園」穩步發展時，風雲突變。一九三七年年底，上海淪陷，「冠生園」漕河涇工廠被日軍占領，生產設備全遭破壞。在此之前，北平、天津等地也已經失守。

接著，杭州、南京也被日軍占領，各地的分店遭到不同程度的破壞，無法維持下去了。

可是冼冠生並沒有灰心，而是積極籌劃新的發展。

冼冠生先是將上海等地撤出的一批機器和原料，集中到當時的後方軍事政治中心漢口。這時候的漢口，由於人口驟增，形成了畸形繁榮的景象，尤其以食品、飲食業最為興盛。冼冠生抓住這一有利的時機，增加生產，擴展營業範圍，短時間內獲得了豐厚的利潤。但是戰火日益逼近，如此經營終非長久之計，於是冼冠生又積極推行向大西南發展的計畫。

他選定重慶作為「冠生園」新的發展中心。首先，冼冠生為重慶「冠生園」的成立投入了巨額的資金，包括生產設備和原材料，估計總價值在十二萬元以上。其次，為了選到一個理想的店址，

幾次派人到重慶探察，但好幾個備選的營業地址都被他否定了；一九三八年，冼冠生親自去重慶，經過多方的奔走活動，才在最熱鬧的都那街選定了店址，重慶的「冠生園」仿照上海模式，設立門市部及飲食部等。重慶是西南的經濟中心和水陸交通樞紐，成為「陪都」後，出現了更為興盛的景象，當時江浙一帶來重慶的人很多，這些人對「冠生園」有著一種特殊的感情，重慶本地人對「冠生園」產品的風味也很歡迎，因此「冠生園」營業盛極一時，飲食部更是門庭若市，成為社會名流大宴小酌的理想場所。重慶「冠生園」成立以後，仍以經營各類糖果及新式糕點的產銷以及粵菜、粵點的供應為主，本地的同行不多，而江浙和湖北等地遷來的同行因是手工製作，品質差、數量小、成本高，無法和「冠生園」的機器生產相競爭，因此「冠生園」幾乎以壓倒優勢獨步於市場。

抗戰期間是「冠生園」歷史上的又一個大發展時期，生產經營取得了顯著的成效。冼冠生相繼在重慶開設了五家分店和兩家食品生產廠，員工總計有四百多人。同時，冼冠生積極地向西南各大中城市拓展業務，他風塵僕僕，親赴各地籌建分店，對選定店址、布置店堂、安排生產經營，都是親自縝密研究，並把由重慶帶去的管理和生產人員安排在各地的分店作為主幹。

冼冠生於一九三九年建立了「冠生園」昆明分店，一九四一年建立了貴陽分店和瀘州分店，一九四三年建立了成都分店。這些分店另設有分店、食品廠和飲食部，在一些較大的縣鎮還設有代銷店。冼冠生將其經營的觸角伸向了大西南。

抗日戰爭勝利後，冼冠生著手恢復上海總店和漢口、南京、杭州、天津等地的分店，由於急需大量的資金，他遂將在重慶及西南各地的盈餘調出支應，由重慶匯出的款項先後計有法幣一億多元，

美元數萬元和黃金兩百多兩。這筆巨額資金，有力的支援了各地店、廠的恢復和發展。

苦辣酸甜，個中滋味

「冠生園」最成功的管理經驗莫過於「三本主義」了。這是根據冼冠生總結以往從商的經驗提出的。所謂「三本主義」，就是「本心」、「本領」、「本錢」，這是「冠生園」帶有指導性的經營原則。

「本心」即指事業心和責任心。冼冠生要求全體員工把「冠生園」當作一種事業，去克服困難，務求成功，同時必須具有鞠躬盡瘁的事業心，重視食品與健康的關係，要對人負責。他常對員工提起過去之所以別人肯出資與他合夥創辦「冠生園」，就是因為別人看見他遭遇挫折而不氣餒，不斷努力，有苦幹、實幹的勁頭，並有做好食品生產的技能。對高階職員，他常常說：「這是共同的事業，大家要努力做。」

冼冠生要求員工要努力做，自己也身體力行，他每天上午到工廠督導生產，下午到公司去辦公，無論是在上海、漢口或重慶，二三十年如一日，從未鬆懈。他去工廠不是走馬觀花察看一下，而是仔細檢查每一道工序；對業務經營，冼冠生同樣極為重視，及時了解產品的推銷情況和市場回饋，以便調節生產。

冼冠生的事業心還表現在他的私人生活上，他除了自己應得的每月一百元的薪水，每年約一千一百元的股息外，從不在企業上支錢私用。他生活儉樸，食宿都和員工在一起，因而能直接聽取對生產、經營各方面的意見，而他的指令和安排也就在這些不拘形式的場合中，取得了支持，得到了貫徹。

「本領」，指的是經營管理和業務技術的能力。意為，要想做好

企業，就必須不斷的提高產品品質，不斷的創新產品，「打鐵需要自身硬」。冼冠生不僅是食品生產的高手，也是經營管理的行家。他去工廠檢查，只要用舌尖一觸，就能判斷食品的好壞，對品質差的能指出毛病所在，員工們對此是心服口服。經營方面，冼冠生更是為「冠生園」的發展付出了才智和心血，「冠生園」的兩次大發展都是冼冠生經營策略的體現。一整套的管理制度，高效、精簡的管理組織系統顯示了冼冠生卓越的經營才能。

為了提高「冠生園」全國員工的本領，冼冠生堅持「用人唯才」，重視人員的培訓和使用。冠生園各地分店的經理、廠長、財會負責人員，基本上都是在冼冠生身邊工作過一段時間，經過考核，擇優錄用的。選擇的標準是「勤奮、靈敏、聽話」三條，既能服從統一安排指揮，又能發揮生產經營的積極性。

冼冠生在用人方面還能盡釋前嫌，信任和起用新人。一九四一年，冼冠生到重慶「冠生園」所屬的各分店視察，在第三分店發現一個姓冉的學徒板起一副面孔，對顧客怒目相視，這與冼冠生歷來主張的「人無笑臉休開店」大相違背，冼冠生批評他：「你簡直要把顧客趕跑！」但隨後，他了解到這個學徒人很老實，做事勤快，只是面孔呆板，不善應接而已，冼冠生認為這個學徒不適宜再做門市工作，而將他調去學做糕點，後來這個學徒竟青出於藍而勝於藍，技術比他的師傅還高明。對一個學徒尚能知人善用，對其他高級管理人員就更不用說了。

在人事安排上，冼冠生十分講究「精員」，因而「冠生園」幾乎沒有出現冗員和「尸位素餐」的情況。從公司到各地分店的全部員工中，行政管理人員只占百分之二至百分之三，人數雖少，卻頗精幹，大多數獨當一面，有的還一任多職。重慶「冠生園」各店、

廠共有員工四百多人，行政管理人員僅有十二人，經理、副經理和辦事人員擠在一間屋子裡研究生產、籌劃經營，辦事效率極高。

「本錢」，指的是資本和資金。它要求共同開源節流，積累充足的資金，以利企業的發展。「冠生園」的資本是由少到多，逐漸擴充的。由於「冠生園」一直處在不斷的發展中，在增資招股和流動資金的籌措上，是比較順利的。一九一八年改組為股份有限公司，資本增加到十五萬元，冼冠生用這筆資金擴大生產，增加設備，提高食品自製能力，增加業務據點，使「冠生園」在上海的食品行業中嶄露頭角。一九三一年，為實現由南向北的發展計畫，冼冠生決定將資本增加為三十萬元，由於當時「冠生園」已名噪滬上，因此吸引了很多的投資者，順利完成了資金招股，保證了「冠生園」在南京、杭州、廬山、天津等地建立起由產到銷的分支經營機構計畫的實現。此後，「冠生園」就被社會各方面視為具有鞏固基礎的事業，在上海證券交易所出現了公開買賣「冠生園」股票交易的活動。一九三三年，為興建漕河涇機器生產工廠，冼冠生決定再次增資二十萬元，但是由於政局不穩，經濟不景氣，只募得十萬元的股資，但是在多事之秋，能募得十萬元之巨資，已足見「冠生園」的信譽之高了，而此時，上海中國銀行卻主動上門給予貸款，因中國銀行吸收了不少的游資，需要尋找可靠的投資者，雙方達成了辦理抵押或擔保貸款二十萬元的協議，這樣「冠生園」不僅解決了漕河涇新廠的資金問題，還得到一大筆隨時可以利用的流動資金。

此外，「冠生園」的總管理處還吸收私人存款近十萬元，漢口分店也吸收私人存款四五萬元，重慶「冠生園」與金城銀行和幾家川幫銀行也建立了信貸關係，所以「冠生園」生產經營所需的流動資金相當寬裕，調動運用頗為靈活。冼冠生在資金的運用上堅持了

一條原則，就是一般不用於購置不動產，除了興建漕河涇新廠房及引進設備外，「冠生園」在全國各地的分店、工廠達四五十處，所有的用房全是租賃的，只需少許的開支加以改裝修繕，就可以使用。大量的資金都是用於原材料的儲備、生產設備的添置和擴充企業經營的流動費用的，從而有力的促進了生產經營的發展。

「冠生園」成功的管理經驗還在於，堅持「譽從信出」。冼冠生一貫重視企業的信譽，認為這是企業成敗的根本。信譽和產品品質總是密切相關的，冼冠生從創辦「冠生園」開始，就特別強調必須保證產品的品質，他認為生產中的「三注意」是優質產品的保證。

一是注意配料比例。冼冠生認為這是保證產品品質的首要條件。例如水果糖的配料比例，同行業中飴糖、白糖是四六開，製成的水果糖易稀化，黏紙黏手，冼冠生將之改為飴糖、白糖二八開，既增加了甜度，又防止了稀化，品質大為提高。

二是注意香味分明。各種糖果糕點，一般都具有甜味，但經過配料也能具有獨特的香味，當時市面上所售的水果糖常常味道混雜，不知是何味，被譏之為怪味。因此，冼冠生將香味列為品質檢查的主要項目之一，在水果糖的製作過程中對各種香料的配備嚴格區分，使冠生園的水果糖各具檸檬、香蕉、蘋果、鳳梨等不同的純正的香味。

三是注意食品衛生。冼冠生提出了「產品品質，衛生第一」的口號，制定了必要的制度和措施，對工廠環境、生產工具、生產人員的清潔衛生都有嚴格的要求。對原料的採購有明確的規定，堅決不買劣質、變質的原料，並建立了嚴格的驗收制度。此外，對用料的衛生也極為注意，如雞蛋外殼上的髒物必須洗淨，花生剝殼以後，發現霉壞的，必須剔除等。

第一章　五百元起家的冼冠生

　　冼冠生認為，樹立名牌是建立商譽的另一途徑。他早年與母親和妻子共同創製的「陳皮梅」、「果汁牛肉」、「橘汁牛肉」品質都有一定的基礎，又經反覆的研究，多次的試製，最終成明星產品。冼冠生的梅製品原料有兩個生產地：蘇州鄧尉的梅子價格較低，但核大肉薄；杭州超山的梅子價格較高，但核小肉厚，冼冠生寧願出高價來購買超山梅，以保證梅製品的品質。他還不惜工本，專門在超山設置制梅工廠，每年新梅一出就大量收購，就地醃製儲存，使「冠生園」的梅製品一直以品質特優而聞名。

　　廣式月餅是「冠生園」的另一主要明星產品，這一產品是因為在競爭中不斷改進而聞名於世的。這一名品的特點是花色品種繁多，尤其是味道多樣，有椰蓉蛋黃月餅、椰蓉素月餅、蓮蓉蛋黃月餅和用全金鉤、火腿、叉燒、五仁、百果製作的各式月餅，色、香、味、形均臻上乘，能廣泛適應不同消費者的喜愛，使同行難以匹敵，始終暢銷海內外。

　　冼冠生還注意產品的推陳出新。一九三三年，他應邀去日本訪問，臨歸國前，日本森永糖果株式會社的總經理森永太一郎饋贈各種糖果樣品二十八箱，冼冠生回國後立即組織人員分析研究，仿製出新產品杏花軟糖、魚皮花生等多種中國首創的新型食品。隨後，這些都成為冠生園的名牌，暢銷全國各地。

　　冼冠生認為，廣告宣傳是創造企業商譽的另一個手段，它能將自己的產品與同行競爭，擴大銷路。他在學徒時就是一個廣告迷，從報上剪輯了各種廣告，訂成了五大本，反覆思索，愛不釋手。擔任「冠生園」總經理以後，他親自設計了許多別出心裁的廣告。電影明星胡蝶是冠生園的股東，冼冠生把她請來，讓她坐在紅毯上，一隻手搭著一個特製的大月餅，拍成照片，照片上題詞「唯中國有

此明星，唯冠生園有此月餅」，精印成宣傳畫，四處張貼。

漕河涇新廠建立時，冼冠生還命人在四層鋼筋水泥結構的廠房上裝置起六公尺高的巨型霓虹燈，徹夜燈火通明。當時，這裡周圍尚無高層建築，滬杭鐵路線上列車經過此地，數里外就能望見「冠生園」字樣的霓虹燈，它猶如海市蜃樓，給人留下了深刻的印象。

在沿長江兩岸的主要港口碼頭和沿鐵路的大車站，均矗立有「冠生園糖果糕點」的各種設計不同的大廣告牌。其中有「冠生園藥製陳皮梅生津止渴」，特別加上「藥製」二字，表示與眾不同，具有營養功效；還有宣傳「冠生園果子露不攙糖精」的廣告，是針對同行業的時弊，突出冠生園食品的優良品質。冼冠生與上海的新聞界也有接觸，他與一些小報館的編輯、記者時有應酬，取得他們的支持，使之為「冠生園」宣傳鼓吹。為了與上海其他生產廣式月餅的老字號競爭，奪取「月餅大王」的桂冠，冼冠生於一九三五年和一九三六年中秋節分別舉辦了兩次賞月活動，事前在報上刊登整版的廣告，報導這一消息，凡購買「冠生園」月餅十盒即送賞月券一張，在中秋之夜憑券免費搭乘「冠生園」包租的輪船，去吳淞口或乘火車去青陽港賞月；賞月時還邀有名演員演出、記者採訪，這天的各大報紙都詳細報導，影響很大。當年「冠生園」的月餅銷量達十餘萬盒。經過這樣的幾次大型活動後，用料考究、製作精良的「冠生園」月餅聲名鵲起，很快地躍居同行業的榜首。

冼冠生看到上海的菜館多為本地風味和北方風味，缺少廣東風味，而他深知家鄉菜點的誘人之處，親友中不乏名師高手，可招之即來。因此，「冠生園」改組為公司後，擴大了業務經營範圍，他就將盈餘資金投向各地分店附近的飲食部，供應粵菜、粵點。他們在南京路門市部樓上開設了大型的飲食部，把漕河涇的「冠生園」

農場改為大型花園餐廳，這在滬上獨樹一幟，別開生面。

在重慶期間，冼冠生更是把主要的精力放在主持飲食的業務上面，他採用的是一整套雖然平實卻不乏精明的經營管理方式，使飲食業成為「冠生園」業務的重要組成部分。

第一是多樣化經營。當時其他的大餐館以經營承包宴席為主，對零星顧客也只供應價格昂貴的份菜，冼冠生則將經營重點面向大眾，撤去了部分雅座，擴展了大餐廳，各種粵菜分大、中、小三種，以小份為主，大量供應，並備有速食，供應價格低廉的蓋澆飯、廣州窩飯、魚生粥、臘味飯等。此外，開設了滷菜燒臘專櫃，味道可口，乾淨新鮮，並備有包裝紙、盒，顧客可以帶走。

第二是發揮粵菜的風味特色。冼冠生常和廚師們一起討論，精心研究，結合各階層消費者的購買情況，制定了一個多品種的基本菜譜：一類是滋補性的名貴菜，如原盅燉雞湯、燉三瑞，煲湯及燒烤豬、蛇肉等；一類是一般性名菜，如冬瓜盅、南瓜盅、蠔油牛肉等，價格不貴，一般中等收入的顧客常來光顧，供不應求；再一類是經濟可口的普通菜，如鹹蛋蒸肉餅、鹹魚蒸肉餅、蚌油豆腐、芙蓉炒蛋、香腸、臘肉等。三類菜品共有上百種，定期輪換供應，其豐富多彩和獨特的粵菜特色，深受顧客的喜愛。

第三是供應品種繁多的美味早點。冠生園的早點名目繁多，每個星期選擇三十餘種供應，輪流變換，使人頗覺新穎。各色點心中，有甜的，有鹹的，有甜重鹹輕的，有椒鹽的，有用蔥薑的，口味繁多，以調眾味。被列為日常供應的雞球大包、叉燒包、紙包雞、蛋塔等成本較高，但所定售價卻不高，這是「冠生園」有意均衡毛利率，以爭取顧客光顧。其實，另外的時令點心已彌補了利潤的差額。如蘿蔔糕、馬蹄糕、芙蓉糕等是用價格較低的蘿蔔、芋頭

等的時令品做成的，價格高一點，並不顯眼。

第四是注意環境，服務周到。「冠生園」訂立了《服務人員須知》、《工作手冊》等，要求員工要一切以顧客為重，做好各項服務，使其高興而來，滿意而去。

店堂的布置也十分的考究，雅座房間陳設有盆景，壁上有山水畫，使顧客感到雅緻幽靜。大廳裡，擺設的桌子相互距離較寬，顧客往來方便舒適，每張桌子都是玻璃桌面，清潔親切，還特製了一種高腳靠椅，專供兒童使用，父母子女可同桌進餐，其樂融融，這可謂「冠生園」的創舉。服務人員衣著整潔，禮貌待客，碗筷都是「一洗二清三擦乾」，並用蒸氣消毒，餐廳備有廁所，裡面有紙巾、香皂等，可謂周到備至。

在舊中國開舖設店，尤其是食品、飲食行業，既受反動政府的壓迫，又遭社會流氓勢力的滋擾，冼冠生在這一方面真是煞費苦心，多方敷衍。「冠生園」創辦之初，是依靠薛壽齡做擋箭牌的。薛是上海灘的一個高級「白相人」，在地方上比較吃得開，一般的流氓地痞知道他是「冠生園」的總經理，不敢前來滋事搗亂，但是隨著「冠生園」的逐漸發展，軍政方面的當權人物利用各種藉口找岔子、找麻煩，薛壽齡也無力阻攔了。

冼冠生只能另找門徑，尋找更大的靠山。一九三四年，他經人介紹認識了褚民誼，並逐漸博得了褚的好感。冼冠生進而提出了請他擔任「冠生園」的第四任董事長，褚予以首肯，還入股兩千元。冼冠生在西南各地開設分店時，他所選分店的房屋，都是當地顯赫權貴擁有的。如重慶分店是租用四川省政府主席劉湘的大舅子、師長周曉嵐的房屋；昆明的分店，是租用雲南省政府主席龍雲的大舅子、財政廳長李西平的房屋……這些房屋都是經人說情，重金租用

的，既是地處鬧市，又可得到房主這塊招牌的庇護，避免了不少事端的發生。

冼冠生還採取聘請當地有勢力的人擔任顧問的辦法來免掉許多的麻煩。如，在重慶就聘請當地的袍哥大爺唐紹武為顧問，月送公費五十元，唐常來「冠生園」餐廳「坐穩」，就像土地廟的對聯說的那樣：「保一方清吉，佑四季平安。」冼冠生如此做，不僅是花小錢救大錢，避免了許多沒有必要的血腥之災，而且也因此結識了許多的社會名流，為自己的餐廳創了一個很好的招牌。

冠生園走向新生

抗戰勝利後，冼冠生帶著龐大的計畫來到上海，打算迅速恢復「冠生園」在上海、南京、杭州以及中國北方的業務，並實施向美國、東南亞發展的計畫。但現實卻無情的粉碎了他的宏圖大志：美國剩餘物資源源不斷的傾銷，幾乎占據了全部的食品市場；全面的內戰使各地的交通堵塞，民不聊生，根本無法發展業務；通貨膨脹幾乎使生產難以維持，再加上「冠生園」股票為一些商人所得，他們操縱董事會，排擠冼冠生。

而冼冠生本人，也憂憤難當，積勞成疾，不能正常進行工作了，從此「冠生園」的元氣大傷，生產和銷售都步履維艱，冼冠生勉強支持著，維持到戰爭結束。

戰爭結束後，上海「冠生園」及各地二十多家分店獲得了新生。業務很快恢復，並得到了發展，特別是重慶「冠生園」，在糖果糕點的生產，經營特色的粵菜、粵點的風味上，都比較完整地保留下了「冠生園」特色。冼冠生繼續維持「冠生園」的業務，直到一九五二年逝世。

　　「十年動亂」之後，「冠生園」這塊老字號又得到了恢復。全國各地的廠、店增加到四十多家，新推出的大白兔奶糖，兩次榮獲國家銀獎；荔枝夾心硬糖、哈密瓜糖等高級透明夾心硬糖，深受消費者的喜愛，幾乎成了家家必備的美食。中國各地的「冠生園」組織了「冠生園聯合會」，每年舉行年會，以發揚「冠生園」的經營特色，促進「冠生園」的繁榮。「冠生園」在新的時代裡又恢復了青春。

第二章　百貨大王郭樂

南京路作為中華商業第一街，自實施步行制度以來，更是舊貌換新顏，迸發出了迷人的風采。光滑的街面，翠綠的常青植物，嶄新的商業店面，五彩斑斕的廣告牌 —— 這一切都把南京路打扮得五光十色、千嬌百媚。從早到晚，這條街上總是熙熙攘攘，遊人如織。就在這條流光溢彩的南京路上，華聯商廈像一顆晶瑩剔透的珠璣，熠熠生輝於這鱗次櫛比、目不暇接的商場鏈中。望著華聯商廈富麗堂皇的裝飾，望著櫃檯裡琳瑯滿目的商品，望著遊人和顧客不停的穿梭於商廈的各個櫃檯，人們也許不難想起它的前身：上海永安公司，也由此會想起當時叱吒上海百貨業的永安公司創始人郭樂。

獨闖澳洲，試辦果欄

郭樂（一八七四年至一九五六年），生於廣東香山（今中山市）一戶貧苦的農家，像中國所有封建社會中的農民家庭一樣，這是個多子女的大家庭。郭樂在家中排行老二，上有一個哥哥，下有四個弟弟。郭樂雖生於廣東香山，但其先輩卻曾在江蘇省松江北橋（今屬上海市）一帶乞討為生，後來由於戰亂而流落到廣東。這是封建社會末期中國農民典型的生存現象。郭樂出生的時代，正是資本主義商品藉著堅船利炮潮水般湧進中國的時代，這些外來的廉價商品以排山倒海之勢使沿海一帶自給自足的小農經濟紛紛破產。廣東、福建等沿海一帶的農民飽受經濟破產之苦難，紛紛逃走他鄉，要麼遠渡重洋去海外謀生，要麼流散到中國的其他省分，郭樂的哥哥郭炳輝就是在這個背景下於一八八二年去了澳洲。

生不逢時的郭樂，幼年時期是在幫助父親務農來勉力維持家用的困窘中度過的。不幸的是，屋漏偏逢連夜雨，一八九〇年廣東香山縣又因遭受嚴重的水災而幾近顆粒無收，這一下連那一畝三分地的薄田也無所指靠了。為了生存，年僅十七歲的郭樂被迫遠走他鄉，奔赴澳洲謀生，也從此開始了他那不凡的人生之路。

初到澳洲，因為人生地不熟再加上語言不通，郭樂吃盡了苦頭。為了生存他先在一家菜園做了兩年的工人，後來又販賣過瓜果蔬菜，就這樣折騰了三年後，終於在一八九三年經堂兄郭標幫忙，進了郭標與旁人合開的一家水果店當夥計。郭樂十分珍惜這份來之不易的工作，因此做事積極主動，非常勤快，且又很有條理，高效俐落，使郭標十分滿意。頭腦靈活的郭樂並沒有滿足於只做個優秀的打工仔，而是睜大眼睛仔細觀察郭標與人做生意時的技巧，細心

體會。他暗暗下定決心，一定要掌握經商的訣竅，自己開店！

就這樣，郭樂省吃儉用，以圖積蓄資金。皇天不負有心人，過了大約二年後，機會終於來了。一個開水果店的商人因經營不善瀕於破產，正在拍賣店面。郭樂聞訊後立即與幾位要好的華僑馬祖星、孫智興等一起集資了一千四百澳鎊（澳大利亞貨幣單位），二話不說買下了這家店面，他們對這家店面進行了簡單的整理後於一八九七在雪梨正式掛牌開業。懷著無比激動的心情和對未來美好的希冀，郭樂把自己的店名定為「永安果欄」（果欄即水果批發商店），就這樣郭樂開始了在異國他鄉的創業之路。

「永安果欄」成立後，大家商議以經營水果為主要業務，同時也兼做一些中國土特產的批發和零售，以增加收入。由於在堂兄的水果店裡打工多年，再加上自己的用心體會，郭樂對水果店的經營已瞭若指掌，他很快就成為「永安果欄」的實際領導者。在經營中，郭樂敏銳的感覺到，要想使「永安果欄」在眾多的水果店的競爭中立於不敗之地，必須壯大自己的規模。因此，他憑藉自己的口才和智慧說服「永生」和「泰生」兩家水果店與自己合併，擴充了實力；繼而又與水果販運商訂立了代銷合約，保證了貨源。憑此兩項有力的措施，「永安果欄」果然占領了大片水果市場，賺取了難以想像的巨額利潤。

然而郭樂並沒有就此陶醉。當時「永安果欄」經銷的水果源除了在當地收購一些外，大部分來自於阿瑟頓和斐濟島。斐濟島盛產香蕉，貨源要比阿瑟頓充足得多，但離雪梨路途遙遠，乘帆船一個來回要兩個多月，遇到風暴也極不安全。不甘心受制於人的郭樂，為了擴大經營甘冒風險，他除了親自去斐濟島訂購水果外，還以三家合作的方式直接在斐濟開設了「生安泰」商店和二十多個分號，

專門為雪梨的果欄收購水果然後直接運抵，從而大大減少了另找運
輸商的成本，節約了大量的資金。但即使這樣，郭樂仍感不能賺取
最大利潤，而單純地靠在當地收購水果已不能使他滿足。為了進一
步擴大產業，郭樂索性以「生安泰」的名義直接在斐濟買地自辟香
蕉園，直接利用當地的廉價勞動力。這樣就使香蕉的收購成本再次
大大降低，並從根本上解決了貨源問題，使雪梨果欄的產、供、銷
連成了一體，遠遠走在了其他水果商人的前面。在斐濟發展最盛
時，郭樂曾擁有工人五百多名，蕉園幾萬畝，真可謂戰績傲人。

　　作為一個精明的商人，郭樂不僅在開拓市場上很有章法，而
且在內部的經營管理上也很有心計。按照協議，水果運抵雪梨後，
由三家果欄按銷售能力就地分配，這樣，三家果欄雖然在採購上一
致，但銷售能力卻是不一樣的。郭樂看到了機會，就又開始和盟友
們競爭。他先是在碼頭分配時暗中記下「永生」、「泰生」的銷售地
和主要客戶姓名，然後又派自己的人搶先去向這些客戶們低價兜
售。這樣，當「永生」、「泰生」還在莫名其妙時，客戶們早已集結
在了「永安」的旗下。手段雖有些令人不齒，但卻奠定了「永安」
在三家聯盟中的主導地位。搞定了內部，郭樂又開始向外拓展業
務。雪梨有眾多的華僑，而這些華僑又大多從事木工、園工、礦工
及小商品零售等低階工作，平時很少進城。郭樂針對這一特點，就
在中國採購了大量的土特產，不僅送貨上門甚至還允許賒帳。這種
靈活的經營方法，不僅極大的滿足了同胞的需要，同時也為自己贏
得了良好的聲譽。由於這些華僑文化程度不高，且銀行在假日又關
門休息，使他們往中國匯款非常不便。郭樂了解到這一情況後，又
在「永安果欄」開辦了免費為同胞到銀行匯款的業務，並委託中山
縣的福和盛銀行把匯款送至他們親人的手中。這樣，「永安果欄」

就與當地的華僑建立了密切的關係。在良好的信譽下，許多華僑還自願把錢存到「永安果欄」而不要利息。受此啟發，郭樂索性辦了一個永安儲蓄部，從而吸納了大量的資金，為他擴大永安的經營規模奠定了堅實前基礎。由於經營得當，資金充沛，經過十年的奮鬥，郭樂的「永安果欄」終於在雪梨的同行業中獨占鰲頭、搶盡風華，而郭樂也從一個一文不名的打工仔變成了一個赫赫有名的僑商翹楚。

開創新業，小試牛刀

作為一個志向高遠、經營有道的商人，郭樂並沒有滿足於在雪梨取得的初步成果；相反，隨著雪梨果欄的日漸興旺，資金的大量積累，他開始考慮如何利用好這些資金。

他清楚的意識到，投資方向的穩妥有效就意味著企業的前途命脈，為此，他暗訪了雪梨的許多行業，尤其是英國商人開的百貨公司。最終，他選擇了他認為利潤豐厚、貨源豐富的百貨業作為新的創業方向。

目標選定以後，郭樂就開始著手籌建工作。雖然在雪梨已經有了穩固的根基，而且對市場情況、社會關係也很了解，但心氣頗高的郭樂卻不想背靠大樹好乘涼，把店開在雪梨。一方面，作為英聯邦的屬地，英國不但對在澳洲經商的華僑徵收高額的所得稅、遺產稅，而且還在澳洲推行種族歧視政策，限制華人進入澳洲，甚至還煽動當地的排華傾向，從而壓制、削弱華僑在澳的勢力，以達到獨霸澳洲市場的野心；另一方面，作為一個從底層靠自身力量辛苦打拚出來的實業家，郭樂深深體會到作為一個弱國子民的屈辱和悲慘。幾經權衡，他終於選定了亞洲新興的國際貿易中心，也

是華僑進出境的必經之地 —— 香港作為自己經營百貨業的第一個練兵場。

一九〇七年八月，在一片爆竹聲中，香港永安公司正式掛牌成立，由郭樂的弟弟郭泉出任司理（經理）。經營伊始，公司的規模比較小，人員不足十人，資金只有十六萬元，其中還有部分是華僑的集資款，店面也只是一間幾平方公尺的小屋。為了儘快改變這一被動局面，郭樂因地制宜的在公司旁開了間小客棧，除了提供客人的食宿外，還免費開辦了替僑胞辦理護照、提取匯款等服務業務。這一下頓時吸引了八方來客，一時間公司生意興隆，利潤激增。看看初步的目標已經達到，而且大有發展的餘地，郭樂索性把雪梨的產業交給自己另外兩個弟弟打理，而他則搬到香港統籌規劃兩地的經營業務。

到香港後，郭樂先仔細地了解公司經營的各種狀況，然後親自帶人又進行了一番市場調查，取得了第一手資料和數據。在彙總了各方面的情況後，他果斷的決定把店址遷到人流密集的鬧市區，並還清了初建時的籌建款，使公司成為私家獨有的股份有限公司。由於資金充裕，措施得力，公司遷址後立即獲得了飛速發展，店面擴展到四間，資本由合夥時的十六萬元迅速增至六十萬元，員工也陡增至六十多人。面對一片大好形勢，郭樂抓住機遇，再接再厲，旋即又在香山開設了專營儲蓄和僑匯的永安公司營業部，在廣東、香港等地開設了大東酒店，建造了永安貨倉，並一舉買下了維新織造廠，創立了永安水火保險公司。這一系列的大手筆，使永安公司的整體規模大大擴展，業務種類顯著增多，到一九一六年，經營不到十年的永安公司總資本已達兩百萬元，比原始資本翻了十一點五倍，逐漸形成了龐大的永安資本集團。

　　由於郭樂過人的商業頭腦和魄力，永安公司在香港的初次亮相可以說是精彩絕倫，不但為永安公司賺取了大量的利潤，打響了「永安」品牌，也使郭樂在香港的同業中嶄露頭角。

大鵬展翅，輝煌鑄就

　　作為一個目光敏銳、思路開闊、經驗豐富的實業家，郭樂深知在商場上誰先掌握了市場行情的變化誰就先搶占了市場的制高點。為此，雖然他一直坐鎮香港統籌兩地的各種業務，但目光卻一直在搜尋著新的著陸點。此時的上海，由於租界和通商的需要，正日益由一個普普通通的縣城變成一個國際貿易的大商埠「工商金融中心」，從而吸引了大批海內外的資本家和富商巨賈。早已在上海設立永安辦事處專門收集市場行情的郭樂，敏銳的感覺到，這些有錢人的生活方式非常西化，他們的衣、食、住、行將為發展百貨業提供良好的市場空間。

　　恰巧歐洲正在忙於第一次世界大戰，中國的民族工商業藉機如雨後春筍般蓬勃興起，上海更是近水樓臺先得月，一片繁榮。看準這千載難逢的好機會，郭樂不再猶豫。他先著手把香港永安私家股份公司改為公共股份公司，把公積金一百二十萬元轉為資本，然後又發行股票二十萬元，積極吸納股東，增加資本；接著又打出了「挽回利權」的旗號，在僑界公開招股。這一次，郭樂在雪梨經營果欄時與華僑們建立的良好關係幫了他的大忙。由於在僑界擁有良好的聲譽，再加上「第一次世界大戰」的影響，華僑們投資中國工商業的積極性高漲，因而郭樂的招股工作十分順利，永安很快就積聚了龐大的資本。萬事俱備，只欠東風，有雄厚的資金做基礎，接下來首要任務就是尋找恰當的店址，築屋造樓，以備開業了。

第二章　百貨大王郭樂

　　一九一五年七月，郭泉、郭葵在郭樂的委派下，來到上海挑選店址。挑選店址的過程頗具傳奇色彩。當時的南京路由於已有不少外商開辦的洋行、銀行以及一些百貨公司，正日益繁盛起來，以拋球場（今河南中路南京東路）到外灘一帶，已有不少高樓林立。二郭先是考察了拋球場以西因專賣婦女用品而人流密集的「女人街」，又考察了先施公司，最終慎重地選擇了日昇樓以西的地段。但對選擇在路南還是路北仍拿不定主意。為此他們花錢雇了兩個人，一個站在路北，一個站在路南，一旦有人從眼前走過，就數一粒豆子放在口袋裡，然後在單位時間裡統計結果。透過這個有趣的辦法，二郭終於確定路南行人比路北的多，店址宜選在路南。後來事實也證明了這一點，南京路南確實比路北居住了更多的富家大戶。店址選定後，郭樂立即與地主簽訂了租期為三十年的租借合約，每年租金約白銀五萬兩，這令當時的許多人目瞪口呆。這意味著三十年後，永安不僅要付出巨額租金，就連自己的商場也要歸還地主。然而，郭樂憑著自己敏銳的商業頭腦和驚人的氣魄力排眾議，簽署了這份苛刻的合約，他斷定，三十年後，永安定能賺回二十噸的黃金！

　　建造商廈伊始，郭樂親自從香港趕到上海，在四川路成立臨時辦事處，監管各項籌備工作。為了確保大樓的建築品質，他又親臨現場監督打樁和施工。有一次，為了親自試驗三合土基礎及其樓牆的堅固與否，他還差一點自高處跌落。大樓造好後，在對內部進行裝修時，郭樂汲取先施公司布局不合理，因而影響顧客購物的教訓，在商廈的內裝修上用足了心思。他在調查和觀摩了上海灘各大百貨公司後，提出了自己的創意：一樓擺放日常生活必需品，凡路經商店的顧客只要需要，看到後會立即購買；二樓放置布匹、綢緞

等，因為考慮到婦女購買這些東西時常會仔細挑選、比較價格，而且占地面積也比較大，因此放在二樓比較方便；三樓主要放置珠寶、首飾等比較貴重的商品，一來防竊，二來乾淨安寧，有利於此類消費者的購買；四樓則擺放家具、地毯、皮箱等文件商品，凡顧客要買此類商品大多經慎重考慮後才會登門，因此顧客和商品需求量相對較少，擺在四樓是適宜的。這些套路於今天的商家也許並無出奇之處，但在百貨業剛剛起步的二十世紀初，這些做法無疑具有開風氣之先的典範作用。裝修完畢的商廈，在立柱及貨架四周小小的鏡子的反射下，寬敞明亮，金碧輝煌。

一九一八年九月五日，鑼鼓陣陣，爆竹聲聲，上海永安公司正式開張營業。在此前，為了擴大影響，郭樂先在報紙上連做了十四天的廣告。對公司的開張日期、商場裝置、經營特色進行了鋪天蓋地的宣傳。接著發出大量請柬，邀請各方達官貴人和社會名流參加揭幕儀式，以壯聲威。這一天，公司特地為開張準備的大量商品，又均以優惠的價格出售（如火腿只賣到一元一支），由此引來了大批的顧客。最後，商場雖採取了憑券入場的方式限制人流，但整個商場仍是人山人海，擠了個水洩不通，轟動了整個上海灘。在接下來的幾十天裡，前來參觀購買的顧客仍是川流不息，每天的營業額均達到一萬多元，原為一個季度準備的銷售貨品只二十幾天就賣得缺貨了。生意的興旺程度不但令當時阻撓購地的股東跌破眼鏡，心花怒放，也遠遠超出了郭樂本人的預料。

良好的開端並沒有使郭樂沖昏了頭腦；相反，他更加認真的思索起如何對公司實行有效的經營管理，使它的優勢更加明顯。他首先想到的是「永安」經營特色的定位。的確，在商場林立的南京路，面對著財大氣粗、資力更老的「先施」，「永安」若拿不出特色

就等於先輸給了對手。考慮到「永安」地處上層人士居住的中心，郭樂果斷的將「永安」經銷的產品定位為精品，以富商巨賈、達官貴人及來華從業經商的外國人為主要服務對象。看準了這一條，郭樂不僅在當地的洋行訂購洋貨，而且還向世界各地派出了大批的採購人員。沒多久，美國的絲襪、電器，英國的棉布、呢絨，捷克的玻璃用品，瑞士的鐘錶，日本的毛巾等林林總總，一一陳列在了上海永安公司的櫃檯裡。公司職員也自豪的對顧客說：「無論什麼名牌商品，只要你叫得出名稱，本公司就可以替你買到！」這樣，「永安」就逐漸成了新潮與時尚的代名詞，從而吸引了大批有錢又有時間專門追趕時髦的俊男美女。

除了創新求異搜尋各種時髦的新鮮產品以滿足富人的需求外，郭樂還注意營銷的方式。逢年過節，人們總是互致禮品以示問候，但郭樂卻從這一般人司空見慣的現象中發現了無限商機。公司開業不久適逢新年，他立刻適時的開出了代客送禮的服務。這樣一來，一些有需求的客人只要開出所需禮品的名單，再寫明受禮人的姓名，永安公司就可直接提供服務。此舉一出，可說是大部分的「禮品」生意都被永安壟斷了。不久，勤於觀察的郭樂又發現，節日一過，又有很多收到禮品卻嫌不實用的顧客前來調換其他的商品，頗為麻煩。他腦筋一轉，特地發行了一套面值大小不等的「永安禮券」，這樣人們可以不再直接送物，而改送禮券方便他人購物，從而大大增加了一批顧客。也許這是中國近現代商業中最早的代購券吧！受禮券的啟發，郭樂順勢又推出了一種「購物折」購物制度，凡持永安「購物折」購貨的顧客不需當時付現金，可累計記帳，一次付清。這簡直就是現代信用卡的前身！這種購物方式不但使有錢人的金錢、地位、家世一目瞭然，極大的滿足了有錢人的虛榮心，

也為「永安」贏得了一大批穩定而又富有的顧客。在集中精力賺富人們的錢的同時，郭樂也沒有忘記廣大的一般市民的需求。他抓住一般消費者平時很少來公司購物，而大減價時消費者很多的特點，特地在一年裡舉辦春、夏、秋、冬換季時和公司週年慶五次大減價，吸引廣大的中下層市民踴躍來「永安」購物。屆時，他還不忘派人到滬寧、滬杭兩鐵路沿線張貼「永安」的減價廣告，以吸引廣大來滬旅遊經商的外地顧客。而在實際操作中把某些滯銷產品的真降價和次劣產品的假降價融合在一起，使人難以分辨，從而透過這種虛虛實實的「真假大減價」手段做足了市場。

生意的興隆離不開天時地利，更離不開科學有效的管理。從這個角度講，郭樂不僅是個天才的商人，更是一個一流的管理者。為了管理好這個擁有上千名員工的企業，針對實習生、店員、經理、高階員工等的不同職責，郭樂都制定了相應的規章制度，嚴密而周到。作為一個商人他深深的懂得，店員的優質服務就等於是公司完美的形象，也就意味著大筆的利潤，因此他除了在店員準則中明確規定店員必須笑臉迎客、有問必答、百挑不厭外，還請人把「顧客永遠是對的」用霓虹燈製作成英文標語懸掛在商場的醒目之處，警醒眾人。對於公司的高階職員，郭樂也有一套行之有效的管理辦法，他不但給予他們高薪和相當的權力，甚至還授以「受職股東」身分，使他們能夠獲得許多薪水外的高額收入。這些措施不僅留住了公司高級人才的心，而且也激發出他們積極主動為公司謀利的熱情，穩定了公司的管理層。郭樂自己更是以身作則，他很少整天待在辦公室裡聽報告，而是經常在商場各部巡視，在現場實地解決許多問題，大大提高了工作效率和透明度，使下屬們心服口服。

優良科學的管理，不僅使「永安」內部良性運轉、高效作業，

也使「永安」在外界與同行競爭時有著他人無可企及的優勢。在與「惠羅」、「福利」等幾家資本雄厚的洋商百貨競爭時，郭樂採取了揚長避短的措施，不與它們在洋商品上爭長短，而是打出了「中國牌」，從而吸引了眾多的外國顧客。而與「先施」、「新新」百貨公司的競爭，郭樂又充分發揮了在澳洲經營果欄時相一致的聰明才智，先與「先施」聯手擊敗「新新」，又最後戰勝「先施」，成為唯一的贏家，頗有《三國演義》的戲劇色彩。總之，在郭樂的領導下，新穎的思路、正確的定位、靈活的經營、科學的管理，使永安公司獲得了巨大的發展，無論是資本還是員工人數都有了成倍的增長。自一九一八年公司成立至一九三一年日本戰事爆發，十三年間，「永安」的銷售額從四百一十七萬元增加到了一千四百二十八萬元，營利額從五十四萬元上升到兩百二十五萬元，在全國百貨業始終獨占鰲頭。水漲船高，永安股票也成為中國三大熱門股票之一，被稱為「天之驕子」。在中國現代商業的發展史上，郭樂可謂是譜寫了一曲自己的神話。

富國強民，花落何處

一九三一年，日本發動了「九一八」侵華戰爭，占領東三省，中華民族陷入了嚴重的民族危機。不久，「一二八事變」又接著發生，戰爭的漫天烽火使民族工商業的處境一落千丈，危機四伏。禍不單行的是，受席捲整個西方世界的經濟危機的影響，中國國內的購買力急遽下降，市場混亂，商業蕭條，加上戰爭使東北市場、華北市場遭到嚴重破壞，民族工商業真正是走到了內憂外患、厄運臨頭的絕境。大批的小工廠、商店、銀行紛紛倒閉，在這巨大的災難中，郭樂的上海永安公司也在劫難逃，大批的物資、商品、店面被

炮火摧毀，損失資產達兩百萬元之多。由於戰事爆發，政府急於斂財，又下令禁止商店兼營儲蓄，致使永安公司正在籌備的永安銀行被迫夭折。這無疑是釜底抽薪，使「永安」頓時陷入了困境。隨著戰事的蔓延，「永安」的困境再加劇，特別是旗下的「永紡」不得不靠借款來維持了。

這樣又勉強支撐了幾年，到一九三七年「八一三事變」再起時，「永紡」的好幾個廠房都為日軍澈底占領了。郭樂雖在其間幾經周旋，但毫無結果，後由於形勢所迫不得不遠走香港。這樣就等於把經營了數年的「永紡」白白留給了日本人，據不完全估算，損失總資產達兩千多萬元。雖然在抗日戰爭結束後，為了重振永安紗廠，郭樂曾於一九四六年利用美棉壓價傾銷為紗廠賺回大量利潤，無奈當時經濟秩序惡化，致使第二年金圓券貶值，從而使永安公司損失了四萬兩黃金！至此郭樂已是回天乏術，到一九四九年整個永安企業已是奄奄待斃了。一朵民族工商業的奇葩就這樣成了明日黃花，無可奈何的凋敗了。

第二章　百貨大王郭樂

第三章　紡織俊傑劉國鈞

　　民國時期，曾湧現出不少實業家。他們中大多數或是子承父業，原本就有殷實的家資；或是依靠外國買辦資本，後來另立門戶；或是受過良好的教育，憑自己的技術和發明一鳴驚人；或是具有廣泛的海外關係，經濟條件較好……但也有例外，雖出身貧寒卻憑藉自己的智慧和毅力白手起家者。經營大成紡織染公司的劉國鈞就是其中傑出的代表。

在戰爭夾縫中成長

劉國鈞，一八八七年四月二日出生於江蘇省靖江縣生詞堂鎮的一個塾師家庭，父親因科舉未中，引致精神失常，全家生活只得靠母親替人家幫傭度日。劉國鈞幼時便去拾柴、販賣水果，十三歲時，去靖江縣城一家糟坊當學徒。不到一年，劉國鈞不堪重負，只得離開靖江，隨同一位鄰居背井離鄉來到常州埠頭鎮謀生。後又在奔牛鎮的兩家雜貨店當學徒。

奔牛鎮的三年學徒生活，是劉國鈞一生的轉折點。早年不幸的經歷在他的心中留下了深刻的印痕，他一直默默地尋找著擺脫貧困、發家致富的機會。奔牛鎮地處大運河畔，又有滬寧鐵路線經過，交通便利，商業繁盛。劉國鈞在雜貨店當夥計時，常常去附近的集鎮批發貨品，出入各家貨棧商舖，對市場行情漸漸地由生疏變熟悉。他感到長年尋找的機會來了：經商。無商不富，七十二行中經商是一條相對快捷的致富之路。

要經商，首先要有足夠的資本，這對兩手空空的劉國鈞來說，是一件非常棘手的事，然而他早有準備。他利用自己經常外出批貨的機會，儘量多拉生意，以利多獲傭金，為自己日後的經商打下基礎。他還讓母親和妻子編織辮須（清朝時男子用以紮辮子用的一種綢帶）送到店裡代銷。這樣日積月累，漸漸有了積蓄。後來，他又設法搭上了一個互助會，籌集了六百元資本，並與另一畢姓人家集資一千兩百元，對外號稱兩千元。就這樣，終於開辦了和豐京貨店，附設土染印坊染布匹。兩年後，合夥人因不務正業，整天賭博抽鴉片，以致負債累累，只得把另一半股份拱手讓給了劉國鈞。

生性聰穎的劉國鈞一向善於應酬，巧於經營，加上他一貫講義

氣又勤奮踏實，因而生意一直不錯。只是畢竟本小利薄，難有大的作為。一九一一年十月十日辛亥革命在武昌爆發，上海、蘇州、無錫、常州、鎮江等沿江各地相繼起義光復。清政府的江南提督張勛固守南京負隅頑抗，並恣意捕殺革命黨人，一時間戰火紛飛，奔牛鎮上商賈店家紛紛關門停業以避戰禍。劉國鈞的父母也提心吊膽，問劉國鈞：「我們關不關門？」劉國鈞卻處變不驚，他認真地分析了當前的形勢，估計清政府在江南的勢力已成強弩之末，不可能長期支持下去，戰亂很快就會過去。他決定冒一次險，便對父母說：「幾年辛勞，微薄基業，一旦毀於炮火，豈不可惜？眼前的形勢是誰敢冒險誰就能獲得極大的利潤。」於是壯著膽子堅持開門營業。

　　果不出他所料，一時全鎮的生意都集中到了「和豐」。時值兵荒馬亂，有的農民擔憂時局，紛紛將子女婚期提前舉行。人們常常會看到這樣的情景，農民們擔著稻穀逢人便打聽：「哪裡能買到做嫁妝的衣料？」路人答曰：「只有奔牛鎮的和豐京貨店還在開業。」「和豐」店布匹立即銷售一空。他又成功地說服了常州商人，以分期付款的方式將存貨折價售給「和豐」。就這樣「和豐」的生意一直很好。「和豐」賣出去的是布匹，收進來的是稻子，此時糧賤銀貴，時局平定後，卻是糧貴銀賤（當時一擔稻子收進時抵一兩半白銀，賣出去得三兩白銀）。劉國鈞從中獲得巨額差價。到第二年年底結算，「和豐」淨賺五千餘銀元。而其他的店主則望洋興嘆。

　　時局正如他所料，革命黨人很快就光復了南京，長江一帶的秩序也迅即安定。第二年，他接盤了另一家京貨店。到一九一五年，在短短的六年時間裡，他的資本就從原先的六百元一躍而成了兩萬元，增長了三十多倍。

兩「偷」技術

　　一九一四年以後，歐洲列強忙於第一次世界大戰，無暇顧及各自在遠東地區的利益，民族資本發展環境稍有寬鬆。時值喪權辱國的「二十一條」簽訂，義憤填膺的中國人民在全國掀起了抵制日貨的運動，國貨開始暢銷，民資工業也暫時得到了迅速發展。頭腦敏捷的劉國鈞很快就發覺到這是發展工業的好機會，而且機不可失，時不再來！他毅然決定立即棄商從工，投資了一萬元，和結義兄弟蔣盤發等共集資九萬元，創辦了大綸機器織布廠，由蔣盤發任經理，劉國鈞任協理。創辦實業和經商雖然互有聯繫，但畢竟是兩個不同的領域。劉國鈞自己也清楚，他又面臨著新的挑戰。他首先面對的就是無法解決的技術難關。劉國鈞辦事向來親自抓問題的癥結，重大問題總是自己來做。他決定自己到上海走一趟，摸清斜紋布的漿紗祕訣。當時的上海是中國最為繁榮的工業城市，高樓林立，工廠隨處可見。劉國鈞經過慎重思考，把目標瞄準了英商怡和紗廠。然而，怡和紗廠的進出口戒備森嚴，警衛對走近紗廠的行人都投以警戒的目光，閒雜人員更是一概拒之門外。劉國鈞看在眼裡，急在心裡，時值赤日炎炎的六月暑天，他汗水直流，急得在滾燙的水泥地上來回踱步。他幾乎想打退堂鼓了，但一想到大綸紡織公司的前途，想到自己剛剛開創的局面，便冷靜下來。他決定先觀察一段時間，摸準「行情」後再伺機下手。他認真地察看著怡和紗廠警衛的一舉一動，看看有沒有「空子」好鑽。果然不多久，機警的劉國鈞就發現門衛對其他的人看得很嚴，對身著統一規格「號衣」的工人很少檢查。他靈機一動，有了主意。

　　這天他認真的裝扮一下自己，使人一眼看了並不像是從外面趕

來的，然後在離「怡和」廠不遠的一個不顯眼的地方若無其事的靜靜等著，直到工廠下班。最後一群工人走過時，他緩緩地跟過去，趕到　個中等身材、看上去很質樸又略顯豪爽的工人面前，很友好地對他打了聲招呼：「您好啊，老朋友，找你可真不容易啊！」那位工人吃驚地瞪著劉國鈞說：「先生，你認錯人了吧！」劉國鈞微笑著拉起他的手，將那個工人牽到附近的一家小茶館，作了一番自我介紹。雙方竟一見如故，大有相見恨晚之慨。劉國鈞見對方果然是質樸、豪爽、重義氣的男子漢，便坦誠地告訴他自己想潛入怡和紗廠去實際考察一番的想法。那個工人略微沉思了一會兒，說：「把我的『號衣』借給你當然可以，不過要是被他們發現了，咱們倆可都『吃不了兜著走』！你千萬要小心才是。」劉國鈞點頭稱謝。

　　就這樣，劉國鈞輕鬆的進入了怡和紗廠。表面上，他和普通工人沒什麼兩樣，實際上，他的那雙眼睛一刻也沒閒著，手腳也特別勤快。然而正因為他的異常勤快，沒幾天，便引起了監工的注意，一查問，他驚覺此人竟不是本廠工人，於是便拉住要送他去警衛室受懲罰。周圍的工人一看勢頭不對，紛紛叫他快逃。在好心的工人們的幫助下，劉國鈞才越牆而走，僥倖得以免遭毒打。

　　然而，借「號衣」給劉國鈞的那位工人卻被打得遍體鱗傷。劉國鈞感到萬分悲痛，他立即將受傷的工人送到醫院，並負責全部醫藥費用和他的薪水損失。他拉著受傷工人的手說：「兄弟，是我害了你。」那位工人也是位熱血男子漢，他也拉著劉國鈞的手說：「兄弟，這事不能怪你，要怪也只怪黑心的英商。」這位工人傷癒後，基於對劉國鈞的感情和愛國熱情，邀請了同廠的另一位技術精湛的工人利用星期日，由上海奔赴常州幫助大綸解決漿紗難題。

　　就這樣，在劉國鈞多方努力下，大綸機器織布廠很快進入了正

常的生產。由於技術的不斷提高，產品的銷量也日益增加。當年就營利三千元，第二年又營利近萬元，第三年的發展勢頭更猛。然而就在這時，大綸廠卻「禍起蕭牆」了。

大綸機器織布廠開工不久，內部就有了矛盾。當時第一次世界大戰已近尾聲，歐洲列強元氣大傷，一時無力回到中國市場，劉國鈞想利用這一大好時機，大力發展紡織業。然而大多數人看不清形勢，認為劉國鈞是痴心妄想，一時相持不下。同時，還有部分股東因嫉妒劉國鈞手中的生產大權，經常故意和他搗亂。劉國鈞很是無奈。見一時說服不了他們，又不想把這一機會白白丟掉，劉國鈞便撤回了自己的資本，獨資興辦了廣益織布廠。他既有在大綸廠的管理經驗，又非常熟悉市場動態，所以他經營的廣益廠頭一年就營利三千多元。到一九二二年，他將歷年的利潤作為積累資本，又創辦了廣益二廠。除了木機、鐵盤子布機外，該廠還有鍋爐、柴油發電機和漿紗機等設備，成為常州最大的織布廠。

到了一九二四年，日貨傾銷，民族工業受到打擊。儘管廣益廠的經營此時還蒸蒸日上，劉國鈞卻清楚的看到，日本已取代西歐各國占領了中國市場，並有壟斷紡織品市場之勢。他知道，要想把中國市場從日本人手中奪回來，只有在產品的品質上趕上並超過日貨，才能真正地達到目的。因此，他於一九二四年東渡日本，學習日本廠商的經營管理理念。日商的講求實效、節減工序、降低成本等先進的做法給他留下了深刻的印象。回國後，他立即效仿，首先採用了由筒子紗代替盤頭紗的先進方法，節減了工序；其次，為了適應市場的需求，他把產品從斜紋布和白平布改為色布，主要生產藍布、絨布、貢呢、嗶嘰等，一時銷路大增；同時，他還不惜出巨資購置新式電動式布機，淘汰落後的設備，進一步改進技術。經過

不斷的努力，廣益廠出產的「征東」和「蝶球」色布不但在中國市場上成了搶手貨，而且打出了國門遠銷海外，擊碎了日本欲獨占紡織市場的美夢。這樣，到一九三〇年，廣益廠已擁有了二十多萬元的流動資金，成為具有相當規模擁有比較先進技術的織布大廠了。

相比之下，原先的大綸織布廠在劉國鈞退出後，蔣盤發及其繼任經理顧吉生都未能看準行情，把握機會，結果年年虧損，只得於一九三〇年年初盤給了劉國鈞，更名為「大成紡織染公司」。

「懂經營管理又懂技術是一等人才」

經過長期的實踐，劉國鈞有了一套自己的辦廠經驗。他深深地體驗到經營管理和技術對於工廠的重要意義，即人才的重要性。他確定自己的用人標準：「既懂經營管理又懂技術的，是一等人才；懂經營管理不懂技術的，是二等人才；懂技術不懂經營管理的，是三等人才。」以此為標準，量才錄用。

實際上，劉國鈞在辦廠過程中花費心血最多的也是這兩件事：組建有活力的領導團隊和聘用技術人才。劉國鈞接手大成紡織染公司後，首先是調整領導團隊。他自己任經理，分工負責廠內生產，劉靖基為協理，分工負責營業，並常駐上海辦事處。他倆一內一外，相互協調，形成領導核心，而劉國鈞是這一核心的靈魂。除此之外，華篤安任事務長、劉丕基任稽查、徐仲敏當會計。由於任用人才得當，「大成」的生產很快就指揮有序，脈絡分明。在技術方面，為了使大成廠的生產不至於落後，劉國鈞一方面花巨資對機件設備進行了大檢修和配套完備；另一方面以年俸五千元的高薪禮聘當時中國著名的紡織專家陸紹雲任技術工程師。

對他的驚人之舉有人難以理解，然而他認為，「取法乎上，僅得其中」。這樣做不僅值得，而且僅這樣做還遠遠不夠。因此，他

又將目光瞄準了國外，並將日本的紡織業作為自己超越的目標。他於一九三二年至一九三四年期間五赴日本實地考察，甚至像當年偷學漿紗技術那樣，親手偷學絲絨和燈芯絨的生產竅門，終於開創了民族資本工業中最先成功生產絲絨和燈芯絨的先例。

另外，劉國鈞還十分注意員工的生活福利，薪水也比同行業高。誠如他所說：「我們廠就是個社會，進了廠就要安心工作，食於斯，居於斯，生活於斯，老於斯，葬於斯。」由於上下同心同德，「大成」以驚人的速度發展：

一九三○年創辦時，註冊資金為五十萬元。

一九三三年，廣益廠全部資產價為二十四萬元，併入「大成」，更名「大成二廠」。這樣「大成」廠便擁有紗錠兩萬○五百枚，線錠四千八百枚，布機六百四十臺，員工人數兩千五百人，年產值四百五十萬餘元，一躍而成為紡織、印染全能的大型企業。註冊資金一百四十萬元。

一九三五年註冊資金為兩百萬元。

一九三六年註冊資金為四百萬元。

這一發展速度實在是驚人。確如著名經濟學家馬寅初先生指出的：在抗戰前的幾年，中國民族工業中以大成公司發展速度最快、最驚人，也最令人振奮，如果不是戰爭，大成公司將發展成為可與日本紡織業抗衡的強大對手。

風雲突變

然而，就在劉國鈞的事業達到巔峰之時，「七七事變」、「八一三事變」先後爆發，日軍大舉入侵。一九三七年九月，日機對常州狂轟濫炸，大成二廠全部被炸毀，大成一廠也遭轟炸，大成三廠只得

裝而復拆。劉國鈞目眥盡裂的跺足長嘆。為長遠計，劉國鈞在同仁們的勸說下，先行離開了常州，臨行時流著淚對同事們說：「只要我人不死，大家同心協力，完全可以恢復已毀的企業，我們還有共事的機會。」

常州淪陷，大成本部遭毀，損失慘重。大成三廠甚至被日軍當作馬廄。就這樣，一個好端端的企業被毀於一旦。可貴的是，劉國鈞並沒有因此而消沉，他立即採取措施，儘量將損失降到最低限度。他先是將部分未毀的「里特」紗錠分兩批輾轉運滬，以英商的名義成立「安達紡織公司」。接著去重慶尋求生機。困苦中，他用一副對聯勉勵自己和家人：「照如此已為過分，要怎樣方算稱心？」入川後，即與四川民生實業公司經理盧作孚合作創辦大明紡織印染公司。劉國鈞有一股奮發向上的衝勁。一九四○年十二月太平洋戰爭爆發，日軍占領上海公共租界，劉國鈞以某商名義登記的安達紗廠也被迫關閉。就是在這樣艱難的環境下，劉國鈞依然保持著旺盛的鬥志。他一方面安排華篤安留守常州，與員工們一同著手整修機器，同時，又在蘇州購買一百餘畝廠基和一座園林「藕園」及二百餘間房屋，以伺機大幹一番。

一九四二年十月，劉國鈞決定偕夫人回常州看看大成本部，順便安排有關恢復生產的事宜。自大成本部遭毀已有三年之久了，劉國鈞實在難以想像此時的「大成」會是什麼樣子。離「大成」近了，他的心也緊了。時值夕陽西下，晚風蕭瑟，眼前已根本沒有昔日員工忙碌的繁榮景象了，唯餘斷壁殘垣荒草婆娑。劉國鈞默視良久，良久無聲。陪行的夫人一時也不知如何安慰。突然「呱」的一聲，一隻老鴣從樹上高叫著直躥雲霄，旋即飛回，安然歸窠。

劉國鈞步履沉重地回到了下榻的寓所。夜很黑，十月的涼意

不時透過窗櫺向他襲來。他無意去關窗，獨自躺在床上，任思緒無邊際地流瀉。朦朧中一個瘋瘋癲癲的老人跟跟蹌蹌地向他奔來，嘴角囁嚅著，欲言又止。他心頭不禁一驚，這分明是他早逝的父親！多少年來，劉國鈞似乎一直在尋找能作為他生命支柱的太陽，尤其是在事業遇挫時，更是如此。可惜劉國鈞的「太陽」過早的湮滅了。這一點是他小巧賢惠的夫人所無法替代的。儘管他如此剛強，卻總有種無法擺脫的壓力，童年上街賣桂花酒釀的苦難情景總是時時影子般浮現在眼前……今夜他就是這樣帶著股無形的壓力沉沉的睡去。

也不知過了多少時候，恍惚中覺得這種壓力越壓越重，直至幻化成兩雙鐵鉗般的大手牢牢地鉗住他，幻化成一支黑洞洞的槍眼陰森森的對準了他。劉國鈞「啊」的一聲似從夢中驚醒。「老實點，穿起衣服跟我們走一趟！」兩個彪形大漢用手槍冷漠地瞄準他。他明白自己被綁架了。

「你們要多少錢？」他定了定神，冷靜地問道。

「少廢話，快走！」兩個大漢厲聲喝道。

劉國鈞剛一出廠門，一群歹徒蜂擁而上，將他捆得結結實實，架著他向前跟蹌而去。

夜還是那般寧靜，稀疏的星光灑下的是幽冷的清輝。劉國鈞心中一片渾沌。

半個時辰後，他被帶到德安橋。這裡的情景更讓他吃驚：華篤安、張一飛、謝承祐等人全被綁架了。劉國鈞憤怒了：「你們綁架我們，不就是要錢嗎？把我們都抓來，誰去籌款？」匪徒們一番耳語後，放掉了華篤安、何乃揚兩人，而將劉國鈞等人強行押至阿義浦，令其睡在一潮濕的貨艙內，並讓船在河心兜圈子。

劉國鈞心急如焚，他沒閒工夫和這幫匪徒周旋，他心繫的是「大成」和民族紡織業啊。於是他傳信給華篤安要他「爭取時間」。經過華篤安等人的努力，最終以五百件紗（時值偽幣八十餘萬元）的代價，贖回了劉國鈞等人。

這樣一來，劉國鈞本來就不寬裕的資金更加困乏。偏在這時，欠上海銀行兩百五十萬元的貸款又到期了，真是雪上加霜。此筆巨額貸款，原以常州大成廠的機器作抵押，後常州淪陷，機器遭毀，抵押品已失去價值。然而就在這種情況下，劉國鈞毅然決定分批還清貸款。上海銀行行長陳光南大為感動，深為劉國鈞的信用所折服，從此兩人成為莫逆之交。日後大成廠能夠迅速地恢復，自然也得益於上海銀行的大力支持。

最後的歸途

即便處於最艱難的境地，劉國鈞也從未動搖過他的辦廠雄心。對於「大成」紡織業，他規劃十五年內發展至五十萬枚紗錠，並向毛麻織品發展。時值中國棉紡織學會成立，劉國鈞被推舉為候補監事。他寫了篇《擴充紗錠計劃芻議》，對全國紡織業提出了自己的見解。劉國鈞高瞻遠矚，認為要發展中國紡織業，必須借鑑國外的先進經驗。他這樣說也這樣做。這次，他把目光瞄向美國。

一九四四年七月，劉國鈞由繆甲三做嚮導，去美國議購機器。由於戰爭的影響，「大成」的現有資金無法實現購買計畫。劉國鈞有些失望。

這一天劉國鈞在下榻處沉思向美商訂購紗錠和棉花的事，繆甲三神色匆匆地進來說，有一自稱是來自宋子文中國銀行的人要和他面談。劉國鈞一聽就皺眉，心下思忖：「大成」與官商素無交往，

有的話，也是生意上的摩擦；自己對「蔣宋孔陳」向來是敬而遠之的，這回中國銀行來人，意圖何在？思之再三，劉國鈞決定先見面再說。

來人看上去很有派頭，不過見了劉國鈞立刻顯出十分殷勤的樣子。彼此一番寒暄之後，來人便侃侃而談。他先是竭力讚揚「大成」的善於經營，劉國鈞對全國紡織業的貢獻等等。接著大談中國銀行如何樂於支持民族工業的發展雲雲。最後話鋒一轉，對劉國鈞說：「劉總經理欲大力發展中國紡織業，實在令人欽佩。聽說『大成』最近資金匱乏，敝行欲助『大成』一臂之力，您以為如何？」言畢目光直視劉國鈞。

久經商場的劉國鈞淡然一笑：「貴行的意思是……」

來人慷慨陳詞：「我行願出兩百七十萬美元購買『大成』發展所需機器，與『大成』合資辦廠，共同發展民族紡織業，如何？」

劉國鈞在心中長噓了口氣，果不出他所料，中國銀行是衝著「大成」廠來的。事實上，「大成」受到裙帶資本主義和地方勢力的侵擾已不是第一次了。打「大成」的主意中國銀行也不是第一家。此時的他內心除了直罵中國銀行是痴心妄想外，還有說不出的悲痛；中國的紡織業太難發展了。他打從心底痛恨這幫大發國難財的傢伙。於是他迅速打定主意，直視來人，語氣堅定地說：「說『大成』資金匱乏純屬謠言，十分感謝中行的美意。日後有機會一定登門致謝。合作的事還是改日再談吧。」來人還欲糾纏，劉國鈞索性說自己還有應酬，送客了事。

最後，他只向美國訂購了兩萬枚紗錠，三萬擔棉花。「大成」開始了又一輪的創業歷程。

一九四五年八月，日本宣布無條件投降時，劉國鈞欣喜若狂。

這又給了他無比的辦廠信心。他立即抓住這一機遇,重振紡織業。常州三廠順利復廠,生產超前。

1948 年年底,時局變幻,他決定移居香港,以觀風向。

1950 年春,他毅然返回中國,繼任大成公司總經理兼董事長、安達公司副董事長。

1978 年 3 月 8 日,劉國鈞在南京與世長辭。然而,劉國鈞對中國民族紡織工業的貢獻將載入史冊。

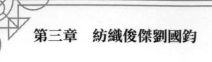

第三章　紡織俊傑劉國鈞

第四章　西藥翹楚項松茂

　　二十世紀初期，人們在提到肥皂時，總是和「洋」字分不開，稱之為「洋胰子」。肥皂這一小小的舶來品，充斥著中國城鄉的各個角落，換走了多少白銀？不少有識之士，也曾嘗試著自辦肥皂廠與外商抗爭，但都失敗了，直到出了個項松茂，洋肥皂在舊中國市場上的壟斷地位才開始發生動搖。

　　項松茂的身上，流淌著浙江人勤奮不屈的血液，他少小離家外出闖蕩，敢於冒險和拚搏，敢於在惡劣的條件下高高地昂起頭來和困難做抗爭；項松茂的身上，企業家與冒險家的精神並存，在中國近代的歷史上添上一筆亮麗的色彩。

　　項松茂，這位在一九三二年為營救被日本侵略者捕去的員工，曾兩次闖入虎穴，最終以身殉國的愛國企業家，他首倡以藥房辦藥廠，創製了明星產品「五洲固本」皂，壓倒了長期壟斷中國市場的洋肥皂。

做小學徒，成大經理

民國時期，中國還是一個封閉的、以小農經濟為主的社會，老百姓大多習慣在祖輩生活的土地上勞作，窮其一生，生於斯而長於斯。但是，翻開項松茂的家族史，卻發現他們家明顯地與眾不同。

項氏祖籍浙江湖州，始遷永嘉，再轉定海，後移居寧波東鄉，方才落戶安定。在項氏一族家譜中，始終流淌著一股不安於現狀、敢與命運抗爭的血液。項松茂父親項錦三以經商為業，他與其兄項仕元合夥在杭州開設皮毛牛骨山貨行，販貨的足跡遍及江蘇、浙江、湖北、湖南，後來因為多種的原因發生了嚴重的虧損，無奈之下只得變賣家產抵債，家道由此中落。

說起來，一八八〇年出生的項松茂確實生不逢時。項松茂幼年時，父親對其寵愛有加，抱著極大的希望指望兒子好好讀書，將來光宗耀祖，所以很小便教他讀書識字，稍長，又送他到本村私塾就讀。當家境越來越困難、實在擔負不起他的學習費用時，父親只好忍痛讓他輟學就賈。這一年，項松茂才十三歲。

項松茂進了父親開的山貨行，看到山貨行虧空太巨，且原材料採購不易，銷路不暢，此刻，祖輩流傳到他身上的不安分的血液開始顯露出來了。不管外面世道有多艱難，項松茂都決定打點行囊，獨自外出闖蕩。在那人地兩疏的蘇州街頭，經過一番尋找，最後被正本皮毛牛骨行收做學徒。皮毛牛骨行這一行當勞動強度大，大人幹活尚且吃力，何況是一個十三四歲大的孩子？但在這臭氣熏天的惡劣環境中，項松茂勤勉肯幹，從不偷懶，累得腰酸背疼也不肯停歇，晚上，人家都休息的時候，項松茂卻埋頭苦讀，「一盞孤燈伴天明」。項松茂的勤勞好學給店主留下了很好的印象，深得店主的

器重，滿師後被升任了該店的帳房先生，他小小的年紀就很精於計算，「無不心細如髮」，往來的帳目清清楚楚，令人嘆服。

但是，另一方面項松茂似乎又很糊塗，他自己的薪水不高，卻經常從微薄的收入中，拿出錢來救濟那些貧苦無助的人，這令同伴大惑不解，問他為何如此，他卻說：「人生在世，不為大眾、社會謀福利，有什麼意義呢？」

一八九五年，李厚貴在上海集資五萬兩，開設上海中英藥房，這是一家新興的大型西藥房，直接從歐美、日本等國進貨。藥房的經理吳志成恰好是項松茂的舅舅，經他的引見，項松茂於一九○○年進入中英藥房當會計。

項松茂進店後，眼界大開，深感舊時藥房經營方式的陳舊，藥材的單調，更深感原有知識結構的不足。他如飢似渴地自學英語及化學、醫藥方面的書籍。別人請他看戲聽書消遣，他一概婉言謝絕。而且項松茂對工作也認真負責，辦事細心，深得同事們的好評。

一九○四年，吳志成去世後，陳鏡如接任藥房的經理。在舊中國，對一個人的重用與否，往往視親疏的關係而定。但是，由於項松茂出眾的才華，踏實的工作作風，新任經理不但對他信任如初，而且不久就委以重任，當時的中英藥房正處於擴展時期，為了爭取在長江中游的重鎮漢口設立足點，陳鏡如派項松茂去漢口籌建中英藥房的分店，委任他為分店的經理。

項松茂初到漢口，立即著手調查漢口藥材行業的經營情況，心中有了底後，便從進貨、銷貨、制定店規等方面積極進行經營管理，兩三年以後，業務就蒸蒸日上了，在同行業中，信譽卓著。漢口商會成立時，由於項松茂才能過人，被推薦為商會的董事，成為

當地西藥業的領袖之一，當時他才二十九歲。

一九〇七年，由商務印書館創辦人夏粹芳，中法藥房總經理黃楚久，杭州廣濟醫院藥劑師謝瑞卿等人合資，在上海福州路廣西路口開設五洲藥房，謝瑞卿任總經理，五洲藥房除銷售西藥外，還自製了含有嗎啡麻醉藥的「甘露戒菸丸」，本輕利重，銷售形勢一片大好。

一九一一年春，黃楚久到漢口推銷艾羅補腦汁，得到項松茂的鼎力相助，他們的言談甚為融洽，遂結為了知己。就在此時，謝瑞卿看到「甘露戒菸丸」有厚利可圖，就另設藥堂，銷售同類的戒菸丸，只不過換名為「清腦戒菸丸」，自謀私利。夏、黃得知後，極力相勸他不要這樣，可是謝一意孤行，夏、黃就議定讓謝瑞卿拆股退出。從此五洲藥房店務開始衰落，財政也虧空了，又缺少了理財之人來挽回局面。

黃楚久自結識項松茂以後，認為他是個人才，回滬後就向夏粹芳盛讚項氏的才能，兩人商議後，聯名電邀項松茂出任五洲藥房的經理。

從此，項松茂擁有了一方自己的天地，「天高任鳥飛，海闊憑魚躍」，他開始了在自己事業的天空中的展翅翱翔。

自製藥品，產銷兩旺

項松茂一到五洲藥房，馬上大刀闊斧進行改革。

當時的五洲藥房，員工僅二十五人，規模小，製藥設備簡陋，場地狹小，店堂生意清淡，與之相反的是，店堂的陳設卻極盡豪華之能事，真可謂是「金玉其外，敗絮其中」。不改革，五洲藥房就沒有前途。

項松茂首先提出節儉為辦事的方針，一掃浮華不實之風。凡中看不中用的華麗擺設，貴重家具，悉數變賣，充做店中的流動資金，並把握用錢的方向，設立製藥間，增添製藥設備，另聘藥劑師。

其次，多方籌措資金，聘請錢莊幫辦俞巨卿為副經理，利用他的條件，為五洲的資金流通出力。

項松茂還充分意識到：店堂經營除自身的因素外，與地段好壞關係巨大。五洲藥房原在廣西路福州路段，地段偏，人口流動少，生意也就難做。項松茂決定搬家，留心尋覓了大半年以後，終於在福州路河南路口尋到六開間三層樓的店屋，這個地段位於上海的南北通衢，人流如潮。遷址後，營業日見起色，利潤不斷增加。然而，項松茂並不滿足銷售上的成功，他又把目光轉向了製藥業。

西藥輸入中國，始於一八八一年，由英商大英藥房經銷。由於它服法簡便，療效快，所以很快打破了中藥一統天下的局面。自從國門被英軍的槍炮打開以後，西藥便源源不斷地流入了中國，使中國的利力嚴重外溢，有識之士紛紛起來急思挽救。

清光緒中葉，華籍職員顧松泉自開了一家中西藥房，這是中國人自己開辦的第一家西藥房，它以轉售外藥為主，本身並不製藥。一八九一年，藥師出身的黃楚久開設了一家中法藥房，以推銷自己製造的家用藥品為主，開了中國人自製西藥的先河，從此以後，西藥的製造有所發展，但都是很小的規模，不成氣候，藥房的經營仍以轉銷為主。

五洲藥房經營之初也是以推銷西藥為主，本重利薄，又是推銷洋貨，和項氏以實業救國的思想相去甚遠，他多次對人說：「販賣外貨，不過是拾其餘湯殘羹，必須自製新藥，與之抗衡。」

第四章　西藥翹楚項松茂

　　五洲藥房的銷售局面一打開，項松茂就把工作的重心轉到了製藥上。專門開闢了製藥部門，廣泛的蒐羅醫藥技術人員，購備了各種國外藥物書刊和藥典作為參考。當時，市面上熱銷各種補藥，五洲藥房生產的「地球」牌「人造自來血」較受歡迎。它內含鐵劑，對貧血、缺氧等症確有療效。藥液色澤鮮紅，味甜可口，服用方便，所以人們都樂於購買。此外，他們還有治療神經衰弱、健胃補虛的「補天汁」，專制婦科疾病的「月月紅」、「女界寶」，治療血液病的「海波藥」等，銷路也不錯。項松茂果斷的決定以「人造自來血」為突破口，將它作為五洲藥房的龍頭產品，廣為宣傳，帶動其他產品的開發和銷售。

　　對藥的名稱，項松茂下了一番工夫。為了迎合購買者的崇洋心理，在說明書上將它說成是按「英國皇家醫生處方」研製，原名為「博羅德補血聖藥」，名稱雖洋，真要說起來，拗口得很，勢必影響銷售，所以改名為「人造自來血」，這一番周折，反映出項松茂實在是一位掌握顧客心理的銷售行家。

　　項松茂對「酒香不怕巷子深」一類的古訓，一點也不買帳，他意識到廣告是煽動消費者熱情的最佳處方，就充分利用廣告，打了一場鋪天蓋地的全方位立體宣傳戰。如「人造自來血，血來自人造」。「補血生精唯一聖品，培元療損尤有特效。」這是他親自擬訂的兩句言簡意賅、通俗上口的廣告詞，在上海最大最有影響的《申報》及其他各大報刊上，連日刊登，文章和標題都仔細斟酌，比如《自來血為造血母液》、《自來血促進新陳代謝》等。其中《自來血為造血母液》中這樣寫道：「自來血童年服之能助發育，壯年服之煥發精神，老年服之添血生精，元氣充足，矍鑠逾恆，常保少年活潑風采，不發生萎靡現象。」這些廣告詞，充分地迎合了人們

的求補心理。

在廣告製作中，項松茂別出心裁，創意新穎。有一次，在報紙上刊登這麼一封信：我原是一個貧血患者，原先常常頭暈乏力，食慾不振，自從吃了「人造自來血」之後，胃口大開，精力充沛之類。這種用治癒者來函感謝的形式，介紹該藥的種種特效，可信性非常強。「溢美則不美，物極則必反」，一旦好話說過了頭，其可信性便令人生疑，正所謂「成也廣告，敗也廣告」，項松茂深悉此理，在廣告宣傳中也如實說明：「自來血非萬能藥，傷風感冒惡寒者則不能服。藥之治病，亦如人各有能有不能也。」這樣做，使顧客感到這種藥品可靠可信，不是「滑頭」產品。

在銷售上，項松茂也不惜血本，每買一瓶藥便附贈「辨真券」一張，集滿百張可換特製瑞士銀殼手錶一塊，不滿百張可換其他贈品，以此來吸引顧客。

由於「人造自來血」品質可靠，重視宣傳，經營靈活，故銷量劇增。一九一一年至一九一三年間，增產達百分之四十五，該藥的利潤極厚，為「五洲」帶來大量的盈餘。到一九一五年，營業額已達三十餘萬元。為了能與外商抗衡，項松茂和夏粹芳準備將五洲藥房改組為股份公司，經過多方努力，終於集資十萬元，於一九一五年正式成立五洲藥房股份有限公司，由項松茂出任總經理。

「五洲」憑著「人造自來血」起家，積累了雄厚的資本，實現了項松茂的第一步策略目標。接著，項松茂帶領著「五洲」，繼續向生產的深度和廣度進軍。

一筆小資金，買來大廠家

第一次世界大戰爆發後，列強廝拼歐洲，無暇東顧，中國的

第四章 西藥翹楚項松茂

民族工業獲得了千載難逢的發展時機。同時，歐美各國西藥輸華量急遽下降，因中國的反日愛國運動的高漲，日本製造的西藥受到抵制，銷路銳減，這些都為五洲藥房的大發展創造了極為有利的條件。

機遇來了，項松茂就緊抓不放。他利用「人造自來血」帶來的資本，擴大了「五洲」的生產經營規模，大量推出魚肝油、精丸、化參膏等自製的成藥。以「人造自來血」為例，一九二〇年的產量多達五萬三千多公斤，是一九一三年產量的一點五倍左右。這個時期，「五洲」由於營業額猛增，盈餘也大幅度增長，生產規模不斷擴大，原有的廠房明顯不夠使用。一九二〇年，「五洲」以十四萬兩白銀，買下了閘北天通庵路地基十二畝，擬建廠房倉庫。一九二一年廠房告竣之際，張雲江正廉價出售他所經辦的肥皂廠，這吸引了項松茂的目光。

張雲江經營的固本肥皂廠，是一九〇八年由德商鮑姆創設的，機器設備均來自德國，第一次世界大戰爆發後，德僑應召回國，鮑姆便將該廠交於張雲江接管，但是當時德商轉讓了機器設備，卻未交出技術資料，張雲江不熟悉技術，不善經營，以致連年虧損，遂決定將工廠低價出售。

項松茂聞訊後，馬上親自前往觀察，見該廠場地寬闊，建築牢固，鍋爐機器完備，除了製皂，稍加改造，還可以製藥，旁邊還有空地，足夠日後發展之用，開價也遠比自行建廠划算。

買下這個廠！項松茂暗下決心。

買下這個廠，危險！項松茂的決定遭到了董事們的反對，他們認為張氏經營多年，虧損巨大，「五洲」是製藥廠，製皂是門外漢，難保不悲劇重演。「只有發展中國的工業，振興實業，才能與舶來

品抗衡，挽回利權。肥皂是衛生用品，與製藥不無關係，況廠房機器現成，比自行購置，可收事半功倍之效。」董事們終於被項松茂說服，透過決議，收盤該廠。

不過，最嚴峻的還是經濟問題，當時「五洲」已經購地建廠，訂購主要機器又消耗了大筆的資金，所餘的資金，只夠支付經營的業務。論資金確無條件購買龐大規模的機械化工廠，對方當初以廠房、機器、原材料、存貨等估計為二十五萬兩。項松茂看準張雲江已無力經營，急於出售，經過反覆的商談，最後確定價格為十二點五萬兩，其餘四萬兩算做張雲江對「五洲」的個人投資，便給張以董事的名義，六萬兩作為張的存款。這樣「五洲」的實付資金無幾。張也得以脫手，各得其利。

項松茂僅以十二點五萬兩現銀，就購進了一家大規模的現代工廠，大概這樁便宜的買賣，想做且又能做好的，也許只有項松茂一人。

重視科學研究，狠抓品質

項松茂的高明之處，不僅僅在於購買了一個肥皂廠，更在於他考慮到固本肥皂已具有一定的知名度，購買時連商標一起盤進，購買後，就以「固本」兩個字連接於「五洲」之後，把「五洲固本」作為工廠的廠名。

五洲固本廠是項松茂創辦日用化學事業的核心，他親自擔任廠長，直接主持工廠的一切，一手抓藥，一手抓皂，很快把「五洲」推上了一個全面發展的時期，成為中國在制皂工業中規模最大的一家現代化皂廠，也是中國製藥工業中使用蒸汽、機械生產最早的藥廠。

第四章　西藥翹楚項松茂

　　在製藥方面，項松茂很重視科技的應用，努力創造具有自己特色的藥品，以全新的面孔進入消費者的視野。

　　張雲江的手中擁有先進的機器設備，卻淪落到變賣家產的境地，其根本原因是在於缺少掌握技術的人才。項松茂清楚的意識到了這一點，為使悲劇不再重演，他積極物色人才，重金聘請專家。他起用浙江醫專畢業的張輔忠擔任製藥部的主任，負責生產。在新藥的研製上，先後聘請了藥學和化學方面的博士、碩士多人，建立研究部與設計部，進行新藥的技術研製與市場調查。

　　「五洲」在創製新藥時，無論中藥西製，還是西藥中製，都注意中國人用藥者的體質和服用習慣，多方參照中藥藥理及製作工藝，力圖使新藥具有中國的特色。有的中藥西製，如酊製軟膏，用一般的中草藥作原料，採取西式工藝製成；還有的西藥中制，如一些滋補品，將各種蛋白質、維生素等營養成分，運用中藥工藝，以膏、酒等形式製成。這樣研製出來的藥品，其功能是進口西藥無法取代的。

　　「五洲」在向技術、生產縱深發展的同時，注意橫向拓展，也取得了很大的成功。項松茂特約林德興工廠仿製德國「蛇牌」各種醫療器械及醫院的設備，開創了中國的醫療器械工業，又盤進了太和藥房作為聯號，繼續製造銷售「哈蘭士藥膏」、「保肺漿」等成藥，還買斷了德商耐爾生亞林製藥廠，製造銷售「亞林防疫臭藥水」。盤下寧波公濟藥棉繃帶廠，改名「東吳」，生產藥棉繃帶。為擴大原料的自給，降低生產成本，他又向開成造酸公司等十三家企業投資附股，項松茂擔任了多家的企業董事，此外，「五洲」還在金融界、房地產業投資經營。

　　這樣，項松茂建立了一個以製藥為中心，包括多種行業的企業

集團，實力大大增強。「五洲」在製藥工業上的成功，為「固本」皂的生產和銷售奠定了堅實的物質基礎。

在製皂方面，項松茂將注意力放在原有品質的提升上。五洲固本廠的皂部在投產以後，即遇到眾多強勁的對手，當時洋貨肥皂充斥市場，特別是英國的肥皂托拉斯利華兄弟公司出品的日光肥皂、力士香皂、來福保藥皂等，橫行世界各地，遠東最大的肥皂廠 —— 上海英商中國肥皂公司（簡稱「中皂」），就是該公司的一個子公司。從英國進口的祥茂、日光等名牌肥皂均歸「中皂」生產經營。由於外商資金足，產量大，成本低，而中國的皂廠，資本微小，設備簡陋，一般都是手工操作，僅在廉價勞動中獲取微薄的利潤，實難望其項背。

但項松茂並沒有被洋肥皂表面的強大迷惑了雙眼，他盤進固本肥皂廠後，分析了市場供需情況，消費者的心理，深悉肥皂是家家戶戶的必需品，市場極為廣闊，只要國產皂在品質上高出洋皂一籌，就可以把市場握在手中。

為了提高固本皂的品質，項松茂重金聘請製皂專家及工程技術人員，組織成以他為首的製皂研究小組，攻破製皂難題。為取人之所長，補己之所短，項松茂曾到英商廠裡觀摩考察，對方雖然表面熱情陪同，實則多方面限制，進行技術封鎖，項松茂只能走馬觀花，收穫寥寥。

一計不成，再生一計。項松茂派製造部主任傅懷深，喬裝打扮成一無所有的求職者，在苦苦哀告之下，進了該廠當臨時工。幾個月下來，探明了製皂的各個環節和技術上的奧妙，有關配方和各種成分的分析比較，順順當當的打道回府。一番「西天取經」，加上製皂老工人的協助配合，終於創製出了品質高於洋肥皂的固本肥

皂。固本肥皂因其外表堅實，顏色純正，純皂含量高，填充料苛性鹼含量少，去污力強等優點，深受消費者喜愛，暢銷各地。

中國終於有了能與洋肥皂相匹敵的「國皂」，但「路漫漫其修遠兮」，迎接它的，將是一場你死我活的殊死搏鬥。

項松茂不僅注意提高產品的品質，而且十分重視產品的銷售。他千方百計開啟銷售通道，到各地設立銷售分店，組織聯號，分店除了上海，還遍及濟南、天津、九江、北平、漢口、杭州等各大商埠，項松茂還在香港地區、新加坡、緬甸、越南等地委託有關公司和藥店代銷「五洲」產品，把產品打入國際市場。項松茂也積極參加國貨展覽會，廣為宣傳自己的產品，經過項松茂的銳意開拓，五洲產品的銷售一日千里，項松茂則是春風得意，財源滾滾。

商場鏖戰急，固本領風騷

一場激烈的商戰開始了。

面對品質優良，銷路日廣的固本皂，一直企圖壓制中國民族工業發展的「中皂」公司，豈能善罷甘休？它憑藉自己雄厚的實力，從推銷者、經銷者、消費者三方面著手，展開了一場立體的全方位的攻勢，意欲置「五洲」於死地。

為了排擠和打擊五洲固本皂，「中皂」憑藉著雄厚的資金後盾，先是壓低售價，不顧成本地進行拋售。凡顧客向它購貨，先贈肥皂一箱，又用寄售的方式給予賒帳，企圖以此壓垮五洲公司。這一著十分兇狠，當時五洲公司雖然獲得了一些發展，但和「中皂」企業這個龐然大物相比，還顯得相當的弱小，虧本銷售對「中皂」來說只是牛身上拔一根毛，但對「五洲」來說，則是關係到生死存亡的大問題，不降價是個死，降價虧本也大不了一個死，項松茂一咬

牙，固本皂也降價銷售！這樣一年下來，「五洲」虧損白銀五千餘兩，雖然虧本，但總算大難不死，挺過了艱難的一年。

「中皂」一計不成，又生一計，採用「懷柔」政策，向項松茂提出了願意出高價收買固本皂廠，雖然條件極為誘人，但被項松茂斷然拒絕。

英商惱羞成怒，氣急敗壞之下，進一步採取了一系列的傾軋手段。首先，向各售貨店延長放帳時間，漲價前，各店可以不限數量開批；跌價時，根據存貨數，補給差價。接著，又給予銷售商以極其優惠的政策，而且不惜血本，凡購滿百箱，就贈皂五箱，在皂箱內附贈獎券，中獎者可以得到優厚的禮品，又將銀角子嵌入有的肥皂中，誘使人們購買。這種種的伎倆，頗有使「五洲」有難以招架之勢。

項松茂在重重的壓力之下，曾幻想政府能夠支持國貨工廠。他呈報給工商部要求制定洗衣皂品質的標準，派人向當局陳述國貨皂與洋肥皂品質之高下，要求政府給予國貨皂以應有的保護，但種種的提議均是「泥牛入海，杳無消息」。

在求援無助的情況下，為了維護國貨肥皂業的生命，項松茂決心「以血養皂」，不惜犧牲「人造自來血」等藥品的利潤，來彌補固本皂的虧損，集中力量，發起了一場凌厲的競銷反擊戰。在推銷上，與「中皂」針鋒相對，在各大通商要埠設立分店，使五洲大藥房遍布全國各大中城市，對推銷能力強的殷實商號，提供賒銷，長期代售等優惠條件，同時，聯合商業點較多的紙菸業進行大力的推銷。由紙菸業兼泰新煙行業店主沈德華發起，聯絡全市各大同行三十餘家，組成了包銷固本皂的大成公司。項松茂許諾大成公司，每推銷一箱肥皂，給予傭金白銀二兩，待年終結算時再按經銷總額

另付酬勞，交貨後放帳六十天，如有肥皂跌價虧損等項，由「五洲」補足。總而言之，能保證大成公司有利可圖。而沈德華又是古道熱腸者，推銷固本皂不遺餘力，竟至於到了推車沿街叫賣的地步，為戰勝洋皂，可謂功不可沒。

在聯合大成公司的同時，項松茂又以同樣優惠的條件，吸引其他的零售商店加入「五洲」，構成了一個全方位的經銷網絡。項松茂又注意不在經銷這「一棵樹上吊死」，他另闢蹊徑，與各大醫院和開業醫生加強業務的聯繫，他認為，醫院與醫生不僅是使用藥物與肥皂的大戶，而且是極好的宣傳者，對產品的推銷有很大的意義。因此，他經常資助各家醫院，不惜拿出重金幫助伯特列醫院和福幼醫院的建立，項松茂還編印了《衛生指南》，請醫生們撰寫文章，作為與醫務界聯繫的橋樑，成為推銷固本皂，戰勝「中皂」的又一條途徑。

項松茂還充分利用輿論工具，廣為宣傳，吸引消費者，在上海的《化學世界》雜誌上公開發表《國貨肥皂與外貨的優劣觀》，將固本皂與「中皂」的祥貿皂作了明顯的對比，指出固本皂的主要成分——總脂肪的含量比祥貿皂高出百分之十七，水分含量則少百分之十四，祥貿皂的信譽隨即一落千丈，固本皂則身價倍增，項松茂抓住這一時機，乘勝出擊，在各大報刊上大登廣告，介紹固本皂的種種優點，使固本皂之名，走進千家萬戶。

項松茂能審時度勢，充分意識到當時國民的愛國熱情高漲，聯合三友實業社、家庭工業社等公司，發起組織了「上海機制國貨工業聯合會」，共謀振興民族工商業，抵禦外商的經濟侵略，更增強了「五洲」在社會上的聲譽和競爭能力。

一九二五年，「五卅」慘案在上海發生，全市掀起了用愛國貨，

抵制英、日貨的群眾運動，更使固本皂的銷路激增，而祥貿皂則直線下降，項松茂緊緊抓住這一時機，加緊增產，從問世初期的日產近一百箱，增加到日產五百箱，還常常是供不應求，固本皂終於戰勝了祥貿皂，占領了市場，成為響滿神州的明星產品。

寧死不屈，以身殉國

企業家項松茂，同時也是一位寧死不屈的愛國者。早在一九二〇年代，他就致力於提倡國貨的運動，是中華國貨維持會的執行委員。「九一八事變」後，他參加了上海救國會，為該會的委員之一，響應號召封存了店內的日貨樂品，對日實施經濟絕交。而且他在廠內編組了一個營的義勇軍，自任營長，每日收工後，軍事操練一個小時，以備一旦中日宣戰時隨時參加抗敵禦辱。

一九三二年，淞滬戰爭爆發的當晚，一輛滿載日軍傷兵的軍車，駛經五洲藥房第二分店的附近時，突然受到槍彈的襲擊。第二天上午，日本海軍陸戰隊的士兵和浪人們，闖入店內，將十一名店員押上卡車，飛馳而去。被捕店員的家屬，紛紛趕到總經理辦公室要求營救，項松茂對他們表示：「我一定會親赴營救！」

「你是抗日救國會的委員，本來日本人就痛恨你，這時候還不避避風頭？」好友極力勸他不要去。「我是公司的總經理，事關十一位員工的生命，居高位者豈可貪生苟安！我不去營救如何對全公司的員工交代？」項松茂斬釘截鐵的態度不容置辯。

項松茂毅然乘車獨往現場，此時，分店的周圍已經戒嚴了，他恰好遇見了相識的萬國商團的日本商人小山，就托他探聽和營救被捕的店員，小山為項松茂的態度感動，答應了他的要求，他們約定了第二天在原地見面。

第四章　西藥翹楚項松茂

　　第二天的下午，項松茂攜職員朱燦如前往，車到半路的時候，交通已經封鎖，朱燦如一看苗頭不對，極力勸說項松茂返回，項松茂推門下車，逕自向戒嚴區走去，幾個日本便衣立即尾隨其後，此去便一去不復返，人們再也沒有看到他回來。

　　當時項松茂被俘到江灣的敵軍大營，敵首領親自審訊，咆哮著問他：「你敢和我們對抗嗎？！」項松茂從容地回答：「要殺便殺，中國人不愛中國愛什麼？」隨後項松茂慷慨陳詞，大義凜然，令在場的一位日本人士大為感動，雙膝跪地，懇求敵首領不要殺項先生。這一請求當然遭到拒絕。一九三二年一月三十一日清晨，項松茂以身殉國，時年五十二歲。

　　「五洲」原是一家名不見經傳的小型商店，因為有了項松茂，才使它成為具有現代規模的綜合性工商企業。項松茂憑的是什麼呢？概括起來就是兩個字——「精誠」！

　　「精誠」是項松茂為五洲藥房和五洲皂廠制定的「店訓」和「廠訓」的根本，是項松茂經營企業的成功之道的根本。這首先表現在他對事業的全身心投入。他的寓所就在廠內，每天從早餐起，就開始了他的工作，經常是一面用餐，一面聽取匯報，然後分配工作，親自去各車間巡視檢查，發現問題，絕不輕易放過，特別是對於新特藥品的創製，與舊製劑的改良，更是絕不放鬆督促。他每天工作到子夜，入寢前還要到全廠巡視一遍，才去休息，數十年如一日。其次是他待人真誠，尊重人才，知人善用，善於團結和調動員工的積極性，凡是進來的科技人員，一律採用公開應徵，由他親自坐鎮，親自面試，擇優錄用，對有功者，可以越級提拔，或派出國考察，或資助在國外研究深造。他曾資助張輔忠在德國研究藥學，回國後讓他任五洲廠廠長，張輔忠對五洲企業作出了很大的貢獻，

又派遣陳鑒心去日本鹽野義藥廠實習，派遣孫平階、周延璋赴歐美考察。

項松茂還委託中華職業教育社開辦「五洲」店員訓練班，在廠內聘請外籍教師，組織員工補習英語，他制定的《員工待遇條例》，明確規定了各項員工的福利。

還有就是對於有過失者，項松茂一定嚴加懲處，絕不姑息。他的一個胞弟項載倫，隨他工作多年，也有不少業績，但卻染上了鴉片菸癮，項松茂苦口婆心，耐心相勸，他仍不戒，項松茂就公開宣布，辭退了他的弟弟。

正是項松茂抱著「精誠所至，金石為開」的堅定信念，並身體力行，才使「五洲」成為了實力雄厚的聯合企業集團，為中國民族工商業的發展作出了不可磨滅的貢獻。

第四章　西藥翹楚項松茂

第五章　化工先導范旭東

　　范旭東，早年深受維新志士救國救民思想的影響，留學日本，多方尋找救國救民的道路，最後終於選攻化學系，走上了實業救國的道路。創辦了中國第一個精鹽廠、第一個純鹼廠、第一個硫酸銨廠，開創了中國獨立自主興辦化學工業的新紀元。

　　范旭東是一位實業家，更是一位科學家，人們從他的身上無時無刻不感到一個科學家踏實執著的風格，他一生注重科學研究和人才的培養，創辦了中國第一個民辦化學工業研究社，為中國的化學事業培養了一大批優秀的人才，正是這批優秀的化學界精英們，讓中國甩掉了一切依靠舶來品的恥辱，振奮了民族精神，影響深遠。

少年立志，救國救民

　　范旭東原籍是湖南的湘陰，一八八三年生於長沙東鄉，范氏是宋代大政治家大文學家范仲淹的後裔，世代書香。范旭東的父親好學不倦，但由於體弱多病，不幸早逝。

　　父親病逝後，家道頓時陷入貧寒，一家的衣食全靠母親做針線活的微薄收入維持。范旭東和哥哥范靜生為生活所迫，從小就幫助母親做家務勞動，飽嘗了人世間的艱辛，勞作之餘，他們跟姑姑學習《四書》、《詩經》、《左傳》等中國的古書，深受中國文化的薰陶。

　　十九世紀末，維新運動風靡全國，湖南長沙新學盛行，梁啟超等人創辦了聞名全國的「時務學堂」，十三歲時，范旭東隨兄進入時務學堂學習。當時，黃遵憲、梁啟超、譚嗣同等社會名流經常出席演講。維新志士的慷慨陳詞，使熱血沸騰的范旭東眼界大開，不僅知道了外面世界的發展，更使其從小就樹立了救國救民的志向。

　　一八九八年，戊戌變法失敗，六君子慘遭殺戮，長沙城裡也是一片血雨腥風，范靜生也成了清政府通緝的要犯，被迫東渡日本。一九〇〇年，八國聯軍入侵，清政府倉皇西逃，此時革命黨人圖謀推翻清政府，范靜生也在此時回國，再度遭到追捕，他怕禍及胞弟，於是攜帶范旭東逃到了上海，於一九〇一年十月隱匿於一艘日本商船的貨艙裡，來到日本。

　　到了日本後，范旭東進入了日本專為接納中國留學生而設立的清華學校就讀，一九〇二年轉入和歌山中學，一九〇五年考入岡山高等學校，學習醫學，他認為，中國要富強，首先要甩掉「東亞病夫」的帽子。他的哥哥勸他：「即使中國人都有一副鋼筋鐵骨的身體，也抵擋不了洋槍洋炮的進攻，弟弟，還是學點別的吧！」

　　於是，范旭東暗地裡改學了軍事，期望有朝一日，率領千軍萬馬，馳騁疆場。所以，他經常一個人躲在千葉縣的海濱，祕密研製炸藥，如痴如狂地沉浸在讓敵人血流十里的幻想中。大學預科畢業後，他把自己的想法袒露給酒井佐保老師，本希望能得到他的一番鼓勵，豈料受到了一頓嘲笑：「待君學成，國土無疆，中國早亡也。」范旭東彷彿被酒井打了一巴掌，心如刀絞，羞愧萬分，匆匆跑回宿舍，抱頭痛哭了一場，然後在畢業照上寫下：「男兒，男兒，其勿忘之。」

　　學醫不成，學軍也不成，靠什麼來振興中國呢？他苦苦的思索著。猛然間他想到，日本的強盛和工業的發展有密切的關係，中國為什麼不能走這樣的路？經過一番痛苦的自我反思和多日的思想鬥爭，他最終選擇了科學與實業救國的道路。一九〇八年，他考入日本東京帝國大學，學習應用化學。由於轉變了科系，求學期間，他不斷地向自我的極限挑戰，忍受別人不能忍受的辛勞，發奮圖強，成績優異突出。

艱辛創業，百折不撓

　　一九一二年，范旭東學成回國，那一年，他正好三十歲。

　　范旭東回國時，中國的化工事業一片空白，一時難以興辦，他便應當時的財政總長梁啟超的邀請，到財政部做了個小官。當時財政部正計劃整頓幣制，請范旭東主持設計，范旭東很想為整頓中國的幣制做出一番成就，於是親赴江南、廣州、北洋等造幣廠進行調查，發現各造幣廠銀圓含量多有不足，他便下令進行重鑄，但各造幣廠人際關係複雜，黑暗重重，他的意見被擱置一邊，無人理睬。這使他的一腔熱血頓成寒冰，「飽嘗了官場的朽味」，於是憤然辭

職，並決心永遠脫離官場。

一九一三年，范旭東獲得赴歐洲考察鹽政和工業用鹽的機會，考察中他發現：德、奧、意諸國鹽化工業非常發達，提鹽的工藝先進，食鹽潔白衛生，工業用途廣泛；對比之下，中國食鹽均為土法熬製，工藝粗糙，泥沙混雜，色黃而味澀，而且國民只知食用，不知鹽能變性，製成純鹼，促進化學工業的發展。因此，范旭東深切地感到：中國必須能製造出一種標準的精鹽，才能抵制洋鹽的傾銷，中國必須自己能利用鹽製成鹼，才能抵制洋鹼的進口，促進化學工業的發展。一番考察，更加堅定了他科學救國的思想，在回國的船上，他一邊凝望著波濤翻滾的太平洋，一邊滿腦子裡都是怎樣籌劃建廠的思緒，而且還利用大段空閒的時間著手整理建廠的資料。

范旭東從歐洲回國後，提出改革鹽政的設想：主張「取消專商」、「特殊獎勵工業用鹽」、「工業用鹽無稅」等等。當時的財政總長對范氏的建議很有興趣，問范旭東：「咱們自己辦精鹽工業如何？」范旭東當即回答：「我們能夠辦到。」此言一出，就決定了范旭東必將走一條坎坷、曲折的興辦實業之路。

一九一三年秋，范旭東離開了繁華的京城，隻身走進了荒蕪的塘沽海灘。當時的塘沽，是怎樣的一幅景象呢？范旭東做如下的描寫：

「大沽口……不長樹木，也無花草。只有幾個破落的漁村，終年都有大風，絕少行人，一片淒涼景狀，叫你害怕，那時候，離開庚子國難不過幾十年，房屋大都被外兵搗毀，破瓦埋在土裡，地面上再也看不到街道和房屋，荒涼得和未開闢的荒地一樣……」

就在這片滿目瘡痍的土地上，范旭東找到了一個跛腳的窮孩

子張汝謙做嚮導，看到了令他怦然心動的另一面。在那裡，「每一塊荒地到處都是鹽」，那由近處向遠方伸展開去的白皚皚、晶熒熒的鹽坨，讓他興奮乃至大叫，他在大地上奔跑著，心中充滿了無限的希望。

塘沽不僅有豐富的鹽產，而且離它不遠的唐山，還蘊藏著豐富的煤炭，「白的是鹽，黑的是煤」，是那一帶自然資源的真實寫照；塘沽還有方便的海陸交通，具有良好的運銷條件。

經過一番實地考察後，范旭東認定，塘沽，是天賦的以鹽為主要原料的最好的化學工業基地。他深情地說：「一個化學家看到這樣豐富的資源而不起雄心者，非丈夫也，我死後也願意埋在這個地方。」他覺得自己辦廠的決心一刻也不能遲疑了。

然而，創業之路是艱難的。塘沽，一片荒灘，缺少基本設施，甚至連基本的生活條件也沒有。辦廠需要大筆的資金，當時的政府一毛不拔，貸款又很不容易，得不到政府的資助，范旭東決定搞股份制企業，於是他四處奔走宣傳他在塘沽的見聞和設想以及他的振興民族化工業的雄圖大志。范旭東得到了諸多社會名流愛國者的支持，諸如梁啟超、張謇、蔡鍔等，他們均慷慨相助，實收股金近五萬元。

集資後，范旭東再赴塘沽，買下了一個通州鹽商開設的熬製精鹽的小作坊。范旭東決心在這片鹽海之邊，在這個飽受恥辱的鄉鎮上，興辦中國第一個精鹽廠，為中國的現代化學工業奠基。

一九一五年六月，久大精鹽廠破土動工，十月底，建築安裝工程全部竣工。十二月七日，「久大」正式投產。

「久大」生產的精鹽，色純味白，深受歡迎。一九一六年九月，第一批國產精鹽運往天津銷售。一九一七年，年產精鹽三萬

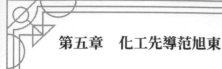

噸，行銷各通商口岸。一九一九年，「久大」擴建西廠，年產量高達六萬兩千五百噸。一九二二年，第一次世界大戰後的華盛頓會議決定：日本在山東掠奪的各項權利，包括在青島的鹽場和製鹽設備，都要歸還中國，但又規定日本每年需要青島鹽約二十五噸，可向中國購買。當時北洋政府國庫空虛，無力經營青島鹽田和製鹽工廠，只得招標商辦。范旭東很想承辦，考慮到如沒有巨額的資金，是難以經營這一龐大的製鹽事業的，意欲作罷，但思慮再三，又覺事關國家聲譽，豈能任其荒廢？如果日本按其規定來購青島食鹽，中國卻無貨可供，怎不讓人恥笑？於是范旭東投標應承，與當地鹽商一起，共同組織了永裕鹽業公司，並經北洋政府批准，取得鹽產輸日供應權。久大鹽廠的創辦與發展，為范旭東以後的化工事業打下了堅實的基礎。

創辦鹼廠，坎坷難平

久大精鹽廠成功興辦以後，范旭東又將目光投向了製鹼業。

早在歐洲考察時，范旭東就深感一個國家若無製鹼工業，便談不上化學工業的發展。他所以首先創辦精鹽廠，正是為了變鹽為鹼，然後再發展製酸工業，因為酸、鹼、鹽乃是「化學工業之母」。但那時，偌大的一個中國，竟無一個像樣的製鹼廠，人們習慣使用的是天然鹼，既不衛生，又不能用於現代工業。一九○○年，英商卜內門公司的洋鹼開始傾銷中國，獨霸市場。

一九一四年，第一次世界大戰爆發，歐亞交通梗阻，純鹼來源斷絕，卜內門囤積居奇，致使鹼價暴漲，許多與鹼生產有關的工廠陷入困境。為了擺脫仰人鼻息、受人控制的被動局面，一九一七年，在范旭東腦中醞釀多年的鹼廠便開始了籌建。正當鹼廠籌建

時，上海的實業家吳次伯、數理學家王小徐、化學家陳調甫聯袂來到塘沽，拜訪范旭東，參與籌建鹼廠的工作，他們估計到了製鹼不會順利，故有意定名為「永利」，以圖吉利，廠址仍選在塘沽。

吳次伯開始感到厚利可望，就自告奮勇回上海募股銀洋三十萬元，可他認識的富商大賈，多願做轉手間得大利的買賣，對資金回轉慢的重工業，則不願投資，更不會考慮什麼國家民族的利益。吳次伯磨破嘴皮，仍無濟於事，又恐回去後無法向范旭東交代，就知難而退，中途散夥了，於是招募資金的任務就主要落在范旭東一人的肩上了。幸好，范旭東創辦精鹽廠的成績有目共睹，社會聲望不斷提高，所以當他創辦鹼廠的時候，「久大」的股東以及各地的代銷商、銀行家各色人等，紛紛投資。

一九一八年，「永利」在天津召開鹼廠成立大會，會後范旭東立刻派陳調甫去美國學習，考察製鹼工業，廣泛應徵人才，尋找設計部門建廠，到各地訂購設備。

陳調甫到美國後，在一家旅館裡巧遇了化學工程博士侯德榜，經陳調甫的介紹，侯德榜欽佩范旭東興辦鹼廠的勃勃雄心，就在華盛頓參與了「永利」的設計工作，這樣，范旭東得到了一位非凡的化學家的幫助，對他日後的成功，產生了不可低估的影響。

一九一九年，永利鹼廠破土動工，中國第一家蘇爾維法製鹼廠興建了。一九二二年，大部分機器安裝完畢，陸續地，單機試車了，但試出的鹼顏色帶紅，品質欠佳。一次，范旭東在廬山遊玩時，恰好遇到了卜內門公司的經理李特立在山道上兩人互相攀談，當李特立得知范旭東是永利製鹼公司的經理時，拍拍范旭東的肩膀不懷好意的說：「鹼對貴國確實重要，只可惜辦早了一點，就條件來說，再等三十年也不晚。」

　　面對如此放肆的言談，范旭東立即反擊：「恨不早辦三十年，好在事在人為，今日急起直追，還不算晚。」說罷微笑一下，拂袖而去。

　　一九二四年八月十三日，這本是一個揭開整個東亞製鹼史新篇章的輝煌日子，這一天，永利鹼廠正式開工生產，但出現在人們眼前的純鹼紅黑兩色間雜，品質低劣，令人目瞪口呆，大失所望。這樣的產品是無法占有市場的，而此時的「永利」，已耗盡資金兩百萬元，超過了資本的五六倍。范旭東心急如焚，為尋求出路，立即召開了股東會，在會上，股東們多持觀望的態度，誰也不願投資，如果就此停產不幹，就意味著澈底完蛋。如果邊生產邊尋找失敗的原因，改進技術，還尚存一線生機，但必須有資金的賠墊。范旭東義無反顧地堅持最後一個辦法。誰知天違人願，更大的災難還在後面，到一九二五年的三月，主要的設備四口乾燥鍋都被燒壞，即使是不合格的純鹼，也無法生產了。

　　「永利」到了舉步維艱的地步了。英商卜內門總經理尼克遜幸災樂禍，向范旭東炫耀卜內門雄厚的資金和技術力量，提出要投資「永利」。其目的是逐步進行滲透，最終達到吞併「永利」，以便控制中國將來的製鹼工業的目的。范旭東對「卜內門」的陰謀早有提防，他冷笑著面對著來訪者，斷然拒絕尼克遜的投資要求，鄭重的說：「我的股東只限於有中華民國國籍的人，此點無可變通。」英商的陰謀，更激勵了范旭東將「永利」辦下去的決心。

　　范旭東一方面派侯德榜率科技人員再次赴美，進一步考察製鹼技術，尋求失敗的原因；另一方面繼續使用「久大」的資金，並向金城銀行尋求貸款，范旭東發誓不生產出合格的鹼絕不罷休。他那百折不撓的精神，感動了美國製鹼專家G.T.李，他本來聘期已滿，

仍又留下來，幫助「永利」解決技術問題。

經過 G.T. 李與侯德榜的聯合調查，他們發現從美國買來的乾燥鍋品質低劣，本已是淘汰之物；而美國人為「永利」設計的圖紙，也是落後於時代的，是故意愚弄我們這個科學落後的國家。

原因找到了以後，范旭東當即指示侯德榜在美國購買先進的圓桶形乾燥鍋，並對廠裡的關鍵設備進行改造，為第二次的開工做好了充分的準備。

一九二六年六月二十九日，是永利鹼廠永遠值得紀念的日子，休息了很久的機器重又轉動了，潔白的純鹼源源不斷，碳酸鈉的含量達百分之九十九以上，從此，鹼廠的事業開始走向繁榮。

范旭東不滿足於中國的成功，他放眼全球，敢於讓產品走向世界。他將「紅三角」牌純鹼送到美國的費城，參加美國建國一百五十週年的萬國博覽會，一舉奪得金獎，在為中國贏得了名譽的同時，也贏得了國際市場。

當喜訊傳到塘沽時，全廠歡騰，舉行了隆重的慶祝大會，在慶祝會上，范旭東熱淚盈眶，親自燃放鞭炮，以慰十年來的艱辛，以表示戰勝帝國主義凌辱、壓迫的歡欣。

「永利」的商標為「紅三角」，三角的中間有一個實驗用的坩堝，標誌著中國化學工業的誕生和興起。永利鹼廠的成功，標誌著中國化學工業開始起飛。

擴大生產，占領市場

久大精鹽廠、永利製鹼廠非官辦企業，產品全靠自己打開銷路，因此，它既要與官商鬥，又要與洋商爭。由於特定的歷史原因，中國的鹽政秉承了中國的封建舊制，「富歸鹽商」，食鹽的銷售

權在少數的幾個鹽商的手裡，他們各把一方，擁有專賣權，不許別地鹽商插手，否則就是「越界為私」，以私鹽論處。「久大」精鹽以味純色白面世時，他們就咬牙切齒地詛咒：「久大久大，不久不大。」「久大」精鹽的運銷，一開始的時候就受到了抵制，主管方面只許在天津東馬路設店行銷，銷量有限。

但是「久大」精鹽憑著純度高，色澤好，贏得了消費者的信任，最終在天津打通了銷路。范旭東的目標是「取消專商，廢除引岸，改良鹽產」，將「久大」精鹽銷及全國。在舊中國，光憑品質好還不行，還要充分利用各種社會關係，才能獲得合法的銷售區域。當范旭東得知當時的風雲人物楊度與袁世凱關係密切時，便許以種種優惠條件，拉楊度入了股。

楊度拿了兩瓶精鹽到了袁府，袁世凱看到中國竟有如此清純精良的精鹽，大為驚訝，再細加品嚐，讚不絕口，喜悅之下，大筆一揮，一下子給了「久大」五個口岸的銷售地。「久大」終於獲得了向長江流域進軍的許可證，在湘、鄂、皖、贛四省打開了銷售局面。

「久大」精鹽進軍長江流域，衝破了地域界限，這是中國鹽政史上破天荒的大事，立即引起了口岸淮商的全力對抗，他們組織了「淮商公會」，與「久大」大打官司，要求北洋政府取消久大精鹽公司的立案權。

范旭東奮力策劃經營，南北奔波，聯合天津「通益」、「五和」等精鹽公司組織了「精鹽公會」，與「淮商公會」抗爭，迫使北洋政府維持原案。同時，范旭東抓住「兩湖鹽荒」的時機，把漢口十八家試銷精鹽的商號組織為漢口精鹽公會，實現了「精鹽聯營」，壯大了經濟實力與生產能力，又發動湖南、湖北的各縣商會向省議會

請願，要求運鹽解決鹽荒危機，造成了強大的宣傳攻勢，終於戰勝了舊鹽商，開闢了「久大」精鹽廣闊的市場。

一九二二年，經北洋政府的批准，「久大」取得了鹽產輸日的供應權，成為精鹽外銷的專商，再一次擴大了市場。范旭東硬是在荊棘叢中，開闢出了一條將企業融產銷於一體的成功之路。如果說，精鹽的銷售是與官商與舊制鬥，那麼，鹼的銷售就是與洋商鬥。

上海卜內門公司的經理原是傳教士，熟悉中國國情，最初他僱用中國人肩挑鹼擔，手搖串鈴，鈴兒叮噹，叫賣聲聲，以新奇招攬顧客，加上洋鹼質優價廉，他這一招，馬上打開了銷路，卜內門公司一直獨霸著中國的市場，面對永利製鹼的成功，「卜內門」怎肯輕易地退出中國的舞臺，雙方開始了一場激烈的商戰。

「卜內門」先使出大魚吃小魚的伎倆，壓低鹼價，每兩三個月便跌價一次，逼著「永利」跌價。一九二六年至一九二七年，「卜內門」鹼價一直降到原價的百分之四十以下。營業上，強行規定各店不得兼營別家的鹼，違者，年終獎金全扣，押金沒收，「卜內門」的代銷店一時都不敢和「永利」接近。

永利純鹼的牌子初創，市場生疏，只能依靠代銷店和鹼店的協助。經銷人員硬著頭皮，幾次登門求助，一些店家為「永利」的誠意所感動，同時也出於一種民族的正義感，同意「永利」的建議「曲線經商」，換用別的牌號和股東的姓名來銷售。

「卜內門」資金雄厚，「永利」的資金不足，如果長期抗爭，「永利」必敗無疑。「永利」便巧用了「掉包計」，將「卜內門」的鹼大量吃進，撕下它的包裝，換上「永利」的包裝，「卜內門」壓根兒沒有想到這一招，不但自己賠了本錢，還幫「永利」打響了牌子。

　　正在「卜內門」懊惱之時，范旭東開闢了第二戰場：移師日本。當時日本的三井與三菱兩大財閥正在相互爭雄，三井因無鹼廠暗自悲苦，范旭東透過三井在天津的商行，允許三井勢力在日本試銷「永利」純鹼。這一建議正中三井下懷，為擊敗三菱，三井也顧不上什麼條件，積極地推銷「永利」純鹼，三井的分支機構遍及全日本，「永利」的鹼質優價低，很受日本的歡迎。「卜內門」被蒙在鼓裡，多年來統一銷鹼的日本市場迅速被范旭東衝破了。

　　賠了夫人又折兵的卜內門公司，終於明白了「永利」的非同尋常，相持幾年下來，不得不退讓，而且最終選擇與「永利」合作了。在抗日戰爭時期，「卜內門」還為「永利」傳遞訊息，成為商場上的朋友。

進軍硫酸銨工業

　　「久大」的成功，「永利」的勝利，並未使范旭東志得意滿，他的創業思想表現在化工戰線上的另一個翅膀，又將展翅高飛了，那就是創辦硫酸銨廠。

　　一九三〇年代初，中國的農村已盛行使用硫酸銨作肥料，而中國的硫酸銨工業卻是一片空白，每年的所需全靠進口。當時的國民政府實業部已有意創建硫酸銨企業，因其技術高深，資金龐大，自己無力解決，只好與英商卜內門公司、德商藹齊公司協商辦廠。在磋商中，英、德兩商態度極為傲慢，故意設置障礙，意在壓制中國化肥工業的興起。范旭東聞訊後，按捺不住心頭的憤懣，找到財政部部長孔祥熙，激昂地說：「與其受人轄制，不如乾脆自己幹！」

　　「自己幹？資金哪裡來？」孔祥熙問。

　　「資金是有困難，但是只要國家主權在手，事情就好辦。」范

旭東態度堅決地回答。

他又找到行政院長宋子文，重申了他的主張。

一九三三年，實業部拒絕了英、德兩商，把製造硫酸銨的任務交給了「永利」，並要求工廠於一九三六年年底完工，場地規定選在南京附近。創辦硫酸銨廠，第一個難題就是全面設計。為此范旭東再派「永利」總工程師侯德榜赴美，主持設計併購置機器，後又派三位工程師協助其工作，順便在美國各家化工廠實習。侯德榜等人在美國購置設備時，凡是主要部件都購買新的，次要部件就買舊的或報廢的，然後再精心設計，組裝配套，美國同行稱讚說：「侯博士的錢都用在刀刃上了。」而在國內能製造的，他們絕不在國外買。侯博士還衝破重重阻力，以優惠的價格，委託美國 N.E.C 公司完成了工廠的設計圖。

辦廠的第二個難題是資金來源。握有財政大權的孔祥熙提出官商合辦，范旭東深知如用官方的資金，則會把官場的那套作風帶進了企業，危害無窮，故婉言謝絕了，決心自行籌款。

一九三四年三月，「永利」的股東透過了兩項決議：一為將永利製鹼公司更名為永利化學工業公司；二是增添資本三百五十萬元。此外還發行了公司的債券，籌資五百五十萬元，向銀行借貸一百一十萬元，先後籌得資金一千多萬元。

資金、技術到位後，海內外「永利」的同仁們經過了三十多個月的奮戰，一九三六年年底，一座遠東第一流的包括合成氨、硝銨、硫酸銨等產品的大型化工廠，在南京的對岸罅甲甸巍然矗立了起來。

一九三七年二月，硫酸銨廠正式出貨，主要生產農用化肥和軍需用品，為農村和國防建設開闢了新的資源。

「中國基本化工的兩翼——酸和鹼已基本長成，聽憑中國化工的翱翔，再也不用因基本原料的缺乏而恐慌了。」這就是范旭東創辦酸鹼工業的初衷，並且付之行動，最終變成了美好的現實。

時世艱難，壯志難酬

正當范旭東的事業如旭日東昇之時，抗日戰爭爆發了，日本提出收買永利製鹼廠，范旭東斷然拒絕，並且電告天津的同仁：「寧為玉碎，不為瓦全。」

一九三八年，永利製鹼廠被日本財閥集團三菱強行霸占。而南京的硫酸銨廠，只要改動幾道工序，就可改作軍工廠。戰爭一起，日方就派人找范旭東商談合作，企圖保有全部的設備，被范旭東一口回絕了，日方一怒之下，連派飛機三次狂轟濫炸，范旭東眼見自己的心血瞬間毀於炮火，不禁潸然淚下。

范旭東下決心破釜沉舟。命令凡是可以搬動的機器、材料都搶運出去，笨重無法搬動的機器，則將儀表拆走，其他的設備，寧可投入長江，也不為敵用。全部的技術人員和老工人，撤到四川，以保存實力，寄希望於將來。

范旭東一入川，就跋涉於巴山蜀水之間，勘察地形，選擇廠址，經多方的勘測，最後選定把四川的五通橋作為復興民族化工的新基地，並籌建永利川廠。一九四三年年底，在五通橋建成了規模宏大的新鹼廠，在自貢建成了精鹽廠。在四川，范旭東還興辦了一系列小化肥廠、小化工廠、陶瓷廠、磚瓦廠、煤窯廠等企業，實現了重建民族化工新基地的心願，使四川成為了中國綜合性的民族工業的搖籃，為多災多難的中華民族作出了巨大的貢獻。

抗戰剛出現一點轉機，范旭東就認為：「一旦停戰，各國勢必

傾全力復興。」「為爭取時機，必當及早準備。」他親自擬出了一個宏偉的戰後「十廠計畫」，準備恢復戰前的南北三廠，再新建侯氏鹹廠、塑料廠、煉焦廠、玻璃廠、株洲硫酸銨廠等，還計劃買地一萬六千畝，培訓專業人員一百人，認為這是「關係確定中國化工基礎，百年長策，此其起點」。並說：「吾輩所企圖於個人得失絕無關係，悲天憫人只為民族的前途……」

要實現「十廠計畫」，需要大筆的資金，只能「借貸興力」。一九四五年的五月，范旭東在美國與華盛頓進出口銀行商議一千六百萬美元的貸款，只不過這項貸款要由中國政府擔保到期付息，范旭東帶著喜悅回到國內，而政府當頭給他澆了一盆冷水。財政大臣孔祥熙，想借擔保之機，撈得「永利」的股票，范旭東暗想此公只會做官，不會辦工業，就婉言謝絕了，孔祥熙就一字不簽。而中國銀行董事長宋子文，也要給他一個「永利」的董事長，才肯出面擔保。

范旭東蟄居四川八年，辛辛苦苦地維持著「永利」這個攤子，他不由地悲嘆：中國人的命太苦了！

這位經歷千難萬險而不灰心的企業家，遭此打擊後，心力交瘁，憂憤成疾，帶著一生辛勞，一腔痛苦，黯然去世了，終年只有六十二歲。

第五章　化工先導范旭東

第六章　味精大王吳蘊初

　　我們每日做菜所用的味精，現在看來，是微不足道的東西，然而，在一百年前的中國，充斥在中國市場的「味之素」，卻全部都是舶來品，中國人的白銀源源不斷地流進日本人的腰包，直到出了個吳蘊初，中國人才會自己生產製造「味之素」，這在當今的人看來，也許不是一件什麼大的事情，但是在當初那個什麼都落後的年代，吳蘊初的成就是很了不起的。

　　吳蘊初出生於貧寒的窮教書先生家，從小飽受飢寒之苦；他還被私塾的老師開除，靠出苦力抒錢養家。但是他卻在中國創辦了聞名海內外的天廚味精廠，以高品質的產品把外國的同類產品擠出了國門。他還創辦了「天」字號系統的輕重化工廠，在舊中國飽受三座大山壓迫的艱難的民族工業中，創造了輝煌的化工事業。

　　他是一個絕頂聰明的人，在中國近代的民族資本家裡，他是一個最具有創新思維的才子，而且具有常人沒有的堅忍，也許，他的成功，是必然的。

出身貧困，經歷坎坷

　　一八九一年秋，江蘇嘉定城的西門，一個窮教書先生的家裡出生了第一個孩子，父親給他取了個名字叫葆元，字蘊初。

　　吳蘊初的祖父和父親的漢學功底都很深，都以教書為生。受到家庭氛圍的薰陶，聰明好學的吳蘊初，十歲時就進學考童生，大家都說：「阿貴人還沒有掃帚長就進學，真聰明。」在家裡除了讀書，他還得擔負一定的家務勞作，替祖父捲紙吹（吸水煙筒用的）就是他的任務之一。有個經常來和他的祖父談古論今的老先生，喜歡拿紙吹一根接一根地點著玩，引起了小傢伙的不滿。一天，那老先生一邊燃弄紙吹一邊談笑的時候，突然「砰」的一聲，嚇得他手足無措，原來是紙吹裡捲進去了鞭炮，老先生被他整了一下。

　　吳蘊初在私塾裡讀書的時候，因為家境貧寒，老師看不起他，常常無端斥責他。有一天，他在又遭受了莫名其妙的訓斥之後，一氣之下，扒開老師家草屋屋頂，朝屋裡撒了一泡尿，老師暴跳如雷，於是他被趕出了私塾。

　　他要讀書，又沒有錢，也覺得自己當不了什麼秀才，於是想到了去上海的方廣言館讀外語，將來畢業後做個翻譯，祖父不同意：「讀洋書，將來還不是替外國人倒夜壺。」吳蘊初沒有聽祖父的話。在上海讀了一年外語以後，因為家裡人口多，負擔重，吳蘊初只得棄學回家，在嘉定第一小學當英語老師，靠微薄的薪水撫養弟妹。

　　當時上海兵工學堂正在招收學生，入學的學生能夠半工半讀，成績優異還有獎學金，畢業之後可以直接分配到製造局工作。聽到這一消息，吳蘊初覺得這是一次很好的機會，於是，他考進了兵工學堂學習化學，靠半工半讀來養家餬口。由於他的聰明和勤奮，校

長十分欣賞和照顧，安排他在附屬小學教算學，這樣他就可以得到六兩銀子的報酬。

有一次，一個隆冬之日，吳蘊初穿著被化學藥水腐蝕的、棉花一塊拖一塊的破棉襖，徘徊在外白渡橋頭，看見幫人推車子上橋可以得到幾文錢的報酬，也想去試一試，忽聽橋頭有人喊：「喂，小阿弟，我看你蠻大力氣，要吃飯，跟我來。」

困苦的經歷，使吳蘊初感到只有刻苦攻讀，才能擺脫貧窮。在兵工學堂學習期間，由於成績優異，他受到了德籍教師杜伯的賞識，畢業後自上海製造局實習一年，又回到學校當助教，在杜伯辦的上海化驗室做些化驗工作。這時，他已經結婚，化驗室給他每月一百元的薪水，生活這才算是安定了。

初顯才能，受任三職

一九一三年兵工學堂停辦，吳蘊初透過杜伯的關係到漢口漢冶萍公司所屬的漢陽鐵廠擔任化驗師。那時候，當工程師、技師之類的，都要有一點來頭，由於沒有後臺，吳氏當然不被重視。

兩年之後，漢陽鐵廠因生產需要，要試製矽磚和錳磚，工程師們經過多次實驗都沒有搞成，不想幹了，就把這個差使交給了吳蘊初。吳蘊初覺得這是一個顯示本領的好機會，他翻閱了大量有關這方面的資料，多次嘗試，終於獲得了成功，一躍而成為生產技術上的紅人，擔任了磚廠的廠長。不久，漢陽兵工廠得知此事後，聘任他為製藥課的（做炸藥）課長。

第一次世界大戰期間，化工原料缺少來源，燊昌火柴廠想利用漢陽兵工廠廢液生產氯酸鉀，解決火柴的原料供應，準備在漢口籌備熾昌硝鹼公司。由於本領和才華出眾，吳蘊初遂被聘任為該廠的

工程師兼廠長。

　　歐洲戰場煙消雲散後，向中國輸入的化工原料源源不斷，國產氯酸鉀在外貨的衝擊之下銷路日漸受阻，熾昌硝鹼公司為求生存，不得不改做牛皮膠（也是火柴廠的原料），業務仍無起色。

　　一九二〇年，吳蘊初透過原上海兵工廠槍廠廠長的撮合，又與企業大王劉鴻生在上海開辦了一家小廠，試做牛皮膠，定名為熾昌新牛皮膠廠，吳蘊初任廠長。

　　不久，吳蘊初覺得牛皮膠發展的前途不大，自己早年在兵工學堂化學專科學到的本領沒有用武之地。他有用電解法製造氯酸銨的經驗，就想用食鹽電解製造鹽酸燒鹼，但考慮到自己的社會經濟地位，缺乏辦這樣一個廠的條件，於是他就想從輕化工方面著手。

　　民國初年，日本生產的調味品「味之素」湧進中國的市場，由於它在調味方面確有其獨到的功能，日本的商人把它吹得神乎其神，上海等一些大城市裡到處布滿「味之素」的巨幅廣告，市場的銷路相當不錯。

　　一次，吳蘊初徘徊在上海街頭時，看見一個日本商人在兜售「味之素」，聲稱這是日本人的獨家創造，神祕莫測。他不服氣，當場買了一瓶，回去仔細一分析，發現「味之素」的主要成分是谷氨酸鈉。他知道，一八六六年一個德國人曾從植物蛋白質中提取過，他想，別人能做成的事情，自己為什麼不行呢？他不服輸的個性和探索的慾望讓他的心靈豁然開朗，於是他開始著手研製味之素的組成。

　　研製的工作完全是利用業餘時間進行的。每當夜深人靜，吳蘊初家裡的一個小亭子間裡總是閃亮著燈光，在這個簡陋的小房間裡，桌子上擺著酒精燈和瓶瓶罐罐，化學反應經常需要連續兩天兩

夜的培養，試驗只好由他的只有小學教育程度的夫人接手。化學反應產生的酸氣和臭味，瀰漫四逸，鄰居意見很大，都是夫人出面向人家說好話、賠不是，經過一年多的艱苦試驗，飽嘗了數不清的失敗帶來的苦惱，吳蘊初終於獲得了幾十克的白色結晶。

吳蘊初拿著這幾十克的成品，心中充滿了成功的喜悅。一九二一年的春天，上海聚豐園飯店裡熙熙攘攘，吳蘊初要來飯菜後，故意在眾人的面前從口袋裡倒出一點白色的粉末放進湯裡，津津有味地喝著，他那誇張的得意神情引起了同桌的一位顧客的注意。

「你湯裡放的什麼東西？喝得這樣起勁？」那人問。

「儂阿要試試看？」吳蘊初說著就往那人的湯裡倒了一點進去。

「儂阿有毛病咯！」那人馬上起來和他爭吵。

鄰桌坐著一個三十多歲的商人走了過來問：「你拿什麼東西放進了人家的湯裡？」

「這東西很鮮的，我好意請他嘗嘗，想不到他開口罵人！」

「這東西哪來的？」

「我自己做的。」

「讓我嘗嘗看。」那商人隨手舀了一勺湯放進嘴裡，覺得確實很鮮，就對吵架的那人說：「這湯算我的，我賠你一碗吧。」

原來那商人是張崇新醬園的推銷員，叫王東園。他坐下後和吳蘊初攀談起來，說：「你如果真的會做『味之素』，我們的老闆也許會感興趣的，你是讀書人，他也是，你們一定談得來。」這正好符合吳蘊初當初一直想從事輕化工的理想。

醬園的老闆叫張逸雲，擁有十多家醬園，資金雄厚，生意十分興旺，經王東園介紹以後和吳蘊初一拍即合，由張逸雲出資五千

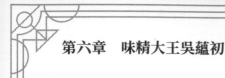

元，吳氏出技術，合夥辦廠。

　　開廠要有個廠名，產品也要有個好名稱，想到最香的香水叫香精，最甜的東西叫糖精，那味道最鮮的就叫味精吧。「味精」這個名字好，和「味之素」搭得上，有利於推銷，味精是由蛋白質做成的，是素的，吃素的人大多信佛，商標就叫「佛手」吧，佛在天上，奇珍美味只有天上有，廠名就叫「天廚」吧。「味之素」那只包裝瓶設計得確實好，薄薄一片，看起來很大，容量卻很小，可以引用，吳蘊初還想到，藍和黃象徵著「佛」的氣息，可以作為包裝的基本色調。

　　從廠名、品名到商標一一確定下來以後，吳蘊初就在唐家灣藍維藹路（今西藏南路）福源裡租下了兩開間的石庫門房子一幢，開始了生產。生產由吳氏夫婦親自動手，僱有七八個工人協助操作，實際上這只是一家小型的家庭工廠。

　　天廚味精廠開業不久，張逸雲的幾家醬園門前，就出現了「天廚味精，鮮美絕倫」、「庖廚必備」、「完全國貨」等招貼的廣告。

　　王東園推著一輛插滿了五彩旗幟、宣傳廣告的小車，在街頭巡迴，一邊走一邊在銅鼓聲中響亮地叫喊：「天廚味精，完全國貨，勝過『味之素』，價廉物美，歡迎試用。」大家一嘗，味道果然不比「味之素」差，價錢又便宜，於是紛紛購買。

　　在王東園的出色推銷下，味精的生產逐漸發展起來，吳蘊初感到味精這個行業利潤優厚，很有發展前途，於是與張老闆商量增加資本，擴大生產。

　　一九二三年八月，他們正式成立了合夥的公司組織，資本額五萬元，分為十股，張逸雲占四股，吳蘊初占一股，其餘的五股由張逸雲的親友認領。公司規定：一次償付吳氏研究費用兩千元，每生

產一磅味精，給吳蘊初提取發明費一角。

張逸雲知道吳蘊初拿不出五千元的股金，就對他說：「你的兩千元的研究費就當作資本，你有技術，我家的老三（張祖安）拜你做先生，你教他一點本領，這缺的三千元，你就不用拿出來了。」這樣，吳蘊初也成了股東。

合夥公司商定張逸雲為總經理，吳蘊初為經理兼技師，聘王東園為營業經理，同時向商標局申辦「味精」專用名稱及「佛手」註冊商標，在新橋路建立粗製工廠，在菜市路（今順昌路）建立精製工廠和辦公室，正式定名為上海天廚味精廠。味精的產量，由一九二三年三千公斤，逐年增加，到一九二六年已達到兩萬五千五百公斤，三年翻了三番有餘。

天廚味精行銷以後，與日貨「味之素」展開了激烈的競爭。一九二五年中國抵制日貨的高潮時期，廣大的民眾都從使用「味之素」改用「味精」，南洋一帶僑胞尤其愛用國貨，當上海的「味之素」經銷商手中存貨積壓，脫手無門時，「大廚」味精卻供不應求。

日本「味之素」廠商在中國的市場上受到沉重打擊，但不甘心失敗，他們藉口「味精」二字是從「味之素」廣告中所用的的「調味精品」四字中提煉出來的，向商標局提出抗議，要求取消天廚廠「味精」的專用商標的註冊，吳蘊初據理力爭，多方奔走託人，經過了一年多的艱難交涉，終於戰勝了日本商家，獲得成功。

一九二八年，味精廠合夥的組織形式已不適應向大企業發展的需要。經股東商定，改為無限公司組織，在菜市路和瞿真路建設新廠房，擴大生產規模，還增設了澱粉工廠，生產澱粉、糊精、葡萄糖等產品，生產蒸蒸日上。

天廚味精廠走上了產銷兩旺的時期。一九二八年，產量達到五

點一萬公斤，獲得了巨額的利潤，從一九二三年開辦後的五年間，每年扣除公積金外，可分派紅利兩次，即每年分派紅利三十五萬元，總經理和經理還另有酬勞。

當時，製造味精是一項本輕利重的生意，味精的定價不是按製造成本來計算的，而是拿「味之素」的市銷批價為標準的，製造用的設備，不過是些大量的缸缸盆盆，投資可大可小，因此一時間味精廠紛起，除了先有的根泰和合粉廠外，繼起者有中國化學工業社的觀音粉、天一的味母、太乙麥精粉、天然的鮮味精、天元的味王、天香的味寶等廠，業務競爭激烈異常。

除了各展推銷本領外，同業之間的競爭主要依靠生產技術，吳蘊初不斷改革生產工藝，提高產品品質，使天廚味精在海內外賽會上連連得獎，得以在成本和品質上占據優勢。

吳蘊初有個姨夫叫馬桐生，在天廚粗製工場工作，他對外自稱技師，後來被根泰廠挖去當工程師，重用之後才知道他沒有什麼實際的能力，根泰發現上當後，就請他走。但這件事情卻引起了吳蘊初的警惕，當時，挖工之風很盛，為了保證技術不外泄，吳蘊初對新進廠的員工要求首先要保證不對外泄露技術，並在員工中採取各種的物質措施，減少其流動性。此外還佯稱：製造味精一定要加入一種特製的藥粉，才能促進化學作用。這個藥粉由吳蘊初親手在一個小房間裡配製，由一個不識字的老保姆包成許多的小包，鄭重其事地交到工場使用。其實，這個藥粉不過是澱粉加上煙灰、藍粉的一包莫名其妙的東西而已。

一九三二年，天廚廠將菜市路的舊廠房進行大翻造，改建成五層的混凝土廠房，生產量達到十五點九萬公斤。吳氏感到要適應大規模生產，就必須要更新設備，走機械化的道路。

漸成系統，報效社會

牛產味精，當時的主要原料是麵筋和鹽酸。麵筋可以自己生產，也可以在市場上收購，但是鹽酸當時則完全由日商鹽井洋行供應。小辮子捏在別人的手裡總不是滋味。味精是「味之素」的勁敵，日本人可以透過控製鹽酸來壓制天廚。鹽酸屬於危險品，用陶罐盛裝，笨重易碎，運費奇高，一箱鹽酸淨重五十公斤，售價是四兩銀子，如果自己生產，肯定要便宜得多。吳蘊初感到，必須要創辦自己的鹽酸廠。

碰巧，那時的越南海防有個法國人辦的遠東化學公司倒閉了，吳蘊初親自跑去實地考察，看到機器設備都很好，就花了九萬銀洋買下了它，仕上海的周家橋開辦了天原電化廠。「天原」就是為天廚味精廠提供原料的意思，按照合約規定，法方應派一名工程師負責裝機出貨，但來人技術平常，吳蘊初只得親自上陣，冒著嗆人的氯氣試車開工。

一九二九年，天原電化廠建成投產，日產鹽酸兩噸，使天廚味精的原料得以自給，真正做到了完全國貨。電化廠的建成，填補了中國電解食鹽工業的空白，吳蘊初的事業從此由味精廠步入化學工業。

天原電化廠當時還生產漂白粉和液鹼，這就和充斥中國市場的日貨漂白粉和英貨燒鹼展開了激烈的競爭。漂白粉是不能久存的商品，「天原」漂白粉一投入市場，自然是比較新鮮的，這就比日貨先占一籌。日本商人一度將價格跌到成本以下，企圖藉機擠垮「天原」，「天原」就與客戶協商，採用特製耐用的鉛皮桶代替木桶，空桶可退回循環使用，大大地降低了包裝費用，在與日貨競爭中這樣

還可以維持成本。英貨的燒鹼主要是固體鹼。天原電化廠就做液體鹼，設法降低含鹽量，不僅降低了成本，而且還便於本地的工廠使用，深受客戶的歡迎。日商等廠商看到半年之久的跌價傾銷未能把「天原」打垮，自己卻損失不小，只好作罷。從此天原電化廠的漂白粉和液鹼在中國的市場上站穩了腳跟。

產量的增加，所需的耐酸陶器也日益增加，但這些的陶器還主要依賴進口，這是吳蘊初所不能忍受的。憑著他早年做矽磚的經驗，一九三四年，吳蘊初經過一番籌劃，在上海的龍華濟公灘開了一個陶瓷廠，取名「天盛」，意思是為「天原」廠解決盛器。他聘請曾經從事製陶業的李思敬為廠長，購買機器，建造爐窯，以江蘇宜興白土為原料創造陶器，為中國填補了製造化學陶瓷的空白。

吳蘊初根據他辦工廠的經驗，這樣總結道：「辦事業必須走在別人的前頭，要辦別人沒有辦過的廠才有意思。」天原化工廠在電解實驗過程中所發生的氯氣，除了做合成鹽酸以外，一直放空著，吳蘊初就想利用它來生產氨氣和硝銨廠，然而，辦這樣的廠投資很大，而且產品的銷路沒有把握，困難很多。

美國一家化學公司在西雅圖有個試做合成氨的中型試驗工廠，完成試驗後要把這套設備出售，吳蘊初經過全方位的考察和思量以後，就以九萬美元極為便宜的價格買了下來，接著他籌資一百萬元，在天原廠的對面蘇州河的另一岸，購買地皮，開辦了天利氮氣廠。

一九三五年，天利氮氣廠每天生產液氮四噸，但當時上海全市的液氮需要不過五百公斤，「天利」面臨銷路的問題，只有趕快著手硝酸廠的籌建，才能解決液體氮的去向問題。吳蘊初親自去德、法等國去物色機器，向法國購進了全套的硝酸生產設備，並長時間

在法國參觀學習，回來以後，親自主持試車。

一九三六年硝酸出貨了。由於天利硝酸廠用合成法生產，產品顏色純白，不像市場上用硝鹽做成的黃色硝酸那樣粗糙。產品開始無人看中，後來有個日本人辦的維新工業社買來做染料，用後效果很好，而且「天利」的硝鹽價廉物美，購貨又方便，就開始向「天利」大量採購，中國的用戶聞訊才來購買，於是「天利」的硝鹽銷路頓開。在慶祝成功的喜悅之中，吳氏用漢玉刻了一個方章，上面刻上了「知其不為而為之」七個篆字。

十三年中，吳蘊初透過努力，已掌握了「天廚」、「天原」、「天利」三個輕重化學工業，構成實力較強的「天」字號系統，吳蘊初的事業處在黃金時代。

作為吳蘊初事業支柱的天廚味精廠，產量逐年增加，吳氏按照「每生產一磅味精，提取銀洋一角」的合約，每月收入幾千銀圓，加上股金紅利和經理酬勞費，數年之內就成為了鉅富。可是如何支配這筆錢財呢？吳氏認為，他的財產取之於社會，應該用於社會，用它來發展中國的化學工業。

吳蘊初在辦廠的過程中，切身地感受到要發展中國的化學工業，要依賴大量的化學人才。一九二八年，他在菜市路正式成立了中華工業化學研究所，購置了相當數量的儀器設備，聘請程瀛章博士為所長，以廣泛的化工產品為研究對象，還接受化工界委託的研究課題。後來北京的中華化學工業會遷到上海，吳氏又捐贈了一所房屋作為該會永久的會所。除資助出版該會的會刊外，吳蘊初還舉辦了一個小型的化工圖書館供會員參閱，為感謝吳蘊初的大力支持，該會推舉他為副理事長。吳蘊初出身貧寒，靠半工半讀才讀完化工專科，對於沒有錢而想讀書的人的心情有真切的感受。為此，

他將味精發明權所得的酬金，作為獎學金，專門幫助那些貧苦的學生解決生活費。一九三一年他又出資五萬元作為基金設立清寒教育基金會。同時在滬江大學化學系設立獎學金；為中華職業教育社捐辦理化教室，幫助學生進行科學實驗。

一九三五年，天廚公司改組為股份有限公司，資本兩百二十萬元，吳氏占股份的五十餘萬元，成為「天廚」的主要股東。吳蘊初與新公司達成兩項的新協定：一、總經理的職務永遠由吳蘊初擔任；二、發明權的報酬不再以每磅一角計算，規定為與公司年度公積金相同的數字。改組後的公司生產發展迅速，年產二十二萬公斤，此時吳氏掌握著實力雄厚的「天」字號化工企業集團。他說，是該多為國家和社會做有益的事情的時候了。

一九三二年淞滬抗戰打響後，吳蘊初也和上海全體人民一樣，積極支援十九路軍的戰鬥。一日，吳蘊初正在廊下試做毒氣時，突然烏雲密布，暴雨傾盆，一個霹靂打在臺階上，受到基督教影響的吳蘊初立即停止了實驗，說道：「做毒氣殺人，大概有違上天的好生之德。」於是他收購了大量的核桃殼，製作活性炭，在大中華橡膠廠和康元製罐廠的協助下，製造出了大量的防毒面具，準備送給十九路軍，後因十九路軍撤離上海而未能如願。次年，吳蘊初又以天廚味精廠的名義，用十二萬元購買戰鬥機一架，支援抗戰，成為當時家喻戶曉的「獻機愛國」的抗日模範。

工廠遷川，重整旗鼓

一九三七年，正當吳蘊初雄心勃勃、準備大展宏圖的時候，「七七事變」和「八一三戰役」相繼發生，「天廚」等幾個工廠都面臨著日本侵略軍的威脅，吳氏慨嘆：「原想此生享用不盡的事業，

不料竟付之東流，看來還得奮鬥下去，圖個東山再起。」

　　形勢逼人，吳氏採取分兵兩路之策：一路把「天原」、「天利」兩個重化工廠的主要設備運往內地，發揮化工優勢支援抗戰。天廚廠沒有什麼特殊的設備，如在內地建廠可以就地取材，而在上海也可以利用租界進行生產。一路將價值九十萬元的味精存貨大量運往香港，作為籌建香港天廚味精廠的資金，吳蘊初就這樣定下了抗戰中謀求新發展的打算。

　　吳蘊初原打算到武漢建立新廠，後來武漢吃緊，只得溯江撤到重慶，選定嘉陵江岸邊的貓兒石作為天原化工廠的廠址。在當時物資極為缺乏的條件下，吳蘊初和全廠的員工共同努力，在一九四〇年就開工出貨了，主要以氯鹼產品供應抗戰後方的工業，產品供不應求。

　　吳蘊初看到宜賓地區的電力充裕，於一九四三年在該地籌建分廠，後來由於從國外訂購的變流設備未能運到後方，直到抗戰勝利後才投入生產。天原化工廠出貨以後，吳蘊初就著手恢復天廚味精廠。生產味精的原料除了利用天原的鹽酸之外，還需要麵筋，吳蘊初就與金城銀行商議，由銀行出資與天廚合作。建廠之初，廠房借用天原廠的一座用竹籬笆搭的簡易包房為麵粉工場，把上海運來的機器安裝起來生產麵筋。經過半年的努力，天廚味精廠就在重慶貓兒石開工出貨了。當時人們在營業所的門前排隊買味精，情景非常壯觀，幾乎把櫃檯都擠翻了。

　　在向後方拆遷工廠的同時，吳蘊初將上海運來的九十萬元的味精銷掉，用這筆資金在香港成立了天廚味精香港分廠。一九三八年，從美國購進幾萬公斤谷氨酸鈉，到香港加上百分之二十的鹽酸配成味精，次年港廠就自己生產谷氨酸鈉了，那時味精的原料麵筋

來自加拿大和澳洲，鹽酸則來自廣州，廣州淪陷後，鹽酸斷絕了供應，香港分廠又自建了一個鹽酸工場，味精年產十萬公斤，主要銷往南洋和美國。

在香港開設化學工業時，當局對環境污染十分重視，不允許氯氣、鹽酸氣瀰漫逸出來，像上海那樣的土法生產是不可能的，這就促使了香港的生產逐步走上了先進的道路，對土灶進行替換，機器也進行了更新。

一九四一年十二月太平洋戰爭爆發，香港出現一片恐慌，工廠被迫停產，只有拆機內遷一條路可以走。撤離人員把耐酸蒸發器中的鈦管拆下來，打通幾根毛竹，把管子塞進去充當杠棒，取道惠州翻山越嶺來到重慶，併入天廚川廠。

為了「天」字號企業集團的復工和重振，吳蘊初風塵僕僕地奔波於重慶、香港和美國之間，他常常是席不暇寐，又踏上旅途。在後方建廠和生產的過程中，吳蘊初始終抱定這樣一個信念「我們不計成敗只想造就川境的化學工業，救濟當前的酸鹼恐慌」。在數不清的困難面前，他總是摸著灰白色的短鬚，笑呵呵的，好像在告訴人們「什麼困難也難不倒我」。在他不懈的努力和積極向上精神的鼓勵下，「天原」、「天廚」及「天盛」的川廠相繼建立起來了，中華化學工業研究所也在重慶恢復了，科學研究工作得以繼續開展，吳蘊初還致力於中國的工業化運動。一九四三年全國工業協會成立，他被當選為理事長。

劫後新生，困境重重

一九四五年八月，日本戰敗投降，吳蘊初立即讓夫人率領在川的港廠原班人馬趕回香港，接收並恢復那裡的生產，自己則率領大

隊人馬回到上海，收回「天原」、「天利」二廠，並接收了一個日本人的小型氯鹼廠，作為日本人對他的賠償。

吳蘊初夫人到達香港天廚分廠以後，立即對機器設備進行修理，幸虧破壞不大，不久就恢復生產了，當時東南亞地區急需味精，吳蘊初夫人就廣接訂單，預收大量貸款，解決了復工的資金問題。

這時吳蘊初把事業的重心放在上海，上海菜市路的那座舊樓房，吳氏認為是他事業的「發祥之地」，把它作為「天」字號系統的總辦公室。到一九四六年，天原廠和天廚廠相繼恢復生產，他同時還積極聯繫，向國外訂購新型的化工設備，準備重建一個大型的氯鹼工廠，為「天利」復廠創造條件。

吳蘊初滿以為抗戰勝利以後，民族工業會得到一個很好的發展時機，但是，美貨泛濫、苛捐雜稅和惡性的通貨膨脹弄得民不聊生，隨後發生了全面的內戰，更使企業處境艱難。淮海戰役後，他參加了和談代表團，蔣介石想讓他當經濟部部長，許多朋友都勸他不要去，吳蘊初最終沒有就任。

一九五三年十月，吳蘊初因糖尿病復發，危及心臟，不幸去世，時年六十三歲。

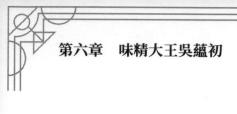

第六章　味精大王吳蘊初

第七章　輪船大王盧作孚

　　萬里碧空下，波濤翻滾的萬里長江上，無數懸掛著中國國旗的船隻乘風破浪，晝夜行駛著。面對著這一壯觀的場面，今天的人們也許不會有太多的感慨，但是，七十年前的中國，有多少人望眼欲穿地等待著這一天的到來。

　　盧作孚，這位出身極為貧寒、中國現代最大的民族航運企業的創始者，為了實現這一夙願，執著地奮鬥了數十年，他創辦的「民生實業股份有限公司」聞名遐邇。他是中國現代史上最窮的「大亨」，一生為了航運事業鞠躬盡瘁，死後沒有一分餘財留給子女。他當年艱苦創業的經營之道和成功的業績，至今仍為人們欽佩稱許。

　　他也是一個刻苦的人，一生多才多藝，無論在文學寫作還是數學教學上，都做出了令人驚嘆的成就，即使不成為大企業家，他也會成為出色的學者。

出身貧寒，經歷坎坷

　　盧作孚一八九三年生於四川省合川縣一個世代貧苦的家庭裡，他的父親曾是裁縫鋪的夥計，後來又做小商販，一生辛苦操持，勉強養家餬口。盧作孚自幼聰明好學，學習非常刻苦努力，成績優異，常常被周圍的鄉鄰父老稱讚，也深為他的私塾老師所器重。但是，他的家境太貧苦了，無法維持他的學業，小學畢業後，他只能含淚輟學回家了。

　　輟學回家以後的盧作孚，並沒有失去對知識的渴求，在幫助父親打理事務的同時，他不停地在想：我一定要重返學堂。這是他小小年紀時唯一的願望。

　　為著這個唯一的願望，一九〇八年，十七歲的盧作孚帶著自己做工得來的一點小錢，步行數百里的山路，去成都尋找機會。他先去了一所補習學校專門學習數學，後來由於沒有錢繳學費，他離開補習學校，住進了免費的成都合川會館裡，開始了辛苦艱難的自學生涯。在環境嘈雜的住所裡，在幾乎難以維持基本生存的條件下，盧作孚不僅自學完了全部的數學課程，而且還解決了大量的數學難題。他以驚人的毅力和決心，克服了常人難以克服的困難。他知道，要想提高自己的知識水準，只有去閱讀外文書籍，了解國外的研究成果。於是，他又用了世人罕有的毅力，刻苦攻讀英語。一年以後，他憑藉自己的深厚知識，辦起了一個數學補習班，期間先後編著了《數學難題解》、《解析幾何》、《三角》等書稿，其中《盧氏數學難題解》一書由重慶鉛印局公開出版發行。而這時的盧作孚年僅十八歲。

　　一九一二年前後，「辛亥革命」的風暴震撼了盧作孚的心靈，

盧作孚開始研讀盧梭的《民約論》、達爾文的《進化論》、赫胥黎的《天演論》等進步書籍，還研究了孫中山先生的一些革命學說。很快地，他加入了孫中山先生領導的同盟會，積極地投入到轟轟烈烈的民族民主革命運動之中。

「辛亥革命」失敗後，面對北洋軍閥政府的黑暗統治，盧作孚對中國的前途甚感失望，他改變了自己的思想方向，轉而對「教育救國」的思想發生興趣。

為了探求教育救國的真理，一九一四年，盧作孚專程去上海拜見了著名的教育家黃炎培先生。黃炎培對自學成才的盧作孚非常賞識，就介紹他去著名的商務印書館當編輯，盧作孚婉言謝絕了他的好意，他要求黃炎培介紹他去參觀上海的一些學校和民眾教育設施。他經常去圖書館和書店，閱讀大量的有關教育、哲學、社會科學方面的書籍。在上海的這一段時間，盧作孚受益匪淺。

一九一五年秋，盧作孚與合川縣中學校長取得了聯繫，並且得到了一個教師的職位。盧作孚準備從上海返回合川，但是因為路費不足，他只好由宜昌步行回重慶。這樣漫長的路途耽誤了他很多時間，最後終於歷經辛苦回到合川的時候，已經是冬天了，合川縣中學的校長已經換成他人。次年的正月，福音小學的校長因為仰慕他在教育界的名聲，特別為他臨時增加了一個教師的職位。然而，就在這個時候，盧作孚的哥哥在《群報》上發表了一篇文章，影射合川縣的縣長貪汙受賄，因而引起了縣長的記恨，縣長為打擊報復，誣告盧家與土匪私通，無中生有地找了個藉口，把盧氏三兄弟全部打入了大牢。

出獄以後，盧作孚再也不敢留在合川，便到成都的《群報》做了記者兼編輯。他在任編輯期間，把他在獄中的見聞撰寫成了文章

第七章　輪船大王盧作孚

刊登在《群報》上，揭露了當時監獄的黑暗與殘酷。他的文章震撼了當時的人們。一九一七年的夏天，盧作孚結束了在《群報》的工作，應邀回合川中學任教。

一九一九年，「五四運動」爆發，盧作孚為了投入到這場轟轟烈烈的群眾運動中去，再度去《群報》任記者兼編輯。他在《群報》上連連發表文章，宣傳愛國運動和新文化運動，還編印了許多熱情鼓勵人們抵抗日貨的傳單，在成都城裡大量散發。另外，他還在報紙上開闢了一個新的專欄，對違反民意、損害民眾利益的行政措施，撰文加以一一抨擊。由於他在輿論上的影響力，當權者和議會都曾以高薪爭相邀請他，但是盧作孚均予以拒絕。

一九二一年年初，川軍第九師的師長楊森看到盧作孚卓越的才華和在新聞界做出的成績，邀請他去瀘州任道嚴公署教育科長，盧作孚沒有放過這個機會，他決心以此來實現自己教育救國的願望，推行教育改革。

就職以後，盧作孚首先倡辦了通俗教育學會，以推行五四運動掀起的新文化運動，並決定以川南師範學校為中心，試行新教育。盧作孚和擔任川南師範學校教育處長的惲代英一起，對川南師範學校進行了一系列的改革。同時，他還以通俗教育會為中心，組織開展各種形式的文體活動，宣傳新文化，提倡新生活，舉辦學生和軍人聯合參加的體育運動會。這些活動，受到了當時民眾的熱烈歡迎和極高讚譽。

一九二四年，楊森擔任了四川軍務督理兼攝民政，他邀請盧作孚去成都擔任教育廳長。盧作孚對他說：「我不願意做官，只想為民眾做一些有益的事情，四川現在尚未統一，我不想為軍閥內戰服務。」為了不至於對楊森太絕情，他向楊森建議在成都開辦通俗教

育館，以促進全市民眾教育的開展，楊森欣然贊同。

在盧作孚擔任通俗教育館館長期間，他在實踐中感受到靠軍閥辦教育是靠不住的，要想救國救民，必須尋找新的出路。這時，他就開始設想要建立一項以經濟為中心的事業，此事業既能保持根基，又要有發展前途。

盧作孚在對四川進行了詳細的分析以後認為，四川的落後主要是因為交通閉塞的結果，要想振興四川就必須要大力發展交通運輸業，其中發展航運業是最有利的，比起修建公路、鐵路來說，花錢少，見效快，況且收復內河航運權還具有積極的反帝、反壓迫的意義，他的這一想法，得到了他的朋友們的熱烈支持。

一九二五年，在四川的軍閥混戰中，楊森被驅逐下臺，七月，盧作孚也不得不辭去通俗教育館館長的職務。至此，盧作孚的救國實驗再次夭折。此次失敗也使盧作孚更加堅定地走上了「實業救國」的道路。

創辦公司，發展「民生」

辭去通俗教育館的所有事務以後，盧作孚立即去重慶、合川籌辦民生公司。首先，他遇到的是籌資的困難，因為當時川江航運業基本上為外國的輪船所壟斷，大多數人對盧作孚創辦航運公司持疑慮的態度，不願意冒險。

但是盧作孚沒有對當時惡劣的環境屈服。一九二五年十月，盧作孚在合川召開了發起人會議，決定籌資集股五萬元，由各發起人分頭募捐。然而，盧作孚及其他的發起人陳伯蓮、黃雲龍、彭瑞成等，大多是兩袖清風的窮秀才，向同學、老師募資時，往往幾個人才能合成一股，數量十分有限。向有錢的紳士勸募時，紳士們往往

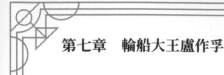

第七章　輪船大王盧作孚

顧慮重重。在他們狹隘的眼光裡，只相信購田、放貸等投資，根本不願意把錢財投在漂浮在水上的輪船事業上，況且當時的航運業又十分蕭條。盧作孚等人四處奔走，經過很多人的多方努力，才籌資到兩萬元，而實際上只收到了八千元的到位資金。

一九二六年的五月，盧作孚等人在上海合興造船廠定造的一隻小客輪在上海完工，民生實業股份有限公司在重慶正式成立。創立會上透過了公司章程草案，確立了公司的經營宗旨是「服務社會，便利人群，開發產業」。會上推舉了前合川縣縣長鄭東琴等九人為董事長，盧作孚任總經理。

然而，萬事俱備，只欠東風。就在盧作孚辦完了民生公司的一切開張事務後，命名為「民生」的客輪還沒有回來，民生輪出了什麼事了嗎？

原來，新船自上海回重慶的途中，屢遭麻煩。船至湖北境內的時候，恰逢江水泛濫，漢口以上一片汪洋。一日，船至城陵磯不遠的一個小鎮邊拋錨宿夜，突然岸上燈火通明，隨著一聲槍響，匪徒們紛紛登上木船，向民生輪衝來，民生輪上的人員見勢不妙，匆忙向上游江心駛去，任憑身後的槍彈呼嘯。

由於民生輪逃避及時，方才倖免於難。可是時隔三日，船至沙市附近泊宿時，又遇到數艘匪船迎面撲來，這次船員有了警惕，掉頭疾駛，客輪轉危為安。船一入三峽，更是險象叢生，因為水急船小，漩渦常使船身嚴重傾斜，多次險遭翻船之災。民生輪駛回來以後，熟悉水道的老船手們無不驚嘆，這樣小的船逆流駛過了三峽這樣的險惡地段，當時實屬罕見，難怪後來的同行人回顧往事，皆嘆創業的艱難。

八月，民生輪入川以後，開始了定期往返於合川、重慶之間的

營運。盧作孚根據實際的調查，為民生公司制定了「人棄我取，避實就虛」的經營方針，即避開長江主流航道，開闢支流航線；避開競爭激烈的貨運，經營群眾需要的客運。從而以客運為主兼辦定期航班，方便來往的客人。

當時的民生公司，全部的員工僅有四十五人。公司總部設在合川的一個簡陋狹窄、破爛不堪的藥王廟裡，公司員工的薪水都十分微薄，總經理的月薪三十元，助理十五元，其餘的員工只有十元，但是他們總攬了民生公司在岸上的一切事務，並且工作都很努力。

公司為改善服務態度，把「一切為了客戶」的口號作為船上工作的指導思想，要求所有的職員都要做到接待熱情，伺候周到。船上的伙食價廉物美又衛生。民生輪優質的服務，贏得了乘客的喜愛，不久，民生輪客船就班班客滿，應接不暇了。

自民生公司成立以後，盧作孚就表現出了極強的事業心。他熱愛民生公司，把公司作為了自己的家，每天從早到晚不停地工作著，很少休息，有時連埋髮的時間都沒有，後來他乾脆剃了個光頭。

一九二七年，民生公司增資五萬元，添置了輪船兩艘，新開闢了渝 —— 涪和渝 —— 滬兩條航線，在短短的時間內，民生公司的經營範圍就由嘉陵江伸入了長江的主幹道。當時，在長江航運業普遍蕭條的情況下，民生公司卻脫穎而出，營利日增。

一九二八年，他們獲純利兩千兩百餘元，是當時華船公司唯一獲利較高的企業。然而，盧作孚並不滿足於此，他將一張大的世界地圖懸掛在民生公司的會議室裡，並在深藍色的太平洋上插上了一個「民生」船隻，這是他的理想。他當時的願望就是，不僅要把民生公司辦成一個海上航運公司，還要將之辦成一個以民生為中心的

托拉斯組織。

化零為整，統一川江航運

一九三〇年，四川軍閥劉湘出於對盧作孚的賞識，任命盧作孚為川江航運管理處處長。此時，外國輪船公司憑著自己強大的實力加緊了對長江流域的侵入。英國的太古、日本的日清、美國的捷江等輪船公司憑藉著不平等條約所獲得的特權，把航線發展到了長江的上游。為了擠垮華船公司，他們不惜大幅度地降低收費，如從上海到重慶，一擔海帶的收費僅為〇點二五元，還不夠輪船所需的燃料與轉用費用，宜昌到重慶的客運票價從原來的三十元降到了五元。

日清公司為了招攬顧客，甚至免收膳食費用，還贈送洋傘一把。而當時的華船公司資金薄弱，又常常被地方軍閥拉兵差，所以在如此激烈的競爭下，他們大都面臨著破產的境地。盧作孚看到這種情況，氣憤地說：「中國的內河，竟成了外國人的天下。」

為了扭轉這種局面，盧作孚藉著全國人民反帝情緒的高漲，和他擔任管理處處長職務的便利，採取措施，親自訓練了一個中隊的士兵，以限制外輪在川江的活動，並經常對碼頭工人加強愛國主義思想教育。

一九二六年的九月，英商太古輪在萬縣撞沉了幾艘木船，淹死了許多乘客，致使大量的貨物沉沒。當地的駐軍將太古輪扣留，要求賠償，英帝國主義竟調集兵艦炮轟萬縣，造成兩千多名居民的死傷，繁華的街市頓時成了一片瓦礫。後來，由於中國政府的軟弱，此事不了了之，但由此卻積聚了很大民憤。

針對這件事情，盧作孚一任職就向外輪宣布：凡外輪進入川

江，都必須接受川江管理處的檢查，凡外輪沖翻中國的木船都必須賠償損失。這些措施開創了外國船隻接受中國政府檢查的先例，沉重地打擊了外輪的囂張氣焰，維護了民族的尊嚴。

一次，日清公司的一隻輪船抵達重慶碼頭，當中國的士兵要上船檢查的時候，船長站在甲板上叫喊：「我們是大日本帝國的輪船，從上海至武漢，連蔣介石的大官對我們都畢恭畢敬，你們小小的重慶港，膽敢侮辱我們大日本帝國！」

中國士兵沒有辦法，只得向盧作孚報告，盧作孚笑著說：「好吧，他們不讓中國人上船，中國人就不上他們的船了。」於是他動員所有的裝卸工人都拒絕給他們卸貨，日本船長見無人卸貨，急得像熱鍋上的螞蟻一樣，就決定以雙倍的價錢來引誘工人，沒想到依然無濟於事，這個船長在無可奈何的情況下，最後只得向川江管理處申請，請求中國的士兵來檢查他的輪船。隨後，中國的士兵威嚴的登上了日輪。

「九一八事變」爆發，全國掀起了洶湧澎湃的反帝愛國運動。盧作孚利用這個大好的時機，以航運公會負責人的身分和重慶各處的民眾團體聯合召開了「收回內河航權」的大會。會上，盧作孚提出：「中國人不坐外國船，中國人不裝外國貨」、「從外國列強的手裡收回我內河航權」的口號。由於他的這些口號符合廣大人民抵制外國貨的強烈願望，因而深得人心，得到了社會各界的廣泛支持，民生公司的地位也大大提高了。

為了便於同外輪展開激烈的競爭，盧作孚制定了「化零為整、統一川江」的策略決策，即：把川江上所有的華輪公司聯合起來，壯大實力，一致對外。這一主張得到了同行業及社會的廣泛支持，也符合四川軍閥劉湘統一四川的願望，因而得到了他的大力贊助。

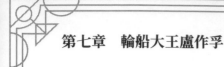

因為民生公司的經營管理位居同行業的榜首，是唯一能營利的公司，它成為了川江航運業的一面旗幟。一九三〇年，在川江航運線上，以民生公司為中心開展了「化零為整、統一川江」的鬥爭。

在實現這一方針的過程中，盧作孚對其他的華輪公司實行了收買或合併的策略。凡是願意售賣輪船的，盧作孚均以較高的價格收買，凡是願意和民生公司合併的，盧作孚都用現金幫他們還清全部的債務；至於他們原有的人員，民生公司全部錄用，量才安置。這樣，許多瀕臨破產的華輪公司都樂於與民生公司合併。

不久，民生公司合併了重慶上下航線的十四個華輪公司，約二十八艘輪船，劉湘、劉文輝等軍閥的船隻也變成了民生公司的產業。民生公司基本上統一了川江華輪的運輸業。在激烈的競爭中，美國的捷江公司跨了臺，五艘大輪船都被民生公司收買。日清、太古、儀和三公司見勢不妙，也就悄然退出了川江。

經過激烈的競爭，到一九三五年年底，民生公司已完全壟斷了整個川江的航運，絕大多數川江的華輪公司都併入了民生公司，民生公司擁有的船隻也由原來的三艘增加到了四十四艘；噸位也由兩百三十噸增到了一萬六千噸；員工由原來的一百六十四人增至兩千八百三十六人；資產由五十四萬元增加到七百三十萬元，經營了川江航運的百分之六十一。後來，民生公司把航線由原來的重慶延伸到上海，並分別在宜昌、漢口、南京、上海設立分公司。

就當時在長江航線的勢力來看，民生公司已不亞於當時實力雄厚的太古、儀和等外輪公司，成為中國當時最大的民族航運企業，盧作孚和他的民生公司因此而揚名海內外。

支援抗戰，壯大自身

　　一九三七年日本帝國主義發動了全面的侵華戰爭。為積極地投入抗戰，盧作孚率領民生公司的全體員工擔負起了支前、後撤的艱巨任務。當時，長江航線是連接抗日前線和後方的重要運輸線，民生公司成了主要的運輸力量。

　　一九三八年八九月間，為了全面支持川軍出川作戰，盧作孚調動了民生公司的船隻完成了支前的緊急運輸任務。不久，上海、武漢相繼失守。大量準備後撤的人員和物資囤積在宜昌無法運出。盧作孚冒著被日機轟炸的危險，親自指揮全部的船隻進行緊張的撤退運輸。當時民生公司每艘船的艙裡都裝滿兵工器材和工廠拆下的機器，而船面上則站滿國民政府的人員、逃出來的學生和各界的人士。經過四十多天的日夜奮戰，民生公司的船隻終於在宜昌失陷前裝完了囤積下來的全部物資和滯留的人員，完成了國民政府的內遷，保證了戰時大後方工業的發展。而民生公司十六艘船隻被炸毀，百餘名員工獻出了生命。盧作孚和全公司的人員為抗戰做出了巨大的貢獻，出色地完成了搶運任務，他們崇高的愛國主義精神為人們所高度讚揚。

　　在抗戰期間，從日本的鐵蹄下逃出了一些華輪公司，他們的船隻駛進了川江，但都無力經營，盧作孚遂以較低的價格收買下來。可是由於縮短了航線，政府對兵差費用的拖延，以及損失了眾多的船隻，民生公司的營利日見減少，甚至出現了虧損。為了扭轉這一局面，盧作孚絞盡腦汁，採取了很多的措施。

　　第一，他採取增資擴股的辦法來壯大公司。然而孔祥熙、宋子文卻趁機而入，表示願意買下一半的股份，妄想以此來控制民生公

司，盧作孚為了擺脫他們的控制，遂決定進一步增股，以縮小孔、宋所占公司的股份比例。

第二，盧作孚以「為抗戰做貢獻」和帳面上年年虧損為由，說服了股東停止分紅，從而積累了大量資金，新添很多船隻。

第三，民生公司以政府兵差的拖欠和抗戰中船隻損失眾多為由，向國民政府大量貸款，而到了償還的時候由於物價飛漲，法幣貶值，因而民生公司從中獲利匪淺。

透過這些措施，民生公司不斷地壯大，至一九四五年，民生公司已擁有船隻一百三十七艘，員工七千餘人，公司不僅獨占了川江，還控制了西南地區許多重要的企業。

發展業務，打進沿海

抗日戰爭勝利後，盧作孚努力使民生公司的長江業務得以恢復和發展。長江沿線的分支機構和碼頭倉庫原來都有一定的基礎，只要增加一些船隻，就能進入航運。為此，盧作孚除了向國外購進一些船舶外，還從國民黨政府那裡買了一部分船隻。

不久，招商局接受了戰後美國剩餘物資中的大量船舶，其中大多都航行於川江上，這給民生公司獨霸川江帶來了嚴重的威脅，於是盧作孚以補償抗戰期間損失的船隻為藉口，要求國民黨政府撥一部分船舶給民生公司，經過多次的交涉，公司最後得到了五艘船隻。同時他又以分期付款的方式買下了一些已部分損壞的登陸船，經修整後，這些船隻就加入了長江的航運。此外，民生公司還和中華造船廠合作建造了五艘船隻。這些船隻的增添，使民生公司的實力進一步增強，民生公司從而控制了整個長江的航運。

在發展長江業務的同時，盧作孚一直在努力開創沿海的航運事

業。為了適應這一需要，一九四六年四月，盧作孚在上海主持召開了各董事長會議，確定了向沿海發展的方針。他建議把總公司遷往上海，但由於遭到部分「元老」的反對，盧作孚不得不採取折中的辦法，即總公司仍留在重慶，而總經理辦公室設在上海。

一九四七年是民生公司的業務，特別是沿海航運業務得到迅猛發展的一年。這一年，民生公司從國外購進的一批大型船隻陸續到達，同時公司還對買進的舊船進行改造，雖然維修的費用較高，但卻大大提高了這些船隻的使用價值，為公司沿海航運業務的發展創造了極為有利的條件。有了這些船隻，民生公司逐步開闢了上海到青島、天津、營口的北洋航線和上海到基隆、福州、廣州、香港的南洋航線，為適應沿海業務進一步發展的需要，公司在沿海設立了很多分支機構。

一九四七年的九十月間，鑒於民生公司在沿海航運方面已有一定的基礎，盧作孚決定到沿海各地去考察。在對天津、青島、基隆、香港等沿海城市視察以後，盧作孚已深深地感到了中國的形勢發生了重大的變化，北方的貨運大大減少了。為此，他決定把沿海運輸的重點由北方轉向南方。

借款造船，由盛及衰

盧作孚一直在為實現自己的宏偉藍圖而努力，即把民生公司由長江向沿海、東南亞以至遠洋發展。一九四三年，加拿大駐華大使歐得倫知道盧作孚的意圖以後，從生意上出發，他建議盧作孚向加拿大借款，作為民生公司在加拿大造船之用，待抗日戰爭勝利後，新船由海道開往上海，以適應海上運輸的需要。條件是民生公司暫付百分之十五的外匯現款。其餘的百分之八十五全系借款，年息三

厘。自船隻由民生公司接收並開始營業時起，分十年歸還本息。

　　經過歐得倫的介紹，盧作孚向行政院院長宋子文匯報，並請求政府為之擔保。然而，當時宋子文控制著招商局，民生公司借入巨款造船，勢必加強與招商局的競爭，從而增加了宋子文吞併民生公司的難度，於是宋子文對擔保問題一直採取「拖」的手法。這樣，時光飛逝，一年多過去了，擔保的問題依然沒有著落，而戰後的加拿大物價飛漲，盧作孚向加拿大借款的一千兩百七十五萬元已經大大貶值了。盧作孚焦急萬分，於是盧作孚派人到蔣介石處告狀，請蔣介石督促宋子文擔保民生公司向加拿大借款的問題；並申請撥給他官價兩百二十五萬加元。

　　蔣介石隨即約盧作孚吃飯，在吃飯時蔣介石對盧作孚說：「政府已同意擔保民生公司向加拿大借款，但是申請兩百二十五萬元的巨額外匯，目前尚有困難，可否由政府向民生投資法幣十六至十七億元？」

　　盧作孚聽到此話，又驚又喜，驚的是政府向民生公司投資大筆的法幣，必然會對民生公司進行控制；喜的是借款的擔保終於解決了。盧作孚當時遂以民生公司向加拿大接洽借款時申明無官款股加入為由，表示只接受擔保，不希望政府投資。至於兩百二十五萬元加幣的外匯，民生公司將自己解決。

　　擔保問題解決了，一九四六年十月，民生公司和加拿大銀行在蒙特利爾簽定了造船合約，加拿大的兩家造船廠將為民生公司製造大小兩種型號的船隻九艘，分別於一九四七年、一九四八年的夏季竣工交船。

　　然而，當時加拿大願意貸款，並非是想幫助中國發展民族企業，而是為他們的資金找出路，並推銷自己的產品，以獲取利潤，

增加工人的就業機會。加拿大兩家造船廠與民生公司簽定合約後，卻並沒有按照合約去履行。他們把物價估計錯了，以為第二次世界大戰結束後的物價會像第一次世界大戰後那樣空前狂跌，殊不知第二次世界大戰後帶有策略性的物資價格卻上漲了。起先他們將造船的速度故意放慢，於是新船遲遲不能交貨。但是物價的上漲給兩家造船廠帶來了嚴重的影響。

一九四八年，本該交貨的九艘船舶的製造進度連一半也沒有到達，此時，兩家船廠的老闆卻向民生公司聲稱：為建造這些船舶，他們的船廠已經虧損纍纍，接近破產了，如果不按照百分之三十加價，他們就得停工。

面對如此的訛詐，盧作孚感到非常棘手。經過縝密的考慮後，盧作孚決定以一萬元的代價聘請一個高級律師和加拿大的船廠打官司。而加拿大的造船廠也不示弱，他們一再狡辯，雙方勢均力敵，僵持不下，後來，因為加拿大的政府對民生公司的還款深感顧慮，並顧及中加之間的貿易前途，於是出面從中調停。結果是，民生公司以另付船廠津貼補助費的三分之一，約八十萬加元，這場官司才宣告結束。

這場針鋒相對的鬥爭持續了幾個月，這無疑使本來就緩慢的造船進度進一步放慢了。後來，這些新船舶除兩艘小客輪出廠時尚能回國，其餘七艘出廠時，只得暫留香港，這就給民生公司在營運上造成了無法估量的損失。

抗日戰爭勝利後，盧作孚對民生公司的發展充滿了信心，他以為，在國民黨政府的支持下，民生公司的旗幟很快就會從長江中、下游插到太平洋、大西洋去的。民生公司也確實曾經一度輝煌，公司不僅很快地恢復和發展了長江中、下游的航運業務，把業務的重

點從重慶移到上海。還增闢了上海至基隆、香港等南洋的航線和上海至青島、天津的北洋航線。民生公司擁有的船隻已達到空前的一百五十艘，員工增加到九千多人，這些發展初步實現了盧作孚起初的由內河支流向長江主流、向海洋伸展的願望。

然而，民生公司一度的繁榮也只是虛假的現象。公司雖然場面壯大起來了，但是基礎卻不牢靠，特別是經過抗日戰爭以後，公司的收支極不平衡。因資金短缺，民生公司只能靠貸款來支撐著，結果入不敷出，負債纍纍。當時向加拿大借款的時候，因為遲遲得不到國民黨政府的擔保，拖了一年多，原能訂製十二艘船的借款額，因原材料的價格上漲，最後只能訂製船舶九艘，使得民生公司蒙受了巨大的損失。

借款合約簽定後，公司每三個月償付債息十萬美元，負擔十分沉重。在營運方面，因內戰爆發，中國烽火四起，國統區內通貨膨脹嚴重，生產急遽下降，經濟遭到嚴重破壞，航運業十分蕭條，為內戰運輸兵差的收入，又屢遭拖欠，這樣整個民生公司就朝不保夕、人心惶惶了。同時，民生公司的內部腐化也日益嚴重，公司為了應付各種各樣的社會關係，各方面的人不分好歹，兼容並蓄。「用人唯賢」的用人制度也名存實亡，於是機構越來越臃腫，人浮於事，工作效率極其低下，高階職員大都以權謀私，有的做起了黃金生意，有的則投機取巧，囤積居奇。公司初創時的「民生精神」早已蕩然無存。

由於民生公司經濟狀況的日益惡化，通貨膨脹的加劇，工人薪水待遇差，生活水準明顯下降，他們根本無法養家餬口，於是罷工的浪潮此起彼伏，民生公司已經完全處於風雨飄搖、岌岌可危的困境中了。

　　隨著內戰形勢的發展，戰爭很快就迫近長江了，民生公司的長江航運不得不停止。如何維持船岸員工的生活，如何支付加拿大巨額貸款利息，盧作孚為此憂心忡忡，出於萬般無奈，盧作孚只得透過借美金和拋售企業投資股票的形式來勉強支撐。

　　一九五二年，民生公司改為公私合營，同年的二月，盧作孚回重慶處理民生公司遺留的事務時，因病不幸去世，終年五十九歲。

　　盧作孚創建民生公司真可謂嘔心瀝血，然而人們可能不會相信，窮其一生，他卻一直是一個沒有錢的大亨。他身為擁有巨人財富的民生公司的總經理，自己卻沒有一份的股本。這真是讓所有的人都無法相信的事實。後來股東們贈給他一些乾股，但是他從來也不領取紅利。他雖身兼數職，可是只拿一份薪水，全家人的生活就靠這份薪水維持。盧作孚生活儉樸，從不奢侈，他常年穿著一套灰色芝麻點的中山服。他還經常囑咐家人生活要精打細算，不可浪費。盧作孚對子女的要求也很嚴格，一次，兩個兒子乘車時，不幸翻車受傷，發電請求盧作孚派車去接，可盧作孚覆電要他們乘車返回。正如美國雜誌《亞洲與美洲》上刊登的一篇題為「盧作孚與他的長江船隊」一文中所寫的：一生廉潔、勤儉，死後家徒四壁，無餘財留給子女，這樣的「大亨」，實屬罕見。盧作孚事業至上、國家至上的崇高精神，永遠熠熠生輝地照耀著眾人，長留人間。

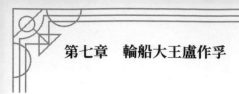

第七章　輪船大王盧作孚

第八章　菸草大王簡氏兄弟

民國初期，提起南洋兄弟菸草公司，可以說是無人不知，無人不曉。它的創始人簡照南、簡玉階兄弟倆，中國菸草工業中首屈一指的民族資本家，在當時更是名噪一時。

簡氏兄弟創立的南洋兄弟菸草公司，儘管也經歷多年的厄運，曾經被英美菸草公司逼得無路可走，但簡氏兄弟憑藉不屈不撓的精神和勇氣，堅持把南洋公司經營了下來。在競爭惡劣、政治複雜、生存無保的條件下，簡氏兄弟硬是把南洋公司在眾多的外商競爭者中，建成了中國最大的菸草公司，生意遍布中國的每一片土地，品牌響徹五洲。

自立名號，經營航運

簡照南，生於一八七〇年，其弟簡玉階，小他五歲。廣東南海縣黎湧鄉人。其父簡漢達以建築為業，其母潘氏，賢淑能文，家庭和睦康樂。簡照南十三歲時，父親病逝。家裡失去了父親這棵擎天柱後，情況急轉直下，一家六口，生活頓時陷入了艱難之中，簡照南只得忍痛輟學，捋竹葉、拾柴枝來照顧弟妹，幫助母親撐起這個家。

過了不久，有消息傳來，說早年出洋謀生的叔叔簡銘石在香港發了財，簡照南便懇求母親讓他去找叔叔。母親擔心他年紀小，不肯答應，一直到他十七歲時，才灑淚相允。簡照南立即打點行裝來了香港，簡銘石見到侄兒模樣機靈，心中很是高興，便將他留在身邊做助手，往來於日本、香港間收取帳款。簡照南勤奮好學，進步很快，幾年以後就可以獨當一面了。簡照南是一個胸懷大志的人，雖然這時工作得心應手，酬勞豐厚，但他並不滿足於蠅頭小利，總想獨樹一幟，自己做出一番成就出來。叔叔當時資助了他一些錢財，簡照南便開始自立商號經營了。

簡照南的商號名「東盛泰」，位於日本神戶，專門從事海貨、布匹等進出口貨物的批發。

由於簡照南的勤勞，業務發展迅速，一八九三年，簡玉階也來到日本，跟隨簡照南學習商務。

幾年以後，簡照南又在香港設立「怡興泰」商號，由簡玉階主持，專營土洋雜貨。同時簡照南又創立「順泰」輪船公司，開始的時候租船行駛於越南、緬甸之間，後又購置「廣東丸」巨輪一艘，往來日本、泰國和越南一帶，甚至遠至歐美的各大商埠。由於當時

的中國公民不能領取公海航行的執照，簡照南便加入了日本籍，取名松本照南。

經過幾年的慘淡經營，簡氏兄弟的事業日趨興旺。但天有不測風雲，「廣東丸」遇事沉沒，一下子虧損了巨額的資本，他們再也無力購置新船，兄弟倆只得放棄了航運業。

儘管這一打擊頗為沉重，但是簡氏兄弟並沒有被擊倒，反而在醞釀一個更為宏大的計劃。

初創「南洋」，困苦中失利

一九九〇年代，英美商人開始將紙菸販運到中國，中國人吸用紙菸的習慣漸漸養成。一九〇二年，英美菸草公司成立，總部設在倫敦。這一國際性的托拉斯公司分支機構遍及世界各地，而中國是它最大的消費市場。它憑藉自己雄厚的實力以及不平等條約規定的關稅條款，巧取豪奪，從城市到鄉村，幾乎無孔不入，中國的白銀源源不斷地流入他們的腰包。

為了挽回利權，有識之士紛紛創辦菸廠，與英美公司抗爭。當時的上海有三星菸廠、德麟菸廠，北京有大象菸廠，天津有北洋菸廠，但不管在品質、數量、規模上都不可與英美菸草公司同日而語。

外國資本主義對中國經濟的掠奪，刺激了素有「實業救國」思想的簡氏兄弟的愛國心；有識之士開辦菸廠的勇敢行為，也極大地鼓舞了他們的信心。他們決定創辦菸廠以「堵塞漏卮、挽回利權」。不過，一旦正式著手籌備，他們就傻眼了，辦菸廠耗資巨大，至少要有十萬元做資本，而此時兄弟倆只有四萬元老派的積蓄，缺口很大。正當他們一籌莫展之際，越南華僑曾星湖幫助了他

們，叔叔簡銘石也再次伸出了援助之手，這樣，才合股十萬元，在香港東區羅素街購地建廠。

　　他們購得日本舊蝴蝶式捲菸機四臺，一九〇五年，廣東南洋菸草公司正式在香港成立，註冊為股份有限公司。一九〇六年農曆的四月，各種機器設備安裝就緒，開始製造香菸。不料，香菸投放市場以後，頗受冷遇，簡氏兄弟忙到市場上去摸底，發現癥結在於配方不當，不合人們的口味，製作也過於粗糙，他們回去以後立即改進配方，品質嚴格把關，終於讓生產的「白鶴」牌香菸逐漸在市場上站穩了腳跟。

　　「廣東南洋菸草公司」一面世，英美菸草公司就劍拔弩張，欲置之於死地而後快，他們藉口「南洋」所產的「白鶴」牌香菸與他們出品的「紅玫瑰」牌香菸的包裝紙顏色相同，誣其影射，並借香港巡理府的勢力強行集中了兩千餘元的「南洋」產品，當眾焚燬。簡氏兄弟被迫放棄「白鶴」商標，改為「雙喜」、「飛馬」兩種新牌子，不久，這兩種香菸又走俏市場。英美公司又故技重演，指責「雙喜」與其「三炮臺」香菸的裝潢相似，派人警告簡照南，要他立即停售「雙喜」，否則以仿冒的罪名控告他，同時，又派人向香港、九龍各菸販發出警告，禁止售賣「南洋」產品，否則立即起訴，菸販們懾於英美菸草公司的勢力，大多不敢公開陳列「南洋」生產的香菸。

　　在英美菸草公司的「圍剿」下，「南洋」一蹶不振，前後開工僅十三個月，負債卻達十餘萬元。面臨此絕境，意志堅強的簡氏兄弟沒有退縮，他們一面向簡銘石求援，陸續借得九萬元；一面結束了「怡興泰」商號的業務，集中資金精力，全力以赴經營南洋，力求回天。但天不遂人願，銷路一直無法打開，「舊債未填，

新債又起」，無奈之下，兄弟倆只得於一九〇八年五月忍淚宣布破產拍賣。

再建「南洋」，抗爭中發展

「南洋」公司拍賣時，機器物料價值九萬元，但是無人敢買，因為當時英美菸草公司的實力過於雄厚，且有不平等條約的保護，民族資本敢有一爭的，無不倒閉。如京、津、滬的民族資本所辦的菸廠都在外國資本的排擠下破產了，所以，人們都把辦菸廠視為畏途。簡銘石得知後，又一次慷慨相助，他出資競投，用九萬元買入，經整理後，再交給簡照南兄弟去經營，這次在公司的股份中，簡氏兄弟占百分之九十四以上，故易名為「廣東南洋兄弟菸草公司」，簡照南為總經理，簡玉階為副總經理，在香港重新註冊為無限公司，並於一九〇九年二月第二次正式營業。這次，簡氏兄弟揮去心頭失敗的陰影，抖擻精神，決心再作一搏。

當時，公司仍是負債經營，負債達十萬餘元，為多方開源起見，簡照南決定兩條腿走路，他派簡玉階到馬來西亞重開「怡興泰」商號，邊經營土洋雜貨，邊推銷公司香菸，同時，又在泰國開設「怡生」公司，重操舊業，由於經營得當，一年就營利四萬元，不久就還清了所有的債務。

雖然商業上蒸蒸日上，但菸廠的經營依然艱難。一九一〇年香菸方面的虧損逾萬元，為了找出原因，簡照南深入市場，同時派出得力調查員去南洋各地和全國各省，詳細調查「南洋」菸和「英美」菸的動態，提出改進意見，並以「中國人請吸中國菸」為宣傳口號。這樣，南洋的產品逐漸得到改進，終於為消費者所喜愛，到一九一一年，扭虧為盈，獲利兩萬元，這是南洋關鍵性的轉

第八章　菸草大王簡氏兄弟

折時期。

在歷年磕磕絆絆的慘淡經營中,「南洋」公司終於也可以營利了。這極大地激勵了簡氏兄弟,增強了他們繼續奮鬥下去的勇氣。

一九一一年十月,辛亥革命爆發,極大地激發了海外遊子的愛國熱情,國貨頓時開始暢銷起來了。「南洋兄弟」的香菸開始暢銷在南洋諸島,僅爪哇一地,月銷「飛馬」牌香菸就達一千箱(每箱五萬支),一九一二年,「南洋」獲利四萬元。簡照南終於嘗到了辦菸廠的甜頭,信心百倍,幹勁大增。

為了增加利潤,簡照南千方百計地降低生產成本。起初,公司所用的菸葉以進口美國的菸葉為主,價格高,又受國外的控制,簡照南便決定自己解決原料問題。一九一三年,他從美國引進菸葉種子,在山東、河南等地請農民試種,獲得了成功。不久,又投資五十萬元,在山東設立收菸廠,這樣,有了原料的來源,大大降低了成本,增強了產品的競爭力。這一年,公司獲利十萬元。第二年又獲利十六萬元後,簡照南決定結束馬來西亞的土洋雜貨商務,召簡玉階回港全力運籌「南洋」,馬來西亞的紙菸推銷業務交給五弟簡英甫負責。

一九一四年是中國民族資本發展的黃金歲月。由於第一次世界大戰爆發,帝國主義各國忙於戰爭,放鬆了對中國經濟的侵略,民族企業得到了長足的發展。由於大戰,英美菸草公司的原料和生產受到極大的影響,競爭力大大減弱。在這千載難逢的時刻,簡氏兄弟充分地顯示了其高瞻遠矚的眼光和巨大的魄力,他們把全部的利潤都用作投資,擴大再生產。於是,一九一四年後,「南洋」的營業額如滾雪球一般越滾越大,分支機構遍布南洋諸島,中國國內的代理店也不斷地增加。

　　「南洋」的蓬勃發展，使得英美菸草公司感到了越來越大的威脅，為了擠垮這個新生的企業，他們使出了一條條的毒計。首先，憑藉他們雄厚的實力銷價競銷，增生新品。開始，英美菸草公司提出收買南洋，他們派買辦部的鄔誕生和簡照南接觸，談判收買事宜，當時「南洋」的全部資產是五十萬元，「英美」願出一百萬元來買下，並威脅簡氏如果不同意，就會採取其他的手段對付他。簡照南悲憤地想到：「南洋」就像剛會走步的新生兒，卻又要慘遭夭折！他又氣又恨，但想到當時「南洋」的主要基地和工廠都在香港，處於外人的勢力之下，不答應就前途叵測，而答應了又不甘心，怎麼辦？簡照南焦慮萬分，夜不能寐，整天想著怎樣來對付「英美」報施的毒計。突然，頭腦中靈光一現，他想出了一條妙計：不是要收買嗎？對，就來個將計就計。

　　於是，他便回信「英美」說：「收買可以，但要三百萬元才肯賣，否則免談。」這下，「英美」陷入了尷尬的境地，他們知道「南洋」索價此數，就是不肯賣，同時又怕真的成交後，簡照南拿到這筆錢去另起爐灶，那時更難對付，不如現在就將他澈底地打垮。

　　於是，他們立即把兩百五十元一箱的「Bood Beam」菸降價一半銷售，企圖帶動市面上香菸價格的大幅度下降，造成「南洋」的虧本。同時，他們還針對「南洋」的銷售管道，隨時削價，甚至煽動小販貴買賤賣，暗中給予補貼，意欲一舉擠垮勢單力薄的「南洋」。接著，他們又針對「南洋」的產品推出了新的牌子來抵制，如在東北推出了「白刀」，抵制「南洋」的「飛船」，以「大頭針」抵制「南洋」的「地球」牌。

　　此外，還在宣傳上向「南洋」大打攻擊戰。他們或在每個貨箱內附贈小玩意，或以空菸盒換菸，或菸盒內附贈樂透，派人到

處散送，街招廣告更是不惜千金，甚至各地的妓院也成為了宣傳的重點。

為了打擊「南洋」的銷售，困死「南洋」，「英美」還對意圖兼做「南洋」代理的商號進行打擊，取消他們的基本號代理權，並用津貼月費的方式，收買各代理商號，專售他們的產品。

最為卑鄙的是，「英美」挖空心思打擊「南洋」商標，敗壞「南洋」的商譽，除了一九〇七年至一九〇八的商標打擊外，一九一五年又故技重演，對「南洋」的「三喜」菸提出指責，強說「三喜」影射了他們的「三炮臺」，逼迫簡照南將其改為「喜鵲」，致使銷路減少三分之一。英美菸草公司還故意購進大量的「南洋」菸，等到霉變以後再批售出去，之後又唆使菸販到「南洋」換掉，要求賠償他們的經濟損失。

為了進一步打垮「南洋」，「英美」還指使不良商販將已霉變的「南洋」菸沿街叫賣，大降其價，以此矇騙不明真相之人，並在海外大造輿論，誣衊「南洋」出品為日貨，指派公司的代理人四處活動，每星期六進行聚會，散布謠言，說什麼「南洋」是日本人的資本，廠裡的上等人都是日本人，而做苦力的都是中國人，指派人到各櫃檯「買菸」，見有「南洋」商標的，就說：「這是日貨，我不要！」以此來惑眾。種種的伎倆，確實達到了一些的效果，「南洋」香菸的信譽出現了危機。

面對英美公司的步步逼近，簡照南兄弟沒有被嚇倒，憑著一腔的愛國熱情，進行了針鋒相對的回擊。簡照南知道，企業的成敗關鍵在乎民眾，為了贏得民眾的同情和支持，他再次提出「中國人請用中國菸」的口號，把它印成宣傳品，遍貼市場，又在「飛馬」牌的煙包上印上「振興國貨」四個醒目的大字，以此來激起人們的國

貨意識，針對英美公司競銷和集中貨源的策略，簡照南決定把「南洋」出產的「兵船」牌香菸降為兩百一十五元一箱，比英美公司的名牌「派律」還要優惠，此法試行一個月，「南洋」非但沒有被擠出市場，反而大行其道，銷量猛增。而且，簡照南趁「英美」將其「派律」菸收集在滬，別埠世面空虛混亂之機，主動出擊，將「南洋」打向外埠，迅速占領了市場，使「英美」手忙腳亂，顧此失彼。

為了贏得更多的消費者，簡照南採用有獎銷售的辦法，菸盒都藏有獎票、獎品，大者金表，小者也是名家字畫。在「飛馬」牌和「喜鵲」牌的包裝裡，都附著一張硬紙畫片，畫上繪有《紅樓夢》、《水滸傳》、《三國演義》等小說上的人物像，十二張一套。小孩子都很喜歡這些栩栩如生的畫片，常向大人討取，這樣，就使得大人們不斷地買「南洋」的菸，這個點子確實令人叫絕。

一九一五年九月，農商部舉辦國貨展覽會，簡照南得知將有許多的政府要員光臨展覽會，覺得這是擴大「南洋」影響的絕好時機，便積極準備，精心製作了一批香菸送去參展。在展覽會期間，「南洋」的代表異常活躍，拜會了袁世凱、黎元洪等人及財政部等政府部門的高官，奉送了許多香菸，他們吸後，都表示味道香醇，品質上乘，這樣一來，「南洋」煙名聲大振。

簡照南同時也深知新聞輿論的重要性，時常派人和記者聯絡感情，吃吃飯，聊聊天，關係搞得很是融洽。所以，在和英美公司的競爭中，總能贏得輿論的同情。

針對「英美」指責「三喜」商標與「三炮臺」用同一紙色的故技，簡照南毅然將「三喜」改為「喜鵲」，並將不得已之苦衷訴諸社會，省港報刊披露了「英美」的無禮苛求後，菸販與吸家同時激憤，都為「南洋」打抱不平，而「喜鵲」的銷量也因之大增，據廣

州調查員報告，由於廣州分局貨少，白天賣菸的時間不多，因此每天等菸的人總在二三百個，而原來行銷於市的「三炮臺」卻銷路呆滯，很少有人問津。

簡照南兄弟積極贊助公益事業，以此擴大公司的影響。當時的壩羅有個育才學校，因經費的困難行將解散，簡玉階得知後，自願提出每箱菸抽銀一元，以此來補貼學校，使學校得以繼續開辦，群眾交口讚譽。一九一五年，廣東發生水災，人們流離失所，簡照南兄弟獨力組織救災機構，購置了一個小貨輪，攜帶糧食到各地救濟，船頭上豎一旗幟，上書「南洋兄弟菸草公司放賑」，一時間，好評如潮，產品的銷路更暢。

就這樣，簡照南兄弟挫敗了英美公司的吞併野心和隨之而來的瘋狂報復，保護了企業的獨立自主，擴大了企業的影響，拓寬了企業的銷路。

一九一五年，「南洋」日產香菸六百萬支，產品達十一個牌子，有「飛艇」、「飛馬」、「雙喜」、「三喜」、「四喜」、「地球」、「喜鵲」、「發財」、「獅球」、「三夫人」、「自由鐘」等，其中「飛艇」、「飛馬」、「雙喜」等廣受青睞，經常宣告斷市。這一年，「南洋」的貿易額達兩百三十萬元，一九一六年持續激增，營利高達一百萬元以上，「南洋」開始步入高速發展的黃金時代。

一九一五年以前，南洋公司的營銷重心在南洋各地及華南地區，對上海這個遠東大都市無力顧及，所以上海及長江流域一直是英美公司的天下。一九一五年，「南洋」的產品才第一次踏上這中國的金融、貿易中心。簡照南意識到，只有占領了上海市場，產品才能真正的打通銷路，因為上海的影響力是無論哪個大城市都無法比擬的，打開上海市場是打開長江流域及北方商埠市場的基礎。為

了在這樣菸泛濫的十里洋場占據一席之地，簡照南兄弟仔細研究了上海人的心理和口味習慣，改進了廣告宣傳及香菸的配方，並透過減價、分送、試吸等手段，逐漸在大上海站穩了腳跟，各紙於店紛紛要求進貨。簡照南兄弟被上海及長江流域蘊藏的巨大市場潛力所鼓舞，決定在上海設廠制菸，以節約時間，加速資金的周轉。於是，在廣東商人勞敬修的協助下，租下東百老匯路棧房，改建廠房，從日本、美國購買新式捲菸機，於一九一七年正式開工。

上海菸廠開工以後，由於用人得當，產品適銷對路，聲譽日隆，經常供不應求。簡照南便進一步擴建廠房，幾年之後，宏偉的廠房矗立在黃浦江畔，共有七十架捲菸機，每架機器每分鐘製菸三百餘支，每天可出菸一千餘萬支，規模之大，產量之多，令人咋舌。一九一七年，「南洋」營利達一百五十萬元，「南洋」成了唯一能夠和英美稱雄論霸的民族資本菸廠，頗受中國人囑目。

看著「南洋」蓬勃發展的強勁勢頭，英美公司坐臥不安，千方百計地尋找對策來去除這個心腹人患。上次收買不成，這次變了一個花樣，提議合併。一九一七年，由其在中國的負責人托馬斯向簡照南提出了一個合併的方案，許以優惠的條件。

方案提出：「南洋」可以不變更名稱和形式，獨立經營，總經理仍由簡照南兄弟擔當，英美菸草公司認購百分之六十的股份，另外，還暗許簡照南兄弟兩百萬元的紅利，不入公司的帳目。當時，「南洋」雖然獲利甚多，蒸蒸日上，但資本、銷量仍不能與「英美」相提並論，因此，這個方案頗具有誘惑力。

簡照南自與英美的代表接觸後，不禁有些心動，便寫信給香港的兄弟們商量，不料卻得到兄弟們的一致反對，其中簡玉階態度最為堅決，他在回信中說：「昔日東吳，不趨勢曹操，卒獲三分天下，

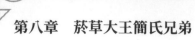

第八章 菸草大王簡氏兄弟

且我營業之猛增,多借國貨二字為號召,故得社會人心之助力,至有今日,今日稍能與外人競爭,為全國人民注目者,以本公司為最,若一旦屈降洋人,縱不被社會唾罵,亦令提倡國貨者寒心,而我公司營業必從此失敗矣……若不屈降空山(英美),合政府與國人之力與之抗爭,未必一定失敗,且我並非不堪一擊,既如何劇烈,亦可支持五七年,俗語云:『猛虎不及地頭蛇』,他日各省能如廣東之局面,則利權之大,勢力之廣,可以左右中國。」

鏗鏘之言,落地有聲,增強了簡照南拒併的決心和勇氣,他和「英美」巧妙周旋,頂住了壓力,使「英美」的吞併陰謀又一次化為泡影。而「南洋」的營業,正如簡玉階所言,由於中國人的支持,日益增進。一九一八年,營業額達一千四百餘萬元,利潤突破兩百萬元,同年,簡照南兄弟將無限公司的南洋兄弟公司改為「南洋兄弟菸草有限公司」,發行股票五百萬元,同時,簡氏兄弟看到了上海經濟的飛速發展和它作為國際化大都市的地位,遂決定將工作的重點放在上海。於是改上海廠為總廠,香港廠為分廠,「南洋」的業務重心逐漸移到上海,發揮上海獨特的地理條件,將業務迅速向長江流域及北方各省滲透。

兩次吞併失敗後,「英美」並未善罷甘休,而是積極尋找機會不惜代價搞垮「南洋」。一九一九年,爆發了震驚中外的「五四運動」,激起了人們強烈的愛國心,「英美」覺得這個千載難逢的時機來了。

因為簡照南曾加入日本國籍,有松本照南的名字,又曾用日商德田出面代「南洋」寫信與「英美」談判。於是,「英美」公司抓住這一點,買通流氓商人黃楚久到農商部活動,誣告南洋公司為日籍資本,農商部竟被收買,下令吊銷南洋公司的執照,停止營業,

禁止運銷。一時間，驚濤駭浪，鋪天蓋地。「南洋」公司突受此致命打擊，手足無措，當時簡照南遠在美國訂購煙葉，聞訊後膽疾發作，入院治療，病未痊癒就回國了，在和簡玉階等兄弟緊急磋商後，馬上進行了反攻。

一九一九年五月十四日，簡照南第一次發表敬告國人的文告，為南洋公司辯護，表明自己的嚴正立場。此後，又接連發表了八次「敬告國人」的文告，有力地揭露了英美公司利用青島問題陷害南洋公司的陰謀，斥責了效忠英美、為虎作倀的走狗。這些文告，將英美公司企圖扼殺民族企業的險惡用心昭示於天下，激起了海內外各界人士的強烈憤慨，上海總商會、上海華僑聯合會、上海粵僑聯合會等各大團體，廣東省工、商、學、善界以及海內外華僑，文電交馳，同聲抗辯，紛紛提供證據，證明「南洋」是華人產業，表達對南洋公司振興國貨、挽回利權的愛國舉動的讚賞，對政府不分青紅皂白加以遏制的不滿，希望政府下令農商部收回成命。

同時，簡照南也爭取主動，於一九一九年五月辦妥了脫離日籍的手續，並登報做公開的聲明，在人民群眾的強大壓力下，北洋政府不得不恢復了南洋公司的註冊。這樣，「英美」的陰謀又一次破產了，它的卑鄙行徑受到中國人的唾棄，大家紛紛購買「南洋」產品，而「英美」產品卻受盡冷落，真可謂「搬起石頭砸了自己的腳」。

在與「英美」的激烈競爭中，簡照南意識到，只有進一步擴大企業，才能在資金和實力上與外國資本做殊死的搏鬥。於是，在一九一九年，簡照南決定改組「南洋」，向社會公開招股，他向各界宣布：「照南昆仲鑒於外海之頻仍，以為一家公司懼難久持，不如公諸國人，卑同胞咸獲投資，合群策群力共簡進行。」

第八章　菸草大王簡氏兄弟

簡氏兄弟的選擇受到社會各界人士的鼎力支持，招股進展十分順利，共招股一千五百萬港元，每股二十元，分七十五萬股，簡氏兄弟占百分之六十點六。擴大改組後，總公司設在上海，分公司有天津、北京、營口、濟南、青島、漢口、南京、鎮江、廣東、汕頭、廈門、雲南、香港、新加坡、泗水、泰國等處，工廠的規模也急遽擴大。上海有菸廠五所，香港有三所，漢口一所，同時還開辦寶興錫紙廠，佛山菸嘴廠，並在河南許昌、山東濰縣及安徽坊子的劉府設立收菸、焙菸廠，製菸工人總數達幾萬人。其後數年，發展更為迅速。機器設備的價值，一九二一年比一九二〇年增加了百分之一百一十六點六，一九二二年比一九二一年增加了百分之三十五點七；獲利也更豐厚，一九二〇年的營利率是百分之三十二點三九，一九二一年為百分之二十九點二七，一九二二年為百分之二十七點二三，新公司成立至一九二三年，每年營利四百萬元之巨，「南洋」不再是稚嫩的少年，而是鋼筋鐵骨的青年了。

兩次吞併不成，「英美」並不甘心，一九二二年，又一次發動了吞併的攻勢，但是，在簡氏兄弟的精明抗爭下，陰謀仍沒有得逞。

一九二三年十月二十八日，正當「南洋」以不可阻擋的勢頭飛速發展時，簡照南因膽疾病逝。簡玉階看到嘔心瀝血創業的兄長英年早逝，悲痛欲絕，發誓將簡氏的五國事業之榮耀永遠保持下去。但「英美」的搗亂，同行的競爭，簡玉階感到獨木難支，「南洋」的發展速度緩慢下來，一九二四年，營利僅為四十八萬元。

後來發生了「五卅運動」，中國人只用國貨，英美公司銷量驟減，「南洋」產品的銷路一日千里。簡玉階決定擴充股份，在漢口、浦東各建了一廠，裝備了高效率的美國新式捲菸機，並在全國各地

增設分公司和代理店。這樣，一九二五年、一九二六年兩年期間，「南洋」的銷售又攀上了一個新的高峰。簡玉階看到這樣喜人的情勢，躊躇滿志，決心再展宏圖。

由盛而衰，終獲新生

商海沉浮，殊難預料。自一九二七年開始，「南洋」開始走下坡路，國民黨政府繁重的苛捐雜稅，使「南洋」覺得難以忍受，而且稅收政策偏袒外國資本，又使得「英美」如虎添翼，這樣，在競爭中，「南洋」的處境越來越不好，而且，簡氏家族的內部矛盾也越來越嚴重，幾乎成了分裂的局面。公司的管理也漏洞百出，成本居高不下，種種原因，都使南洋歷年營利的局面發生了逆轉，一九二八年，虧損達兩百餘萬元，一九二九年，更增至三百餘萬元。

無奈之下，簡玉階只得令上海廠停工，解散工人。同時把降低成本作為當務之急。一九三〇年，在坊子車站附近設立機器烤菸廠，一切建築、設備均仿照英美菸草公司，烤菸機也是從美國訂購的，非常先進，投產後，滿足了所屬菸廠的要求，還代客烤菸。這樣，明顯降低了成本。

簡玉階還投入了巨額的資金加強廣告宣傳，其形式五花八門，有啟事廣告、招貼廣告、路牌廣告及電臺廣告、電影廣告等。最令人叫絕的是與大中華火柴公司聯合創製「大聯珠」牌火柴廣告，把產品印在火柴盒上，用戶一拿火柴就能看到「南洋」的產品品牌，使「南洋」的產品深入人心。

簡玉階在一九三一年又把資本額減為十一點二五萬元，每股十五元，儘管簡玉階竭盡全力地挽救「南洋」，但這些措施仍無法

第八章　菸草大王簡氏兄弟

挽回民族資本衰落的厄運，到一九三七年抗日戰爭前夕，「南洋」已奄奄一息。

面對破落的王國，簡玉階失去了信心。早就偷窺「南洋」的宋子文乘虛而入，建議與「南洋」合作，簡氏家族以半推半就的姿態迎合了宋子文集團的加入，他們想借助官僚集團的政治影響及經濟實力來實現「南洋」的復興之夢。

宋子文集團取得了公司半數的股權，也就攫取了公司的控制權。簡玉階雖然貴為公司的總經理，實際上則退居到了閒散地位，毫無任何的權力可言。

抗日戰爭爆發後，「南洋」慘遭破壞，「八一三」事變時，上海總廠被日軍焚燬，公司的業務中心被迫移至香港、重慶。至此，公司一直被官方資本集團所把持，一九三七年至一九四九年的十二年間，「南洋」公司基本上和所有的官方資本企業一樣，很少有民族資本的味道了。在官方資本集團的控制下，投機倒把，套購外匯，囤積居奇，搜刮資產，無所不為，大發國難財。甚至在抗日戰爭後，還假借宋子文集團的政治地位，劫奪機器，與英美菸草公司在分配原料和銷售上進行分贓合作。

在抗日戰爭中，由於簡玉階在實業界的崇高威望，日方曾多方拉攏、利誘，企圖與他「合作」，但簡玉階都予以拒絕，表現了威武不屈的民族氣節。

一九五一年，南洋兄弟菸草公司公私合營後，他出任副董事長。簡玉階感慨萬千地說：「在舊中國，『南洋』也曾發展過，繁榮過，自己也曾為那一時的成功沾沾自喜，但是經不起帝國主義的壓迫，官方資本的摧殘，結果變得奄奄一息，這種例子在中國民族工商業中是不少的。能夠看見洋商的紙菸在中國的市場上被澈底打

敗，是我一生最大的幸福，這個多年的願望，今天終於實現了。」

正當他決心為中國的工商業多做些貢獻的時候，卻於一九五七年十月，被病魔無情地奪走了生命，享年八十二歲。

第八章　菸草大王簡氏兄弟

第九章　金融才俊陳光甫

　　一九一五年六月二日，上海寧波路上一家私營的上海儲蓄銀行開辦了，這是當時上海灘上最小的銀行，被人戲稱為「小小銀行」。經過二十二年的苦心經營，上海銀行躍居中國民族資本銀行的首位，在中國的金融界獨樹一幟，引起世人的矚目。上海銀行的成功，與它的總經理陳光甫有極大的關係。

　　陳光甫早年留學美國，獲商學學士學位，一九○九年回國，辛亥革命後任江蘇省銀行總經理。一九一五年創辦上海商業儲蓄銀行，任總經理，又創辦中國旅行社。後去臺灣，並繼續在香港、臺灣經辦金融與投資事業。一九七六年十月一日在臺灣逝世。著有《陳光甫先生言論集》等。

　　時至今日，陳光甫「小小銀行」的經營之道，和他的敬業精神，仍值得我們學習。

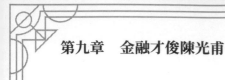

勤奮刻苦，獲得良機

　　陳光甫，名德輝，江蘇鎮江人，一八八一年的十二月十七日出生在一個小商人的家庭。其父陳仲衡原在家鄉開米店為生，後因生意蕭條，於一八九二年關掉米店，攜帶年僅十一歲的陳光甫前往漢口，經人介紹，陳仲衡在漢口的祥源報關行當了一名普通的職員，陳光甫也在這家報關行當了學徒，他在那裡一做就是七年。

　　學徒的生涯極為清苦。據他自述「添飯斟茶，早晚上卸排門之役，均任之。在漢口為煤棧學徒時，且須任打包之事，夜間臥於地板之上，熱天則露宿曬臺，苟不與櫥役聯繫，常不得飽」。就這樣，陳光甫熬了七個年頭，值得慶幸的是，他不但沒有累垮，反而學得很精明了。這段時間裡，他處處留意，事事用心，不懂就問，不告訴就偷藝，慢慢地，心中的問號逐漸消失了，變成了知識。就這樣孜孜以求，刻苦鑽研，他學到了不少中國商業金融方面的基本經營知識，而且也學會了如何靈活應對各種人事關係。業餘時間他又學習了英語。這些都為他日後的成功奠定了基礎。

　　「皇天不負有心人」，一八九九年，陳光甫考入銀行，當了職員，一八九九年考入漢關郵局時年僅十八歲。後來轉入漢陽兵工廠，專任英文翻譯。就在這時，他結識了在漢口日本正金銀行當買辦的景維行，景維行十分欣賞陳光甫的勤奮踏實，和他交往很密切，不久，隨著交往的深入，景維行見他「天庭飽滿，鼻直口闊，面色白皙，一雙炯炯有神的眼睛透露著機敏和幹練」，覺得這個年輕人潛力很大，日後定有所作為，於是招他做了自己的女婿，這樁婚姻是陳光甫一生事業的重要契機。

　　一九〇三年，清政府決定參加在美國聖路易斯舉行的國際博覽

會，陳光甫透過岳父景維行與湖廣總督端方的關係，得以作為湖北參加博覽會代表團的隨員，在美國工作了八個月。會議結束後，陳光甫獲得了官方費津貼在美國留學，他先後在辛普森大學和俄亥俄州的美以美會大學學習，一九〇六年進入費城賓夕法尼亞大學沃頓財經學校專攻經濟學，苦學四年後獲得商學學士學位。

回國後，當時的兩江總督端方上奏清政府，請求在南京舉辦南洋勸業會，以表示朝廷創辦實業的決心。後來朝廷調端方任直隸總督。此時已是宣統元年，光緒皇帝與曾經統治中國臣民達半個世紀的慈禧太后在前一年先後走到了生命的盡頭。這一年舉辦老太后歸喪大典，端方想起當年老太后與皇帝因八國聯軍攻打北京而倉皇逃到西安的情景，那時擔任陝西巡撫的端方因拱衛周備，得以提升。大概是為了表示銘恩之意吧，端方在東陵拍攝了老太后的喪禮。不料此舉卻觸怒了監國攝政王載灃，將他免職。端方所倡導的南洋勸業會，改由他的後任總督張人俊繼續籌辦。具體負責籌辦事項的是道員陳琪。

這個杭州人曾經是主持中國赴美參加國際博覽會各項事務的官員，陳光甫和他同時去美。在博覽會期間，陳琪向中國國內呈送會上見聞報告時，陳光甫經常幫助他翻譯有關文件，供他選用，兩人因此而彼此相熟。他深知陳光甫頗有才幹。得知陳光甫學成歸國後，他特邀陳光甫參加勸業會的籌備工作，並委任陳光甫為該會的外事科長，負責招待與會的各國來賓，並照料勸業會開設的展陳各國產品的展館。

勸業會結束後，經人舉薦，陳光甫受到「清理江蘇財政局」總辦的重視，邀請他主理財務，去江蘇擔任巡撫程德全的幕僚。

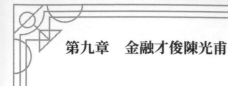
改革受阻，自創小銀行

　　一九一一年辛亥革命爆發，給古老的中華大地帶來了新的生機，也給陳光甫帶來了一展宏圖的良機。由於程德全起來響應辛亥革命，也得以就任江蘇省的都督。他委任陳光甫為江蘇省財政司副司長的重職，輔佐財政司長督理全省的財政。由於江蘇銀行是在陳光甫的多次倡議下成立的，因此，他被委派為江蘇銀行的經理。江蘇銀行作為省金融機關，資本一百萬元。

　　陳光甫根據自己在美國學到的金融管理理論，主張銀行不應作為政府機關的工具，應當有自己相當的獨立性。上任以後，他立即對江蘇銀行的經營進行了一系列的改革，把銀行由當時的省屬所在地蘇州遷到上海，在一定程度上擺脫了當局對銀行業的干預，放棄了紙幣的發行權，以拒絕省政府對銀行的隨意索取，提倡儲蓄為商業銀行的主要業務，公開銀行的帳目，增強銀行對社會的信譽等等。

　　可是，江蘇銀行畢竟是官辦銀行，所以經理必須聽命於省政府，豈能容他自行其是。陳光甫任職不到兩年，因拒絕向都督府和省財政廳抄報江蘇銀行的存戶名單，保守儲戶的祕密，而被免職。

　　在江蘇銀行的一番經歷使陳光甫感到，官辦銀行必定會受到當局政府的多方掣肘，無法發揮個人的創造才能，只有以私營銀行為基礎，才能在金融界施展宏圖。被免職以後，陳光甫依靠岳父家的資財，利用自己在社會上的各種關係，聯合曾任信義、禮和洋行買辦的莊得之，來湊集股本。當時的集股很不容易，總共只有七名股東，出席的只有莊得之、陳光甫、李馥蓀、王曉籟四人，其餘的三人由李和王代表了，會上選出了七名董事，也就是僅有的七

名股東。

上海銀行的資本，莊得之認繳二點二五萬元，陳光甫認繳〇點五萬元（其中一部分由莊墊支），李馥蓀認繳一點八萬元，王曉籟認繳兩萬元，此外尚有當過浙江都督的朱瑞家屬認繳的〇點七五萬元，貴州人楊通、黃朔各認繳一萬元，總共九點三萬元，實收七萬元，上海銀行初期的股東中，沒有當時的軍政要員，沒有有利的政治背景。

一九一五年四月十七日，上海銀行第一屆董事會推選莊得之為董事長，陳光甫為總經理，從此一切行政和業務大權就牢牢地掌握在二人的手裡。

十年寒窗苦，今日有了用武之地，陳光甫躊躇滿志，決心做出一番事業。

喘息艱難，夾縫中求生

上海銀行創辦初期，各種的錢莊和外國銀行掌握著上海的金融界，在上海租界內的外商銀行有十九家之多，他們不僅資本雄厚，能自由發行紙幣，而且掌管著中國的關稅收入。中國本國的各公私銀行分行和私營應銀行總行設在上海的有就有十一家之多，其中鹽業銀行資本最多有一百九十五萬元，是上海銀行的二十七點八倍，就是資本最少的中華商業儲蓄銀行也在二十五萬元以上，將近是上海銀行的三點六倍，至於上海的錢莊，就更是歷史悠久，一向以經營存放款業務為主，資金更比上海銀行雄厚得多，所以上海銀行成立時，被戲稱為「小小銀行」。

一家小銀行要出人頭地，就非要有出奇制勝的招數才行。當時，陳光甫採取了以下的幾個措施來治理他們的銀行。

一、「人爭近利，我圖遠功」，「人嫌細微，我寧繁瑣」

早期的本國銀行，大多只經營一般的存放匯業務，不大重視儲蓄，小額的存款在不少的錢莊是不被看上眼的，在銀行存款也得不到利息。陳光甫則認為「上海銀行是苦出身」，故在業務中特別注明「儲蓄」二字。他規定，儲蓄存款一元即可開戶，他們還特地做了許多的儲蓄盒送給客戶，鼓勵人們把節省下來的銅圓、角子投入儲蓄盒，積滿一元就可存入該行，此舉一出，就為同行訕笑，陳光甫不改初衷，更加擴大對小額存款的宣傳。

一次，一家錢莊派人拿出一百元大洋，要求開一百張存摺，意在譏諷，陳光甫不以為意，叮囑櫃檯的職員熱情接待照辦不誤。此事傳開以後，轟動了全上海，那家錢莊譏諷不成，反替上海銀行作了一次義務的宣傳和廣告，從此，許多普通勞動者家庭紛紛湧向上海銀行。

為了吸收社會上的閒散資金，一九一七年上海銀行設立儲蓄專部，又組織「儲蓄協會」，收集員工經濟生活中一些生動具體的事例，編成講稿，在廣播電臺演講，提倡節儉，號召儲蓄，在社會上廣泛宣傳，同時新設了許多新穎的儲種，除了在工人居住區辦理工人儲蓄外，還開辦有節儉儲蓄（機關商號）、學生儲蓄（學）、嬰兒儲蓄等，他們根據不同的儲戶採取不同的招攬辦法，如在各大學代收學費，代發教職員薪水等。當時市面上銀圓銀兩仍然並用，而錢莊、銀行存款只用銀兩記帳，如用銀圓則需繳一定的手續費，上海銀行一開業就以銀兩、銀圓分別記帳，顧客既不損失利益又減少了麻煩，自然受到普遍的稱讚。

很快地，儲蓄業務迅速發展起來，一九三三年儲蓄存款達到三千三百萬元，超過了實力雄厚的金城銀行，在全國的商業銀行中

名列榜首。到一九三六年年底，已擁有儲戶十五點七萬餘戶，其中不少是十年以上的老儲戶，上海銀行的成功，使原來對小額儲蓄不屑一顧的銀行紛起效法。

二、「顧客是衣食父母」

以優質的服務博得社會人士的信任來廣招顧客，是陳光甫在外國銀行、本國銀行、各大錢莊的夾縫中求生存的一個重要的手段。

經營小額儲蓄，銀兩、銀圓分別計值結算等業務，手續繁雜，獲利不多，如果行員沒有熱情耐心的服務精神，是難以做到的。他有一句話很能說明這一切：「一行之成敗，實在繫於辦理手續人員之是否優良，行員服務客戶，必先和顏悅色，方能博得同情，否則稍有不當，或盛氣，或慢客，均可使顧客裹足不前而視本行為畏途。」因此，他要求行員在營業的每一個環節上都「務求顧客之歡欣，博社會之好感」。並向他們提出「顧客是衣食父母」的口號。

陳光甫在每次招收職員、訓練學員時，除考試文化程度和基本專業知識外，還另加面試，考核談吐禮貌和性格特徵等。服務精神和態度，這也是培訓班訓練學員的主要課程之一。他要求他們第一需和氣待人；第二需手腳敏捷；第三需不嫌繁瑣，不允許營業員與顧客之間有爭執不快之事發生。

上海銀行開辦的新活期支票存款業務，實行櫃員負責制，由營業員驗票、收款、付款，不像許多的銀行那樣把收、付款分開。實行一人負責，方便了客戶，櫃檯人員因此經常與儲戶打交道，認識顧客，了解顧客的信用，對於支票印鑒一看便知真偽，甚至對主要儲戶的相貌也能記住，並掌握這些儲戶的支款規律。為了免除顧客久等，陳光甫規定行員先收付款額，再做帳務處理，因此，上海銀行一度博得「手續簡便，收付敏捷」的盛譽。

第九章　金融才俊陳光甫

　　陳光甫抓行員的服務，內容具體周全，他要求行員必須要儀容整潔，字跡清晰，在辦理手續的過程中，不允許將現金和折據任意拋擲，行員在營業時間裡，絕不能閒談、吸菸和閱報，否則會使顧客對他們有不能專心服務的感覺。

　　一九三〇年上海銀行的服務曾一度下降，陳光甫發現後，立即召開服務行務會議，研究改進的方法，並做出接待顧客的具體規定。此後，上海銀行的櫃檯上採用機器記帳，藉以提高效率。

　　陳光甫擔心使用機器後會導致服務品質下降，因此他強調行員不要滿足於做「機器式服務」而忽略與顧客的感情聯絡，指出如果把人變成了機器，那麼機器再好，顧客也會望而止步。

　　陳光甫不但要求行員必須做到上述規定，對營業廳的設計、窗口的設置、工作程序的改進，無一不從方便顧客著想。上海淮海路分行創辦「夜金庫」，各商店可將夜間的營業收入存入「夜金庫」銀行，次日晨再登記入帳，解決了各商店夜間保存大量現金的不便。

　　陳光甫特別提倡銀行的各級職員和經理、各業務部主任都在營業廳辦公，使之便於與顧客接觸交談，聽取意見。上海徐匯分行的經理辦公桌就設置在櫃檯的外面，三面圍以座椅，呈馬蹄形，經理辦公桌上置一標牌，和其他的職員一樣，上面寫清姓名、職務，這樣，顧客就可隨便找經理談話，洽談業務；經理也可隨時發現職員工作上的不足，還可以藉機給顧客以業務指導，擴大銀行的影響。

　　一次陳光甫到美國的一家銀行洽談業務，看見這家銀行的大樓高聳入雲，氣勢恢弘，金碧輝煌，使人望而生畏。他回到上海以後，就把所見到的講給高階職員聽，最後他說：「我行往來的儲戶多系中下層小戶，如果銀行搞得太闊氣，小額儲戶就不敢上門了。」其實在一九三〇年代初期，上海銀行早已擠進大銀行之列，

但營業用房仍像最初開業時一樣簡陋。總行大廈在修建時，建築也是十分簡樸的，兩層以上都用清水紅磚的牆面，這在全國的各大銀行中是很少見的。

三、「服務社會，輔助工商業，抵制國際經濟侵略」

生於清末，創業於北洋軍閥統治時期，陳光甫深感國際資本主義對中國經濟的侵略。創辦上海銀行時，他就鮮明地提出了「服務社會，輔助工商業，抵制國際經濟侵略」，並以此作為上海銀行的經營思想和行訓，而且把這一口號印在記帳憑單和對外的單據上面，壓在每個行員辦公桌的玻璃臺板下，以使牢記和遵守。

在這一思想的指導下，陳光甫首先打破了外商一統外匯業務的局面。一九一七年，上海銀行和中國銀行幾乎同時開辦了外匯業務，一九一八年設立國際匯兌處，成為最早打入外匯市場的私營銀行。辦理國際匯兌，就意味著要同實力雄厚的外匯銀行競爭，風險和難度都很大，陳光甫不惜重金高薪聘請前德華銀行天津分行的經理柏衛德為顧問，並派一批高階職員到美國學習；作為技術準備，陸續在倫敦、紐約等國際城市設立代理機構，試辦套匯業務，他還特地向電報局租用了專機專線，供通信聯絡使用，在套匯中，上海銀行獲得了大筆的外匯收入。

正當上海銀行的業務逐漸得手之時，它的外匯經營觸怒了外國銀行，英商麥加利銀行首先發難。當時，該行的經理是外國銀行公會的會長。一天，它突然宣布不接受上海銀行的外匯合約，企圖限制上海銀行經營外匯業務，陳光甫針鋒相對，立即至函外國銀行公會，申明上海銀行不再接受麥加利銀行的外匯合約，一時中外銀行為之震驚，結果上海銀行取得了勝利，兩家銀行的合約重新恢復了交換，從此，外國銀行對陳光甫刮目相看。接著，上海銀行將外匯

營利的半數購進外匯資金，這樣，隨著外匯資金的增加，國際匯兌業務範圍擴大到進出口押匯、僑匯、旅行匯兌等，到一九二三年，該行的外匯資金超過三千萬兩，一九二八年在上海幾家經營外匯業務的華商銀行中，該行承做進口押匯也是最多的，每年約六百餘萬美元。

在輔助工商業方面，陳光甫確實做了不少的實事。第一次世界大戰期間，中國的民族工商業在列強無暇東顧之機得到了迅速地發展，但一般缺少資金，難以持久，在對這種情況下，上海銀行在資金方面給了民族工商業以強有力的支持。

上海銀行創辦初期，就把主要放款對象確定為上海及周邊地區的企業，如上海、南通、無錫、蚌埠等地的沙廠和麵粉廠等，在對紗廠的放款中又集中於「申新」、「大生」兩大集團。

一九三四年，當匯豐銀行要拍賣「申新」時，陳光甫極力使用國民黨財政部出來挽救，一九三○年，上海銀行的工業放款戶超過兩千多戶，其中較大的民族工業有兩百多家，金額四千兩百萬元，占全年放款總額的三分之一，這在一般的商業銀行中是相當突出的，同時期的中國銀行僅占百分之十二，金城銀行較高，也只有百分之二十五左右。

上海銀行如此重視工業放款，也獲得了巨額的利潤，從一九二七年至一九三七年間，上海銀行工業放款的利息收入就高達兩千三百萬元，占全部營業收入的百分之五十八。

隨著銀行業務的發展，為避免利權外溢，陳光甫陸續創辦了不少的附屬企業，如旅行社、招待所、倉庫、打包廠、保險公司、貿易公司等，要求各行業間通力合作，互為依存。

四、辦銀行第一在於信用

陳光甫一再強調，開辦銀行最重要的在於信用，有了信用，不怕不能賺錢，顧客如果沒有信用，也不能貸款。

一九二七年，武漢政府頒布命令，集中現金、鈔票匯兌業務以後，漢鈔市價僅一折餘，上海銀行漢口分行在停兌前後，所收存款約五六百萬元，為了得到收款人的信用，他們仍按現金支付，即存款在停兌前存入的一概付給現金，在停兌以後存入的，也各按其存款日的市價交付，這樣，上海銀行多付了現金兩百餘萬元，當時這一舉動博得了社會一致的稱讚和信任，後來，漢口分行在漢口的存款大增。

一九三一年六月，長江發大水，上海銀行作押款的食鹽受淹，所放的款子部分收不回來，社會上風傳該行漢口分行遭受的損失在一億元以上，銀行的信用受到動搖，儲戶紛紛提取存款。由於上海銀行各分行的存款甚多，總額達到兩千餘萬元，在這種情況下，上海銀行如果付不出現款，就要宣告倒閉。這時，與陳光甫私交甚好的中國銀行總經理張公權下令各地分行把大量的現款借給上海銀行，承諾給上海銀行外幣證券作抵押透支五百萬元，使其免受了滅頂之災。

一九三二年春，日本侵略上海，上海銀行再次發生擠兌的風潮。由於當時上海銀行經營房地產投資已達七百三十二萬元，超過實收資本五百萬元的百分四十六點四，此時房地產的價格也隨著形勢變化而突然下跌，因而上行捲入了漩渦，儘管數週後風潮平息，但畢竟遭受了重大的損失。

兩次驚人的風潮過後，陳光甫痛定思痛，特別在行內提出了「打倒老太爺、大老爺、少爺三派」的口號，他指出「老太爺為行

將就木之人，少爺為不識艱難之輩，大老爺則是官派十足者」，竭力倡導勤儉負責，另外，在陳光甫的腦子裡，也認識到了政治力量的可怕。

陳光甫講求自身的信用，同時也嚴格要求貸戶恪守信用。為數極大的工商貸款，起先採用的方式是商品押款。安徽、江蘇等地的紗廠、麵粉廠向其貸款，均以原料、棉花、小麥、棉紗以及麵粉作為押品，他也放以部分廠基的押款。不久，廠基押款逐漸成為銀行放款的主要業務，數額較大的，銀行都派員駐廠監督，工廠到期不能還清債務的，銀行就得以接管或直接投資經營，僅一九二八年至一九三一年，上海銀行就主動投資十一個廠礦企業。

在城市裡發放的信用小貸款，數額不大，每年一般不到放款總額的百分之〇點五，這種貸款出現呆帳的情況很少，為了維護信用，就是這種情況他也絕不放過。天津有個借戶欠款幾百元，無法歸還，最後準備到車站買票一走了之，該行派人將其拘押，追逼出最後一筆財物才將他放走，當時有人在小報上就此事大做文章，肆意詆毀，陳光甫則認為到期還錢是天經地義的事情。

開設銀行調查部也體現了陳光甫十分注重信用。調查部成立後，主要進行經濟和信用的調查，調查客戶的情況，分戶列卡，積累的檔案有幾十箱，對調查的客戶不僅要知道他們的財產情況，還要了解主持人的品質、家庭和經營作風。

天津有個叫奚東曙的大商人，是北京政府內閣總理段祺瑞的女婿，社會背景不能說不大。他開辦了一家大貿易商行，生意做得很大，非常闊氣，許多大銀行都去巴結他，給他大量的貸款。上海銀行在貸款時卻非常謹慎，因為從調查部掌握的資料看出，其人作風不正，投機倒把，隨時可能發生危險。果然，後來奚東曙經營失

敗，人跑得無影無蹤，貸款給他的銀行都吃了大虧。

五、「有人才，雖衰必勝」，「無人才，雖盛必衰」

從創業一開始，陳光甫就把事業心強、有專門業務知識的兩個結盟兄弟楊敦甫、楊介眉約請到上海銀行擔任副總經理，做自己的左右手；又從他曾經主持經營過的江蘇銀行裡挑選出了一些幹練的人員充實到上海銀行，選擇熟悉商情的當地人充任各分行的經理。這樣形成了一個得力的團隊，有了這樣一批能領導會貫徹企業領導意圖的「用命之人」，才能除舊布新。

對人才的選擇和培育，是陳光甫在經營上花費心血最多的事情。他認為，人才是企業興衰的關鍵，上海銀行從開業當年起，就從營利中提取行員的訓練經費，用於選派人員和培訓。從一九二〇年起，他先後派出楊介眉等十多名高級人才出國接受專業的培訓，回國後，他們對行務的建設發揮了重大的作用。

一九二〇年，上海銀行開辦了銀行實習學校，培養新人行的練習生，每期半年，一九二五年改為銀行傳習所，招收高中畢業生和大學預科畢業生，學期一年，早晚上課，白天在銀行各部門實習。一些長期從事金融業，由豐富知識和經營管理經驗的經理、主任等擔任某一課程的講師，課程主要有：服務意義、實踐銀行學、國外匯兌、商法、英文等。教材盡可能博採眾家學說之長，結合上海銀行經營管理的實踐，編得很有特色，易於為學生理解。到一九三七年為止，共開辦六期，畢業近三百人，很多人後來都充任了銀行的要職。

陳光甫尊重知識，他鼓勵學員「砥礪學行，奮求進取」。他說：「現在辦事之人，非多閱書而有學識者不可。」為提供行員讀書的條件，陳光甫親自主持創辦了藏書數萬冊的「海光西方思想圖書

館」，供學員學習之用，還創辦了內部刊物《海光》月刊，便於行員撰文立說。

陳光甫經常不定期地聘請海內外的專家學者來行講學，為高階職員作專題的演講。抗戰前，著名的作家老舍寫了篇短文《取款》，諷刺銀行的官僚作風，陳光甫讀到後指示手下翻印出來，讓每個學員人手一份，引以為戒。

陳光甫還撥款數萬元資助行員撰寫金融方面的專著。為培養人才，陳光甫是不惜花工本的，用他自己的話說「育才計劃，關係我行的生命前途，我行應作為第一要素」。

上海銀行對於具有能力、做出成績的人才不拘一格，將他們提升到重要的崗位。有些襄理、副理，都是從一般的職員中提升出來的，就是外面有適當的人才，陳光甫也要千方百計地羅列到上海銀行來。一九二六年留日歸國的資耀華，在北京的一家小銀行裡工作，經常在北京銀行公會辦的《銀行月刊》上發表一些人事管理、信用調查等方面的文章，引起了陳光甫的注意，他就向別人打聽，資耀華是什麼樣的人，不久，資耀華就被他聘到上海銀行，在建立調查部工作方面發揮了才能。

為了網羅和留住人才，陳光甫在上海銀行實行了優厚的薪水制度，調動員工為其創造更多的利潤。一九二九年一月，實行職員等級薪水制：有助員、辦事員、職員三種職務，均分為三等九級，另設有一個超級，上海銀行助員的薪水業為五十至九十元，而當時上海男工的平均月薪水為十七點五二元，較之高出近兩倍，年終還可以得到相當於本人一兩個月的酬金，陳光甫還把行員的利益同銀行的前途緊密地結合起來，實行行員特別儲金和行員認股的辦法。

開辦於一九二〇年的行員特別儲金，一九二九年重定了章程：

行員按月薪提成十分之一，另有銀行送給特薪一成，疫病儲存，年息一分。在行工作五年以上，儲金存期五年以上者，才能提取全數；存期不到五年，自行辭職和被辭退的，只能領取本人薪水的那部分。儘管銀行支付一筆特薪是不固定的薪水，卻加深了銀行與行員之間的關係，為了到期取得一筆巨大的款項，員工打心裡就安於職守。上海銀行在一九二〇年增資時，就留出幾百股優待高階職員購買。一九三〇年十月，上海銀行的資本額由兩百五十萬元增至五百萬元，在陳光甫的提議下，董事會決定把新股的半數分配給行員認購，所有行員，就是最低的員工「茶房」工等，也參加了認購，如果有的行員一時拿不出現金，銀行還可以貸款資助。

結交要人，打通歐美

上海銀行創辦之時，飽受外國資本的經濟壓迫，中國的軍閥橫徵暴斂，限制中國民族資本的自由發展，陳光甫很是反感，對國民革命抱著同情的態度。然而，隨著全國工農群眾革命高潮的到來，上海銀行裡也出現了工會組織時，他又對革命產生了徬徨，當他為蔣介石「四一二政變」募得了一筆不小的經費之後，上海金融界支持國民黨政府的經費開始與日俱增，為此，蔣介石邀其進入政界，並委以重任，但是陳光甫推辭了，可他在金融界的地位卻日益提高了，擔任了中央銀行的董事長，中國銀行的常務董事、交通銀行的董事，成為了中國金融界的頭面人物，有人甚至稱他為「中國的摩根」。

一九三五年，蔣介石政府開始不斷索取和強制性攤派公債，六月底，上海銀行直接對南京財政部的貸款就達六千五百萬元，一九三六年上半年，上海銀行一家即借給財政部四百二十萬元，當

第九章　金融才俊陳光甫

四大家族以「官股」的形式控制中國銀行、交通銀行，又一舉兼併了中國實業銀行、中國通商銀行、和四明銀行後，逐漸形成了官僚壟斷資本，民族資本受到了嚴重的威脅，陳光甫感到上海銀行有被吃掉的危險。

為了自保，陳光甫透過貝祖貽的關係，緩和了與宋子文的不和，又送股票給孔祥熙，請他擔任上海銀行的董事，廣泛結交了國民黨的軍政要員，進一步加強與浙江實業、鹽業銀行的團結。

四大家族完成對全國金融的壟斷後，陳光甫認識到自己在國民黨政權裡淵源淺，萌發了依靠美國圖謀發展的念頭，不再專心於銀行的正常業務的開展，熱衷於引進國外的資本，搞中外合資公司。他說：「打通歐美銀行與本行進一步的關係，是我行新生命的寄託」，早先提出的「抵制國際經濟侵略」的行訓也變成了「促進國際貿易」。

早在一九三○年初期，陳光甫即與英商太古洋行合資組織了「寶豐保險公司」，開始了與洋商的合作。一九三六年，陳光甫代表國民黨政府赴美接洽出售白銀，美國財政部因其竭誠剖析中國國情而產生較好的印象。一九三八年抗戰後，他被再次派往美國接洽借款，得到兩千五百萬美元循環使用的桐油借款。

上海銀行的外匯主要是在後方得到的，其中透過大業公司賺了不少錢。一九四四年陳光甫派大業公司總經理去美國買下一個半舊的紗廠設備，次年在美國同一些資本家組成了信託公司，中國方面有陳光甫、李銘、張嘉敖。資本一千萬美元，發起人認五百萬元，上海銀行認四分之一，即一百二十五萬美元，據此有人估算上海銀行所擁有外匯在七百萬美元左右。這筆當時任何的商業銀行所沒有的外匯資產，後主要投資在美國公債和股票債券上。

　　抗日戰爭勝利後，陳光甫看到蔣介石政府大勢已去，於是改變了對上海銀行的經營方針，資金已不再是投放民族工商業，而主張把資金放在香港、美國。

　　一九四八年，陳光甫親赴曼谷等地籌備設立分行，一九四九年上海銀行領導實權隨陳移去香港。一九五一年周恩來總理托上海銀行香港分行的原經理王昌林送給陳光甫一封親筆信，勸他回國為新中國的建設貢獻力量。不久，香港分行更名為上海商業銀行，單獨註冊，脫離中國國內關係獨立經營，同時，上海銀行的連枝機構人業、保本保險公司、中旅等在香港擴大組織，當時即有人說：「上海銀行又像三十年前一樣從頭做起了。過去是在上海的租界裡，現在則在香港了。」

　　一九五四年，陳光甫在臺北設立上海銀行總行，一九六五年在臺北正式開始營業。

　　總結自己的一生，正如陳光甫當年常說的那樣：「人生在社會有一真正快樂之事，那就是樹一目標，創一事業，達到目的地，並且成功，此種快樂是從艱難困苦中得來的，因而更為持久，更有紀念價值。」

　　一九七六年七月一日，陳光甫病逝於臺北，終年九十五歲。

第九章　金融才俊陳光甫

第十章 計程車大王周祥生

　　浦江兩岸，一輛輛「強生」計程車，風馳電掣般地穿梭來往於大街小巷。這是現名為「強生」的上海出租汽車公司在營運中。人們在慨嘆展示「城市流動形象」的上海強生出租汽車公司新時代風采的同時，不禁想起它的前身，那就是六七十年前稱雄上海灘的祥生出租汽車公司，其創始人周祥生傳奇式的經歷和卓越的經營才能，至今仍讓人回味無窮。

獨身闖滬，鍾愛出租業

　　一八九五年九月，周祥生出生於浙江省定海縣南門外周口店一戶貧寒的農民家裡。和那個時代的大部分中國農民一樣，他家以耕田種地為生，生活拮据。

　　周祥生是這個家庭的第三個孩子，為了這個本已人口多、窮困交加的家庭能夠遠災免禍，太平度日，也為了期望新生的兒子能有個美好幸福的未來，父親周貴世用「錫杖撬開地獄門」的前兩個字為他取名為「錫杖」，意思是：希望讓他今後能從此一改貧困，光大門楣。這個名字後來幾經更改，直到一名熟悉的外國友人給他取了英文名字Johnson，當周祥生正在籌備開張的車行也需要一個名號時，才根據Johnson的音譯，給自己取了「祥生」之名，繼而又用它作了車行的名號。然而，誰能料想得到，就是這個用英文譯音隨意而改的名字，不但在當時的上海汽車業掀起了濤天巨浪，而且在整個民營資本家的發展史上，也留下了濃墨重彩的一筆。

　　一九〇七年，只讀了三年私塾的周祥生因家庭困難被迫輟學了。為了幫助父親養家餬口，年僅十二歲的他背著一個包袱，夾了一把雨傘到上海投奔親戚，開始了背井離鄉、寄人籬下的生活。

　　一到上海，他的姑姑看著他瘦弱矮小的身子，連連搖著頭說：「介小的人，有啥事體好做？」（上海方言）經多方努力，周祥生還是找到了第一份工作：在一戶葡萄牙人家裡做打雜的幫工，工作是買菜、幫廚、擦車、修理花園，打掃衛生之類。每天，周祥生都被東家指使得團團轉，常常忙得上氣不接下氣。可就是如此辛苦、片刻不得閒的勞作，週薪卻只有可憐的一元錢！

　　做了一段時間之後，周祥生實在吃不消了，又在石牌樓（今淮

海中路尚賢坊）的一家小店裡做雜工。可惜時間不長，這家小店因為經營不善倒閉了。無計可施的他只得在一個法僑開設的月南樓飯館做學徒，在這裡他一做就是整整三年。一九一二年他的命運終於出現了稍許的轉機。周祥生透過在理查飯店（今浦江飯店）餐廳部當領班的姑丈許廷佑介紹，進入該飯店做了一名服務生。一次，許廷佑因為與同事發生激烈衝突，被老闆炒了魷魚，周祥生也受到牽連被辭退，暫時來到了卡爾登咖啡館打工。很快地，許廷佑為了尋回一口氣，又集資開設了一家新理查飯店，與老理查飯店較勁。周祥生自然也回到了姑丈開設的飯店，並且由於親戚的關係，很快升任領班。這時，周祥生的生活也逐漸安定了下來。

就這樣，周祥生從一九〇十年離鄉到上海謀生起，在各種大大小小的飯店裡服務了十餘年。在這段時間裡，他不僅在與洋人們的交往中練就了一口熟練的英語，而且也大大開闊了視野，增長了閱歷。特別是他在理查飯店做服務生時，理查飯店的轉角處有個計程車停泊的「錨地」，每當豪客闊佬們酒足飯飽，站起身子來要僱車的時候，周祥生就會殷勤地跑過去叫車過來；一來二去，他就和那些車主、司機們混得很熟悉了。司機們都很喜歡這位能帶給他們生意的聰明伶俐的小夥子，便什麼話都跟他說。這樣，周祥生不久就很了解汽車出租業務，進而，他漸漸對於「獨來獨往、天馬行空」的出租行當喜歡上了，並發生濃厚的興趣，內心十分地嚮往。

此時，他多麼想買一輛汽車做出租生意啊！

天賜良機，賒車開業

一九一九年年底，周祥生因為一件生活瑣事，與許廷佑家人發生了衝突，盛怒之下的許母執意要趕周祥生走。此時少年氣盛的周

第十章　計程車大王周祥生

祥生已非昔日可比，他再也不願甘心過寄人籬下、看人眼色的日子了，決意自謀生路，發誓要做出一番事業來！

首先，他想到的就是出租汽車業。然而，要做出租業，前提得要有自己的車子，這對於幾乎沒有什麼積蓄的周祥生來說，簡直就是一道無法踰越的障礙。周祥生已經打聽過，此時買一輛舊轎車，也要九百元左右，首期付款至少也得六百元。上哪裡去弄這麼多的本錢呢？

正當周祥生絞盡腦汁地冥思苦想、無計可施之際，真是天無絕人之路，一次意外的遭遇，使他的理想變成了現實。

一天，周祥生乘黃包車出門，走到半路時，拉他的車伕看到前面一輛黃包車的車伕撿到了一個沉甸甸的黑皮包，正在打開察看，於是他趕緊把自己的車子停在路邊，走上去說：「這皮包是我們先生遺失的，請還給我們。」那位車伕先是一愣，繼而白了他一眼，嘲諷地說道：「你這位先生真是古怪，你明明跟在我後面走，怎麼你家先生的東西竟掉在了前面？難道皮包自己長腿了不成？還不是你看見我撿到了東西眼紅，想分一半？」西洋鏡一被戳穿，兩個車伕頓時大吵了起來，很快發展到相互威脅要到巡捕房解決。

將這一切都看在眼裡的周祥生此時走了上來，擺擺手，說：「你們別再吵了，聲音嚷嚷得這麼大，待會兒真把巡捕引了過來，除了被拖到巡捕房裡挨一頓臭罵和幾個耳光之外，東西還要沒收充公，你們誰也別想得到一分一文！」他邊說邊往前湊了湊，伸出兩個指頭做了個手勢，壓低聲音說：「這裡只有你們兩個當事人，有什麼問題不好商量解決呢？先看看皮包裡是什麼。如果是錢，你們一人一半，不就行了嗎？」兩個車伕一人一半分好後，為了表示對周祥生的好意提醒，各自拿出一紮盧布送給他。

真是天賜良機。周祥生就是這樣意外地獲得了一份不小的財富。他把盧布拿到銀行兌換了五百元銀元，又向岳母借了一百元，湊足八百元後，他向英商中央汽車公司以分期付款的形式，買下了一輛黑龍牌舊轎車，所欠三百元兩個月付清。他又借密勤路（今峨眉路）一家馬車行做停車場。從此，邁開了走向成功的第一步。

初顯身手，嶄露頭角

篳路藍縷，開創性的工作總是更加艱辛。周祥生雖然賒到了車，但是畢竟還不會開車，他僱傭了一個司機，由他駕車，自己則負責攬客人兼搖引擎，在虹口和江灣一帶做起了拋崗（沒有正式行基，駕著汽車沿途招攬顧客）的生意。當時，大車行的架子大，派頭足，它們的車子大多出入於市區西部的高級住宅區、外灘洋行、豪華賓館以及一流的娛樂場所，周祥生的舊篷車只好專揀不起眼的戲院、餐廳、賭場、酒吧和碼頭等處兜圈子。

那時，上岸來取樂的外國水手很多，又正好碰上快要過聖誕節，這給車行生意帶來了必要的外在環境。周祥生在飯店打工做夥計的時候學了不少的「洋涇浜」，外語水準雖然不能說好，但是對付這些外國客人、日常會話不成問題，因而生意特別得好。正巧，周祥生有一位在江灣跑馬廳工作的要好朋友，常常送給他一些觀賽的贈票，他就把這些贈票送給他的顧客。這樣，這些顧客不但成了周祥生固定的老主顧，而且還經常介紹自己的朋友、親人也來坐他的車子，客源無形中增大了好幾倍。周祥生可以說是首戰告捷，很快便把購車賒欠的三百元全部還清了。

中央汽車公司看到周祥生不僅守信用，而且頭腦靈活，經營有方，又賒給他一輛價值一千兩百五十元的美製汽車，不到三個月，

周祥生將欠款又還清了。周祥生的堂弟周錫慶見周祥生經營得如此有聲有色，大感興趣，也主動出資一千元合夥。僅僅兩年，周祥生已經擁有了五輛出租汽車。

一九二三年，周祥生把最初設在鴨綠江路的車行遷到了當時的外輪碼頭和酒吧集中的武昌路、百老匯路（今大名路）口。在一陣陣鞭炮聲中，他首次亮出了「祥生汽車行」的招牌。這個名字後來響徹了整個上海灘，最終成為現在的「強生」。

周祥生在經營過程中，篤信這樣一句顛撲不破的車行生意經：車行靠車客。所以他在就任車行經理後，立即定下了一系列的營業守則，做到：乘車便利，時間經濟；隨叫隨到，毫不遲疑。在正確的經營思想指導下，在精心到位的管理下，在苦心細緻的經營下，車行得到了穩定的發展。到了一九二九年，周祥生的車行已經擁有了二十餘輛計程車，並且設立了兩個分行，在當時的華商車行中嶄露頭角。

此時的周祥生在出租業已擁有了一定的影響和實力，因此，在洋商車行發起的「華洋出租汽車聯合會」上，他被推選為董事；次年，他又被推選為上海市出租汽車業同業公會會長。然而，周祥生沒有沉醉於這些榮譽，沒有忘乎所以，滿足於現狀，相反，他瞪大了敏銳的雙眼，四處搜尋，積極尋找著新的市場契機，渴望謀求更大的發展和飛躍。

巧借東風，大幹快行

一九三〇年初期，經濟危機的風暴席捲了整個資本主義世界；受此影響，經濟蕭條的歐美各國紛紛尋找海外市場，競相對外傾銷商品，以圖擺脫危機。

當時，美國通用汽車公司在華懋公寓（今錦江飯店）駐有人員，專門以預收少量訂金的方式大量推銷本公司的汽車，以此占領上海市場。同時，舉世聞名的美孚石油公司、亞細亞火油公司、德士古石油公司（俗稱「三油」公司）與由光華公司經銷石油的蘇聯U.P.T公司（俗稱「油遍地」公司）展開了激烈的競爭。幾番較量後，油價大幅度地下跌，每對（兩箱）汽油的售價由十元一路下滑到了兩元左右，幾乎等於白白奉送。而在這一片鬧哄哄的汽車和石油競相降價的情勢中，上海計程車行業真可以說是坐收漁翁之利，遇上了前所未有的大好時機。在世界經濟動盪的年代，誰抓住了時機，誰就會青雲直上，祥生車行抓住了這一機會，在整整三年的大好形勢下，得到了長足的發展。

人們常常說：「福無雙降。」可是周祥生是幸運者，好事偏偏又落在了他的頭上。他有個朋友叫李賓臣，是新順記五金號的副經理，此人在五金業長袖善舞，十分熟悉外匯行情。他時常勸周祥生擴大業務，但是資金有限和大風險使得周祥生頗為猶豫。一大，李賓臣匆匆來到車行，一臉嚴肅地對周祥生說：「可靠消息：外匯牌價最近會上漲，老兄如果想乘機擴大業務，我願意充當後盾，借你3萬兩雪花銀子。」這一想法，正好與周祥生不謀而合，他們當即決定聯袂。

於是，周祥生膽子大了。他先到花旗銀行做了押款，然後就向美國通用汽車公司首批定了六十輛車子，接著又連定了四批，共計四百輛雪佛蘭轎車（當時，在上海的美商「雲飛車行」最旺盛的時候也只有兩百三十輛車），每輛車子付了兩成訂金，全部用美元結算。事隔不到兩個月，美元不斷升值，從起先的四十五點五美元兌換一百銀元，升到二十四美元兌換一百銀元！這樣，周祥生定的車

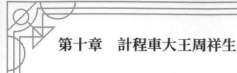

子尚未到貨，車價無形中就已經漲了近一倍。他看準時機，果斷地
把末批定的一百輛車以略低於通用公司的價格拋出。這樣，利用外
匯的差價，周祥生憑空賺了一筆數量可觀的金錢。

　　祥生車行以僅有的四十餘輛車的規模，一次性地購買四百輛車
的空前舉動，震撼了整個上海出租汽車業。它的名聲大振，投資入
股者紛至沓來。周祥生再次抓住機會，擴大規模，公開登報招股增
資。促成周祥生外匯買賣的老朋友李賓臣率先入股。又經過一系列
的緊張籌備，一九三二年元旦，以祥生車行為原身的「祥生出租汽
車公司」正式宣布成立。公司總額十萬元，周祥生名下的股金六點
五萬元，李賓臣等人的股金三點五萬元。李賓臣任董事長，周祥生
任總經理，實際掌握著經營權。公司總管理處設在人氣極旺、交通
便利的北京路西藏路口。祥生汽車有限公司的成立，標誌著祥生車
行開始進入規模化、集團化的經營。

　　一九三一年，可以說是周祥生龍騰虎躍的一年。

一碼萬金，響徹雲霄

　　商場如同戰場。為了獲取更大的利潤，經營者們總會使出渾身
解數，以求克敵制勝。當時，計程車行業流行的三種得到客源的方
式是：電話叫車，現場攬客，登門叫車。而客戶最習慣使用的是電
話叫車。因此，各家出租汽車公司都在為如何擁有一個響亮的電話
號碼大動腦筋。老牌的美商雲飛汽車出租公司就挖空心思，搞到了
電話號碼「30189」，用上海話讀起來，諧音就是「三人一杯酒」，
這在當時也頗算為新穎別緻、較有特色的了。

　　此時，祥生公司只有原先的「北 251」號的電話。周祥生當然
不甘心，他憑著商人的精明，意識到一個叫車號碼的好壞，直接影

響客戶的多少，直接關係到公司在競爭中的地位和發展。為了得到
一個客戶背得出、記得牢的電話號碼，周祥生開始了大規模的公關
活動。他首先開始用錢開路，打點電話公司主管人員和上上下下有
利用價值的職員，給他們送乘車優待票子或者乾脆提供無償服務，
甚至包下整座酒店宴請電話公司全體人員，既製造聲勢炒作自己，
又使得電話公司職員特別是主管人員在心理層面上認同祥生公司。
當他得知本公司的職員與電話公司營業部主任索雷交情不錯時便請
他設法與之周旋。直到索雷一次無意中告訴周祥生電話公司可以
考慮給他一個「40000」號時，周祥生才如獲至寶，他決定先斬後
奏：先印好了標有「40000」號的電話號碼廣告的日曆牌，然後再
寄送樣張給索雷，並告訴他所印的兩千張日曆牌已經發出去了。索
雷先是大吃一驚，但是眼見已無後路可退，只好正式同意給周祥生
「40000」號的電話號碼，而且允許安裝一部自動電話機、兩百條電
話線，但條件是：必須支付一萬美元的「買號錢」！眼看這一響徹
雲霄、落珠般的數字，目光遠大的周祥生二話沒說就答應了。為了
表示對電話公司的報答，周祥生免費送給電話公司印有「40000」
祥生廣告的精美日曆，而索雷和工程師們還常常收到祥生公司送來
的乘車代價票。

　　為了讓「40000」電話號碼叫響上海灘，周祥生在廣告、營銷
方面著實動了一番腦筋。經過仔細的研究，他發現了一個被大多數
人忽視的細節。當時，電話機大多是懸掛在牆壁上使用的，人們一
旦接通電話要叫別人來接聽時候，聽筒往往無處可放，一不小心還
會掛斷電話，周祥生注意到這個細節，立即意識到這裡孕育著巨大
的商機。他立刻請人打製了一種小巧玲瓏的金屬擱架，在架子上影
印上祥生公司的標誌和「40000」電話號碼，然後派人到處免費安

裝，前前後後他們共安裝了幾萬隻，幾乎是有電話的地方就有祥生公司的金屬擱架和「40000」，普及率極高。尤其是舞廳、酒店、戲樓、賭場、妓院、賽馬場等電話使用頻繁的娛樂場所，更是無一遺漏。這樣，只要人們一走近電話，就會看到祥生的「40000」，一旦他們需要用車，自然就會打到祥生公司。

雖然祥生公司此舉看起來似乎是出錢出力卻分文未取，但是他們由此獲得的巨大利潤遠遠不是這點小成本所能比擬的，他們的財源滾滾而來。周祥生還進一步大做文章，在電話總機上開通「40000」問訊服務，提供天氣預報、報時、火車汽車輪船始發時間等服務，一些問訊者在問了車船以後，常常隨即要求租車，無形中給公司帶來很多生意。

「40000」簡明易記，經過一系列的廣告宣傳，在上海灘上可以說是人人都能耳熟能詳了。當時，日本帝國主義連續發動了「九一八」和「一二八」事變，全中國人民民族凝聚力空前增加。人民同仇敵愾，共赴國難。抗日救亡運動如火如荼的展開，「提倡國貨，抵制日貨」的愛國熱情一浪高過一浪。此時，密切注視這一切的周祥生忽然眼睛一亮：40000，四萬萬，對了，他終於喊出了他心中積蓄多時的話語。公司的「40000」電話號碼與當時面對強敵的四萬萬同胞有驚人的巧合之處，這是他當初買下此號時絕對沒有想到的。真是一個意外的收穫！經過一番精心設計，祥生公司終於推出了「四萬萬同胞請打四萬號電話」、「中國人請坐中國車」。多麼振奮人心的口號，多麼美妙的廣告詞！這一順應潮流的廣告一出，車尾印有「40000」標誌的祥生出租汽車頓時變得炙手可熱，人們爭相乘坐祥生計程車一時間蔚然成風。

「40000」廣告詞不但表達了中國人民在抗日救亡中的一片愛

國心，而且也大大增加了祥生公司的知名度和營業額。在一旁看得目瞪口呆的同行終於明白了過來，他們紛紛群起傚尤，各自施展手腕，向電話公司重新申請號碼，從而引發了一場空前的「電話大戰」。之後，銀色車行弄到了 30000 號，太平搬場公司弄到了 90000 號，南方汽車公司弄到了 8008 號⋯⋯但是，早已先入為主而且市場占有率極高的祥生「40000」就像一串晶瑩剔透的珠璣，發著耀眼的光芒，無可替代！

周祥生不但有愛國的口號，也有愛國的行動。一九三一年淞滬抗戰中，十九路軍浴血奮戰，全市人民奮勇支援。周祥生也在膠州路轉彎的地方，調撥汽車供應軍用，負責後方運輸工作。當時，周祥生的一位朋友、原安徽省主席陳調元的兒子，願意將停在上海它邸裡的兩輛裝甲車獻給十九路軍，但苦於無人冒險開到前線。周祥生聞訊後當即挺身而出，願為抗日效力。一天夜裡，他利用特別巡捕的身分親自駕車，衝破重重哨卡，不辱使命將車子開到了太陽廟前線。他的壯舉受到了前線將士的盛讚，張治中將軍還接見了他，對此大加讚賞。

兩次廣告活動的成功，源源不斷的生意，使得周祥生充分意識到了廣告的威力。自此，他不肯再放過任何一個可以擴大影響的機會。一九三二年，公司取得了在上海北站的營業權，他立即就在空地上豎起了「祥生」字樣的大招牌，使得南來北往的過客一踏上上海的地面，就對祥生公司留下深刻印象。周祥生還特意從報紙上搜尋訊息，如果看到人家正好碰上婚喪喜慶等，就主動派人聯絡，提供服務。此外，他還用心策劃統一企業形象，司機的制服、帽子，甚至送給老乘客一些紀念品也都跟祥生汽車的顏色、標誌一模一樣：墨綠色，白底藍圈的公司標誌以及「40000」號碼。

靈活調度，服務優良

　　隨著公司業務的不斷發展，公司規模也日益擴大，要想保持住這種不斷發展的態勢，就必須要有嚴密的科學的管理。

　　在經營過程中，周祥生意識到，計程車業是否能夠提供優質高效的服務，是其發達興旺的關鍵。為此，他在日常工作中一抓調度，二抓服務，逐漸形成了一套比較靈活的經營方法和嚴密的管理制度。

　　祥生公司有二十多處分行（站）、五十多處代叫處，分布於全市各地，因此，是否能夠有效地協調好這各處兩百多輛汽車的調度和運行，就直接關係到公司的效益。為此，周祥生在公司專門設置了調度室，每天實行三班倒，二十四小時晝夜服務。一班四人，每人分管五條電話線，每隔一小時就要聽取各分行的停車情況報告，及時了解客流和車輛的行駛情況。調度室對於每一處的情況都非常清楚，只要一接到客人的租車電話，立即可以就近派車，既節省了客人的等車時間，又減少了空放車輛的汽油浪費。待客人下車後，司機必須就近回站，等候下一個派車任務。

　　為了提高公司的競爭力，周祥生要求員工做到，一旦有客人叫車，就必須在十分鐘左右到達，否則就要受罰。他為了檢查此規定的落實情況，多次假扮成乘客，同時向「祥生」、「雲飛」、「泰來」等車行打電話要求派車，如果先到達的不是祥生，他就會從調度室的接線員開始，一查到底，找出問題在哪裡。周祥生還指令調度室把上海分為東、西、南、北、中五個地區，用五個簿子分別記錄五個區的調車情況，一旦這些客戶來電叫車，只要報出編號和用車時間，調度室按號一查便可以派車，既方便又迅速，老乘客無不拍手

叫好。對於調度室的當班接線員來說，「車子沒有」之類的回答語言是絕對不允許出現的。

對於司機，周祥生嚴格要求他們一要熱情待客；二要保養好車輛。為了維護好公司的形象和聲譽，公司明確規定，凡是乘客遺落在車子上的東西，司機一律要上繳，以便失主找回。否則，一經查出，必將嚴懲。為了加強司機們「乘車靠乘客」的觀念，培養敬崗愛業的精神，周祥生以身作則，只要他在場，不管什麼客人乘車，他必定親自為其開關車門。這一行為，也感動了不少乘客。為了免於弄髒座套並且保養好汽車，公司明文規定，司機不得在客座上坐臥，車輛如果發生事故性損傷，要由司機本人賠償。為了充分發揮司機的積極性，除了固定性的月薪水，還按照司機的營業額，給予他們一定的提成。

挫敗「雲飛」，戰勝對手

上海的計程車行業，在清末民初就有洋商試辦。至一九二〇年代初，上海灘上洋商車行林立，其中，美國的「雲飛」車行迅速崛起，獨占鰲頭。而華商車行由於規模不大，資金不足，無法與之抗衡，常常受到百般欺壓。早在祥生公司成立之初，「雲飛」就主動聯合一批洋商車行組織華洋出租汽車聯合會，儘管推舉周祥生等為理事，表面上是「聯絡感情，團結同行」，實際上是探明華商車行的數量以及它們的營業狀況。隨著祥生「四萬萬同胞請撥四萬號電話」、「中國人請坐中國車」的口號叫響之後，洋商車行的生意日益滑坡。雲飛坐不住了。

「雲飛」使出的第一招，就是要上海各車行按照洋商標準統一調高車價。車價低，是華商同洋商競爭的主要手段，這是「雲飛」

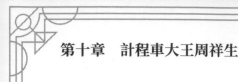
想給周祥生一個下馬威。周當即針鋒相對,力陳華商不能提高車價的理由,在爭取到華商車行的支持下,一舉挫敗了「雲飛」的陰謀。「雲飛」並不甘心,又在暗處施放冷箭,故意打一些急如火星的電話,讓祥生公司的汽車徒勞往返。有時候,它還利用勞資糾紛,在祥生公司職員間挑撥是非。可是,這些小動作最終都沒有奏效。由於祥生公司經營有度,全國人民的愛國熱情不斷高漲,一九三七年「八一三」抗戰的炮聲一響,「雲飛」的業主戈爾泰無心經營,很快捲鋪蓋回國了。

在與洋商明爭暗鬥的同時,「祥生」也與華商同行爆發了一次激烈尖銳的競爭。作為上海的門戶,北站的旅客絡繹不絕,這裡也一直是各個車行暗中爭奪的焦點。一九三二年,一直承包北站生意的車行因故與交警發生衝突,車行總經理被扣,釋放後他惱羞成怒,以罷工示威。真是天賜良機,在一旁早已虎視眈眈的周祥生抓住這個機會,利用與鐵路局局長舊有的關係,主動請纓,雙方一拍即合。鐵路局不但將原承包車行一併逐出,而且還為祥生出租汽車公司特地營造了一塊可以停放三百輛車子的停車場,給予它享有直接開到月臺的特許權,別家車行只能在車站外圍攬客!如此一來,祥生公司不但如虎添翼,一舉控制北站的營運權,而且也在同行中取得傲視群雄、無人能與之爭鋒的「老大」地位。沒有多久,祥生公司在北站設立了分行,在面向火車站的那堵牆上,祥生公司的「服務社會,便利交通」的公益廣告出現了。

苦心經營,風光難再

在周祥生的苦心經營下,到了一九三七年,祥生公司的業務達到鼎盛。擁有汽車三百七十輛,二十二處分行,八百多名員工,不

但擊敗了稱霸上海灘二十餘年的洋商「雲飛」車行，在同行中也是霸主。然而，由於種種原因，周祥生卻未能夠在「大王」的寶座上坐很久。

雖然祥生公司的營業收入很高，但是大部分資金為入股資金，而且各項投資也很大，故而，公司的自有資金一直不足，周祥生以私人住宅和公司財產作抵押的貸款達到幾十萬元。抗日戰爭爆發後，上海的形勢日益惡化，債主大陸銀行沉不住氣了，加緊了對祥生公司的逼債。此時，周祥生也意識到戰火的臨近必將導致業務的委頓，他把一百五十輛汽車以近於新車的價格賣給當時急需車輛的陸軍交輜學校，既解決了銀行逐債的燃眉之急，又適時地縮小了營運規模，在動盪的年代裡，周祥生採取這種應變措施尚屬明智。

然而，這件事情卻成了他與祥生汽車公司最終分離的導火線。儘管他將售車款項按照公司股份金額的百分之五十比例發還股束，董事會還是指責他剛愎自用，這麼大的事情也不跟董事會商量就自作主張。其實，他與董事會內部的裂痕早就出現了。在公司成立不久，各方面投資都很大的時候，周祥生竟然以自己的股單作抵押，抽調僅剩的六千五百元公司現金建造私宅，使得公司的現金頓時枯竭，引起董事會強烈的不滿。後來公司規模擴大了，為了還銀行的貸款，他又擅自將公司的汽車以及行基全部抵押給了大陸銀團，而未通知董事會，更加劇了雙方的矛盾，使得董事會漸漸對他失去了信任。特別是他親手培養的胞弟周三元，每每與他意見相左，在董事會上常常不顧情面地與他大吵，兩人鬧得幾乎水火不容。這些都深深刺痛了周祥生的心。由於種種矛盾激化，一九三七年十月，傷心透頂的周祥生辭去了祥生公司總經理的職務，並且把他所有的股權交給公司。為了酬謝他的創業之功，公司每月致送乾俸兩百元，

以示紀念。

離開祥生公司後，周祥生攜妻帶子回到了舟山鄉下，以避戰亂。閒居兩年，他按捺不住無事可做的日子，來到了廣州灣，為西南公路運輸管理局代運物資。他從香港買進十輛卡車，輾轉來回於廣州、貴州、重慶、昆明一線，廣州淪陷後，他退守海防，從事貨物運輸，兼營卡車買賣。

抗日戰爭勝利後，由於在抗戰中的愛國行動，周祥生被選舉為上海參議員。此間，祥生公司在八年戰爭的動盪環境中慘淡經營，熬了過來，但是元氣大傷。公司不少同人力勸周祥生重返公司，以圖再創輝煌，周祥生也很想重整旗鼓，從頭收拾舊山河。無奈，周三元沒有親臨懇請，生性高傲的周祥生對積怨也不免耿耿於懷，最終沒有回到祥生公司，而是另起爐灶，於一九四六年在襄陽公園對面開辦了祥生交通公司。

祥生交通公司擁有卡車和改裝吉普車九十輛，都是戰餘物資，專門在十六鋪接應碼頭乘客，承辦郊區公園的客貨運輸和團體包車業務，著實興盛了一陣子；只可惜好景不長，國民黨政府忙於內戰，國統區物價飛漲，汽油、汽車配件等成本很高，時常還脫貨。在這樣的情況下，公司業務無法正常開展，很快陷入如不敷出的局面，苦苦支撐到一九四八年年底，終於陷入絕境，只得宣布停業。周祥生二次創業的夢想就這樣破碎了。

全國的出租汽車業實行公私合營，周祥生把所有車輛、汽車配件登報拍賣。之後，他曾在華藝舊貨店任職，一九五九年周祥生因體弱多病退職。

一九七二年二月，這位曾經不凡的上海計程車車業大王病故，享年七十七歲。

第十一章　絲業大王薛南溟、薛壽萱

　　蠶絲發源於中國，是中國的國寶之一。據歷史記載，黃帝時代中國就已養蠶繅絲。漢代以後透過著名的絲綢之路，中國絲綢流入中亞和歐洲，讓那裡見到它的人嘆為天物，因而享有很高的美譽。近代以後，西方的機器繅絲業興起了，絲綢技術日臻完美，導致生絲原料需求的增加，中國成為世界各國矚目的生絲供給地。但是中國的生絲貿易卻逐漸落入外商洋行手中，大批的商業利潤流向國外。民族資本中的廠商對世界生絲市場的資訊，被人為地隔絕，大大地削弱了競爭能力。

　　就在這個時候，無錫薛氏開始從事於繅絲業了。經薛南溟、薛壽萱父子前後三十年的勵精圖治，他們在同行業中異軍突起。一九二六年至一九三六年十年間，已直接經營和控制數十家絲廠，並且在歐美建立了自己的生絲直接外貿機構，成為中國繅絲工業中唯一的壟斷企業。在當時，中國絲業大王已非薛氏莫屬。

　　薛氏父子，父親創業打天下，雖然辛苦勤勉，卻沒有跳出中國民族實業家的老經營框子；兒子留學美國，學到的是世界上最先進的科技與管理知識，放眼世界，胸懷大志，終於把父親打下的江山推向輝煌的極致，建立了自己在繅絲業中的托拉斯地位。看來，無論做什麼企業，無論在什麼年代，只有同國際接軌，才能開闊視野，在競爭中爭取主動。

出身官宦，開設繭行

　　薛南溟，江蘇無錫人，一八六二年出生於一個官宦之家，其父薛福成是中國近代史中頗具盛名的人物，以副貢生的官職長期在曾國藩、李鴻章的幕府中任職，被稱為曾門四大弟子之一。一八八八年任湖南按察史，次年出任英、法、德、比四國的公使，領督察校左副都御史銜，在他任職期間，曾竭力向西方尋求救國致富之道，不停地著書立說，主張「工商立國」，用機器「置財養民」，他的遠見卓識深為當時的革新人士所讚揚。

　　一介儒生的薛福成一躍而成為清王朝的顯官名宦之後，結束了薛氏家族歷代窮儒的命運。在薛南溟青少年的時代，他的父親就在上海南京路、河南路一帶購買了大量的房地產，在家鄉無錫城郊置辦了六千多畝的田產以及房產，是無錫當地屈指可數的大家豪族。

　　一八九四年，薛南溟三十二歲時，父親亡故，他乘著奔父喪的機會，辭去在天津的縣道府三署發審委員的職務，回到無錫。在這之前，洋行買辦就已經在無錫開設了七十多家的繭行，有七八百座繭灶。有不少的地主看到外商獲利豐厚，不免眼紅，也去開辦繭行。一時間在無錫開辦繭行蔚然成風。薛南溟深受父親「工商立國」思想的影響，就在無錫、四川等產繭地區，投資開設繭行，收購繭子烘乾後裝運到上海，再賣給華洋絲廠。

　　繭行獲利果然不少。接著薛南溟不斷地擴增繭行，他的繭行分布於無錫各地，主要有「永泰隆」、「永泰昌」、「永泰盛」等，這些繭行規模都在當地是較大的，每家有三四十副繭灶，房屋絕大部分是自己投資建造的。對繭行的大量投資，已非當時的薛南溟本身資力所能負擔，他就大多向錢莊借款周轉，可是後來由於資金的支出

遠遠超出預計，薛南溟無力償還貸款，就以全部的繭行房屋作為抵押。經人調解，薛南溟將他父親的部分遺產變賣，來償還欠款，才渡過了難關。

無錫繭行的開設，奠定了他在無錫絲繭業的地位。

創辦「永泰」，出師不利

薛南溟開設繭行獲利雖厚，但每次賣繭回來總是若有所失，自己畢竟只是給他人提供原料而已！他想，如果自己有繅絲廠，一擔乾絲就能賣千兩銀子，這等事情該有多好。

一八九六年，薛南溟向同鄉周舜卿透露了這一想法，當時的周舜卿是上海英商大明洋行的買辦、升昌鐵行的老闆，聽了這番話，立即答應合夥開辦絲廠，由薛南溟仼總經理。

絲廠建廠的初期有義大利坐式繅車三百一十二臺，員工三白多人，以後又陸續增加到絲車五百三十二臺，全部的資金合計五萬兩。

永泰絲廠開工初期，薛南溟除了維持原有的繭行，還又開設了新的繭行十四家。繭行的大量開設，使得資金周轉不開，周舜卿甚為不滿，無意再繼續下去，於是退出了永泰。從此永泰廠就由薛氏獨資經營了。

但是由於不懂技術，加上薛南溟從來也沒有經營過工廠，所以此後六七年的時間，薛南溟幾次將廠出租或改由別人出面經營。他曾委託表弟華用舟出面經營，後來華、薛和另外一人合夥開設了緒成絲廠，其營業部分由華單獨集資經營，「永泰」則由陳子欽出面仼營業經理。

一九〇三年，由於氣候不好，繭子的品質出現差次的情況，薛

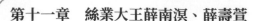

南溟利用他的十幾家繭行，乘機壓價大量收進鮮繭，烘乾後以次充好，裝運到上海想牟取暴利，不料那年外國的絲市不振，洋商無意收購。在這種尷尬的局面之下，他將一部分繭子撥歸「永泰」自繅以外，其餘大部分的繭子只得減價出售，遭受了很大的損失，這筆收繭的款子，大部分是向錢莊借來的，一時無法清償，「永泰」再次遭受牽連。

為了資金的問題，薛南溟向弟弟薛慈明求助，孰料關鍵的時刻，親人並不願意幫忙，他遭到弟弟的拒絕。迫不得已的情況下，薛南溟只得將父親遺產中的上海南京路、河南路等處的房地產折價出售給弟弟，才又一次得以渡過難關。

聘用能人，創立名牌

經過這一次打擊，營業經理陳子欽感到難以為繼，遂辭職他去，薛南溟自知自己不善經營，必須請一能人來幫助自己。經過熟人的多方幫忙，薛南溟認識了原任上海綸華絲廠總管車出身的許錦榮。許是浙江海寧人，曾在義大利一家絲廠工作多年，對繅絲技術和管理很有特長。薛南溟就聘用他為經理，許錦榮在任職時同薛南溟講明，廠務一切由他全盤負責，薛南溟不能干涉。

許錦榮上任後不久就了解到了「永泰」的癥結所在：該廠生產的「月兔」、「天壇」、和「地球」三種絲產品的品級都不高，在市場上缺乏競爭能力，因此必須推出優質產品，才能帶動全廠的生產，於是他決定另行生產「金雙鹿」、「銀雙鹿」兩種牌號的優質絲，專供外銷。

怎樣生產優質絲、開通外銷的道路呢？首先，要精心選擇原料。許錦榮從每季收購來的頭號優質繭無錫的「蓮子種」和浙江蕭

山的「餘杭種」中精選出約百分之二十五，用來繅制「金雙鹿」絲，再選出百分之十五至百分之二十五繅制「銀雙鹿」絲，為此，即使是無錫優質繭一百八十五至一百九十公斤也才能繅製乾絲一擔。

其次，在管理上下工夫。車間備有考工簿，由管車把員工每天的產量、品質、繅折等工作情況詳細記錄下來，如果發現成品不夠標準，就對員工當面痛斥，甚至解僱開除。在「金雙鹿」打牌子的四五年間，自動辭退和解僱的工人就有一百餘人，除了工廠管理人員的嚴格監督外，許錦榮本人也經常下工廠考察。

經過多方的努力，永泰絲廠的品質終於上去了。「金雙鹿」牌生絲的細度達到八至十分，行銷法、意兩國，與「鐵貓」、「廠圖」、「豐人」並稱為國產絲四大名牌，為防止別人假冒，他們在小絞絲內夾有薄打字紙印的金雙鹿小商標，一般生絲的賣價為每擔一千兩白銀，而「金雙鹿」絲售價達到一千四百兩白銀以上，同時，永泰繼續生產內銷的「天壇」、「地球」等老牌產品，產量和品質都大為提高，由此永泰絲廠業務好轉，面貌為之一新。

薛南溟正為自己用人得當而暗自慶幸時，許錦榮卻為自己得不到較多的好處而心中不快，多次表示要脫離永泰，薛南溟唯恐許錦榮走掉，便想出了新的辦法來挽留他：把永泰分為「實業廠」和「營業廠」兩個部分。

所謂「實業廠」就是指工廠的廠房、機器設備等固定資產，擁有這方面產權的是「實業廠主」。租用「實業廠」的固定資產並投入流動經營資金生產的則稱「營業廠」，營業廠主除每月向實業廠主支付契約規定的租金外，其經營盈虧與實業廠主無關。

薛南溟邀請許錦榮合資經營營業廠，讓其參加百分之三十的股份，所得利潤也照三七分成，這樣薛南溟既取得穩妥而豐厚的收

入，也安定了許錦榮的心，使他在生產上更加帶勁。

增設絲廠，「永泰」遷錫

辛亥革命期間，薛南溟任錫金（無錫、金匱兩縣）商會總辦，不久又任錫金軍政分府司部長、無錫市公所總董，此後他加快了繅絲業的發展。

一九一二年他和許錦榮集資一萬元，租下因經營不善的錫經絲廠。為討許的歡心，特地定名為錦記絲廠，使用永泰商標，次年又將該廠買了下來，擴充絲車到四百一十臺。

一九一八年，「永泰金雙鹿」已大量暢銷於美國，薛南溟出銀五萬兩千兩，買進無錫人周月珊的隆昌絲廠作為實業廠，出租給他人經營，專收車租。該廠絲車兩百五十六臺，每臺月租金高達四兩白銀，同年，出資五萬兩白銀，於無錫亭子橋建造永盛絲廠。

一九二〇年，薛南溟又出資四萬八千兩白銀建造永吉絲廠，有絲車兩百四十臺，出租於他人，至此，薛南溟擁有「永泰」、「錦記」、「隆昌」、「永盛」、「永吉」五家絲廠，繅絲車一八一四臺，加上「永泰隆」、「永泰昌」等十四家繭行，成為了中國屈指可數的民族繅絲工業集團。

經濟實力的雄厚，技術力量也在不斷加強，「金雙鹿」絲的品質也得到了加強，它的最大優點是：纖度齊一，偏差小，絲身潔淨，拉力強，抱力好。一九二一年年冬，「永泰」經理許錦榮代表中國絲業界到紐約參加萬國博覽會，「金雙鹿」絲獲得了博覽會的「金像獎」，被譽為「纖維皇后皇冠上的一顆明珠」，永泰絲廠也因此馳名全球。

一九二四年，薛南溟遇到幾件讓他傷透腦筋的事情：一是長

子育津與北洋政府周自齊合資創辦太湖水泥廠。根據協議，先由薛家拿出部分股金，向銀行借款，購地造屋，向德商西門子洋行賒購機器，不料待機器運到，主要股東周自齊卻已經下臺，不肯按約繳納股金，籌建水泥廠之事只能擱淺。然而債權人紛紛向薛家追索債款。二是許錦榮害怕這件事情牽連到自己本身在「永泰」的利益，即要求撤股，股金、盈餘所得及存款合八萬餘元全部帶走，又辭掉了經理的職務。三是「永泰」場地的租借契約三十年到期，地產主執意要收回地基，而租界當地又禁止在租界的熱鬧地區開設絲廠。

薛南溟為此三件事情整日愁腸百結，卻不得不逐一籌劃解決。一九二五年，他在無錫南門外日暉橋「永泰隆」繭行內，劃出一塊空地，再在毗鄰購進一部分土地共計二十餘畝，自建廠房，於次年春動工，全部的機器設備拆遷到無錫，此次拆遷、裝置、建築費用用掉十五萬元。但絲廠遷錫也帶來不少的好處：薛氏在無錫的四家絲廠和繭行各方面呼應靈便，絲廠女工來源廣，薪水比上海低，絲廠需大量用水，在無錫用河水，可節省一筆水費，工人住城裡或近郊，出勤率高，減少空車，增加了產量。

「永泰」遷錫，薛南溟失去了許錦榮，不得不親自操持絲廠的一切事務。而且工廠遷錫以後，只留下少數的無錫籍工人，一時招募千餘名工人很不容易，他們從鄰近幾個廠裡挖出四個管車和部分工人，但依然不夠。於是薛南溟採用「重賞之下，必有勇夫」的辦法，凡想到「永泰」廠報名工作的，先發津貼五元。為了頂替許錦榮的空缺，提升富有技術管理經驗的「永泰」總管車薛潤培擔任經理，同時把熟悉無錫繅絲工人情況的錦記絲廠總管姚梓香調任永泰總管車。在薛南溟的支持下，薛潤培和姚梓香根據上海的先進技術和培訓工人的經驗，針對性地加強對工人的技術培訓，新廠工人的

技術水準和操作能力提高得很快。不僅繅出了「月兔」等乙級品，而且「金雙鹿」等優質高級絲在無錫也安了家，薛氏企業又開始進入了新的發展時期。

壽萱繼業，放眼海外

經過二十多年的努力，薛南溟在絲織業奠定了自己雄厚的基業，但是畢竟歲月不饒人，特別是經過一九二五年的此番折騰，年過花甲的薛南溟心衰力弱了，一般的事務雖尚能應付，但卻再也無力使薛氏企業繼續向前發展，他便在三個兒子中物色繼承人。

他的三子薛壽萱，生於一八九九年，東吳大學畢業後在美國學習鐵路管理，一九二五年回國時，其兄育津由於水泥廠失敗一事，失去了父親的信任，次兄匯東對經營工商業素不關心；當時「永泰」因太湖水泥廠所造成的危機，又主要依靠壽萱的岳父榮宗敬的幫忙才得以度過，薛南溟就把壽萱看成是企業唯一的繼承人了。

學成歸國的薛壽萱先是到「永泰」工廠熟悉情況，積累一些經營管理的實際經驗。一九二六年，薛南溟讓他擔任了「永泰」、「錦記」兩個廠的協理，實際權力仍次於薛潤培。薛壽萱雖非攻讀繅絲專業，卻在西方學到了資本主義的企業管理學說，在企業的經營管理方面，其實比其父高明得多，更重要的是他不僅學識淵博，而且雄心勃勃，善於用腦動手。在心裡已打下了讓自己登上「絲業大王」寶座的決心。

壽萱開始從事經營繅絲業時，國際生絲市場上行銷的生絲主要有兩種：一種以纖度見長，主要用於機織業；一種以勻度見長，主要用於針織業。第一次世界大戰前，生絲的消費以機織業發達的歐洲國家為最，中國傳統工藝繅制的生絲因以纖度見長，正好適應這

種市場的需要。可是「一戰」結束後，美國的經濟實力急遽膨脹，真絲針織業迅速發展，一舉成為世界上最大的生絲消費國，因而以勻度見長的生絲在國際市場上開始走俏，日本的繅絲業由於廣泛使用復搖機，大大提高了生絲的勻度，而中國的繅絲技術依然如故，因而在國際市場上銷量日見減少。

國際市場上的這些變化，使得歷來以外銷為主的中國生絲業處於被動的局面。主持企業不久，薛壽萱就認識到，唯有對永泰絲廠進行全面的設備、技術和經驗管理的改革，才能使薛氏企業立於不敗之地。為了摸清國際產銷行情，一九二八年薛壽萱專程前往日本，考察繅絲工藝，次年率中國繅絲代表團赴紐約參加國際生絲會議。會議期間他專門徵詢用戶對中、日兩國生絲品質的意見，並把中國生絲品質做剖析對比。當時乾利公司是美國最大的經營生絲的公司，年銷生絲就達十五萬包，由於日絲優於華絲，在他們的公司裡日絲占到了十三萬包。

回國以後，薛壽萱在無錫絲廠協會的歡迎會上做報告說：「華絲在美國有六點不受歡迎：一牌號混亂；二斷頭多；三絲身粗亂，條紋粗劣；四均淨不一……當然華絲也有受歡迎之處，一絲質好，易於織物；二摩擦力強，不會起毛。」講到這裡，薛壽萱加大了嗓門：「華絲只要在品質上加以改良，一定能夠將國際上目前這種日絲操縱市場的局面扭轉過來！」

與會者不禁為他的精闢分析和見解所折服，連連鼓掌。

薛壽萱經過這番考察調查之後，決定有計劃地對企業管理和技術方面存在的問題進行改革。為了減少阻力，他勸說經理薛潤培也到日本去參觀，使他的思想有了轉變，「乃知中國工廠機械陳舊，不適現代之用」。薛壽萱得到了薛潤培的支持，企業的內部改革就

沒有遇到什麼重大的障礙。

為了進行技術改革，薛壽萱逐步召集了一批技術專家，形成了一個核心集團。他聘請的第一個專家是日本蠶絲大學畢業的鄒景衡，鄒景衡陪同薛壽萱赴日參觀考察後，於一九三〇年正式擔任「永泰」的工作，負責設備的裝修改造；在日本留學的費達生負責女工管理及生產技術指導。接著聘請了在美國麻省理工大學畢業的薛祖康負責把坐繅車改為立繅車，並任華新製絲養成所所長；曾在日本留學的張嫻被聘為「永盛」廠長，專門負責女工培訓及生產技術指導。一些老員工中的得力人手姚梓香等也加以培養提升。此外他還應徵有一技之長的人才，如購繭專家袁瑞甫、製種專家潘家槐和外貿能手費壽熹等，分別委以重任。

為了適應企業改革的需要，薛壽萱深入展開了對技術工人的培訓工作。一九二九年，他在「永泰」開設了培訓班，招收十八至二十歲的國中畢業生為學員。培訓班以薛祖康為班導，兼教國文和工廠管理，鄒景衡教製絲學，請人教日文、珠算等課程。培訓期滿，學員就分配到各絲廠任中、下級職員，成績在前一兩名的學員派遣留學日本作為獎勵。薛壽萱還特地辦了兩期「製絲指導員培訓班」，專門培訓管理工廠女工的女職員。

一九三〇年，薛壽萱以「永康」的名義出資四十萬元，在無錫的南塘興建「華新製絲養成所」，擁有日式立繅絲車兩百九十二臺，建立了中國繅絲工業史上具有當時世界最新技術裝備的第一家絲廠，薛祖康為所長，同時培訓來自無錫四鄉、宜興、江陰等縣的女孩子。到一九三七年，該所共培訓女工三千多人。

經過各種培訓，「永泰」系統各絲廠裡的員工均已能熟練掌握新的生產技術，以技術專家為主的核心集團業已形成。

改造設備，改良蠶種

薛壽萱深知，生絲品質的好壞，跟技術有無革新關係很大。一九二九年，為提高製絲效能，永泰廠從日本購進長弓煮繭機，由日方派人來無錫安裝，成為無錫繅絲業中第一家用機器煮繭的工廠。次年，又向日商購進具有當時世界先進水準的千葉式煮繭機和立繅車，裝備「華新製絲養成所」。由於薛氏的企業眾多，薛壽萱感到單靠購買機器無法澈底改變設備落後的面貌，為此，在購買新設備的同時，進行仿造。他利用永泰廠修機間的技術，仿製千葉煮繭機成功，在「永泰」、「錦記」等廠裝備，成功的仿製使薛壽萱對自製機器和裝備改造信心倍增，他隨即投資兩萬元買下了原無錫市公所辦的工藝傳習所，將其改成無錫工藝機器廠，專門為薛氏各絲廠仿造新機器。這樣，大大加快了企業設備的更新速度，短短兩年，薛氏企業的設備水準就有了很大的提高。

為了保證生絲品質，薛壽萱在無錫的前西溪住宅內設立了永泰蠶事部，專門負責蠶桑指導和組織蠶農合作社。一九二九年，他和薛潤培合夥出資十萬元，購地一千畝，創辦永泰第一製種廠，該場每年春季可產「永」字牌改良蠶種十萬張，換季可產三萬張，次年，他又出資三萬多元，在無錫的錢橋和榮港創辦第二製種廠，春秋兩季各制種兩萬五千張和七千張，用這種改良蠶種育成的蠶繭繭形整齊，色白絲長，出絲率高，一百九十公斤乾繭就可製成一擔生絲，相當於土種繭兩百五十公斤。

為推廣改良蠶種，薛壽萱請人充當蠶種推銷員。他們聯絡各地有勢力人物和蠶種商販，請客送禮，給以回傭，推銷中不惜發給肥皂、毛巾等贈品。漸漸地，蠶種經過推銷取得蠶農的普遍信任。

　　每逢育蠶期，永泰蠶事部都派出訓練班畢業的學員下鄉指導蠶農飼育改良蠶種，組織共同催青，保證改良種蠶的正常生長。在收購鮮繭時，薛壽萱叮囑自己的繭行提高對改良種繭的收購價，壓低土種繭價，幾十家繭行都改建繭灶，保證繭質在收購後少受損失。如此一來，優質原繭為生絲廠提供了優質的繭源。

　　經過技術、設備和原料品質等的一系列的改革，薛氏各絲廠所產的生絲品質有了顯著的提高，「金雙鹿」生絲的匀度達到八十七分以上，其中最高者達九十四分（相當於四A級絲），成為國際市場上的搶手貨。當時《申報》和《新聞報》上的市場資訊欄內每日均有「金雙鹿」成交的價格，並以此作為外貿洋絲的價格標準，永泰絲廠已為海內外絲業界所矚目。

困境求生，揚威海外

　　中國各絲廠的生絲出口，一向是透過洋行的，生絲價格由洋行決定，外匯由洋行結算，品質也以洋行檢驗為標準，長期受到洋行的壓制，「一切操西人之手，吾絲商無以知其實也」。遇到絲市下落，洋行往往百般挑剔，退貨、索賠經常發生，許多的絲廠「一經受累，幾至傾家蕩產」。長期的間接貿易，受盡外商洋行的欺詐，付出巨大的代價之後，中國的絲廠商才懂得了一個真理：「世界上無論為何種貿易，均貴乎直接！」

　　為改變這一局面，中國絲廠商只有在海外設立外貿機構，開展生絲直接貿易。薛壽萱在這方面走在全國同行的前列。

　　一九三〇年，薛壽萱發起組織了「通運生絲股份貿易公司」，參加的還有無錫「乾牲」、「振藝」及上海「瑞倫」等絲廠，薛自任董事長，吳申伯、周君梅為常務董事，李述初為經理。參加的絲廠

可將自己的產品交公司直接運往外國銷售，通運公司的全部外銷生絲以永泰廠的產品為主，約占百分之八十，當時，國民政府商品檢驗局生絲檢驗所負責人繆鐘秀與薛壽萱關係密切，薛壽萱可以直接向生絲檢驗所領回成批的蓋好印戳的檢驗單，由廠裡自行填寫，因此「永泰」生絲銷路更大。一九三一年，「華新」外銷絲的一批三百件生絲，外匯結算後純利潤比透過洋行銷售的其他同業超過一倍以上，獲利豐厚。

為進一步打開「永泰」生絲在美國的市場，一九三二年，薛壽萱派「華新製絲養成所」所長薛祖康去紐約調查。薛祖康對美國比較熟悉，並透過關係，直接會見了生絲掮客，得知美國的華絲用戶採用「永泰」產品居多，特別是華新製絲養成所「金雙鹿」勻度高達九十四分，為其他華絲所不及。薛祖康回國後，立即向薛壽萱建議在紐約自設公司，開展直接貿易，同時也可省去給通運公司的百分之二十的手續費，對此，薛壽萱完全同意。

不久，薛壽萱親自去美國考察籌建辦事機構，他拜會了紐約絲業巨頭陶迪、貝納、乾利，並透過掮客羅納得直接推銷「永泰」系統各廠的成品。薛壽萱回國後，聘請其親戚費福燾去美國辦理「永泰」的推行業務，在通運公司結束前，薛壽萱又出資五千元，在紐約交易所內購得經紀人座位一個，可以在市場上自由地套購外匯。

永泰公司設在紐約的公司註冊人員有：經理薛壽萱、副經理薛祖康、書記魏菊峰。實際上，工作人員為魏菊峰和技術員呂煥泰，並聘請了美國法學顧問兩人。一九三八年，永泰公司在紐約除經營生絲交易，還進入了其他物品的交易所。

薛壽萱還派人在英、法等國進行業務調查，在法國聘定代理人。「永泰」銷往英國的生絲原是透過上海的英商元泰洋行，調查

後知道「元泰」在英國還需要透過中間商轉手售出，於是永泰公司直接與中間商訂約，由他直接經理，其後他們還在澳大利亞也設立了直接代銷人。

薛壽萱知道，一個企業乃至一個國家的商品，要想能夠打入國際市場，特別是在同類產品競爭激烈的年代，首先要了解外國的消費習慣，熟悉各消費國的貿易法和流通管道。永泰絲廠在歐美重要的銷絲國建立了貿易機構和聘請了代理商以後，又進一步調查了這些國家的三百多家用戶廠，哪一家需要哪一級絲，每月需要多少量，都進行分析和排隊，然後再有計劃地進行生產，在品種和供應的時間上，儘量使顧客滿意。比如在一九三五年，美國風行絲襪，紐約的「永泰」看到這一行情後，及時地送去生絲樣品，又把生產資訊以最快的速度傳回中國，組織生產，在美國頓時爭取了許多的新客戶，擴大了新的銷路。

生絲外貿不透過洋行，由本企業自建外貿機構或聘定代理商的，在當時，只有永泰絲廠一家。

絲業危機，方顯雄厚

一九二九年秋，資本主義世界發生了嚴重的經濟危機，世界各地的工商業出現了極度的萎縮和蕭條，兩年後，國際市場上生絲暴跌，生絲的出口幾乎絕跡，所有的無錫絲廠都遭受了損失，或擱淺，或停車。一九三一年十月，據實業部調查的無錫四十九家絲廠中，停業者有三十四家。

在傾覆世界的經濟大危機前，永泰絲廠能夠保持不敗，原因在於他們加速了企業管理和技術改革，更重要的則在於他們開展的是直接外貿。這段時期薛壽萱採取了兩個措施：其一，在絲價慘跌前

拋售相當數量的生絲，其中華新生絲三百件因絲質好，價格比一般的高出一倍以上；其二，事先拋出外匯三十萬元，在跌到相當的程度時再行結進，獲利國幣十五至十六萬元。另外，由於生絲品質在國外銷售量基本穩定，業務受到的影響較小。

這次危機中，永泰絲廠在當年的爭購秋繭時把鮮繭抬高到每擔一百至一百一十元，平均每擔也在八十元以上，收進秋繭後不久，絲價大跌，「永泰」也大虧其本，經理薛潤培憂心忡忡，董事部只得收縮業務，但由於永泰廠在絕大多數的廠倒閉時仍能維持生產，獨占利潤，元氣很快就恢復了。一九三二年，春蠶收繭時，開秤繭行雖少，繭價慘跌到每擔二十餘元，絲市即有回升，「永泰」以廠基和薛家的田單向銀錢業作押款，在無錫、湖州、常州、宜興等地低價收繭，繼續開工，利潤獨好，當年向農本局借得十五萬元，將「永盛」、「永吉」兩廠的全部坐繅車改為立繅車，計四百九十二臺，合併為一個廠，大大加強了「永泰」進一步發展的條件，也鞏固了它在無錫蠶市上的控制地位。

鼎盛時期：絲業「托拉斯」

一九三四年，國際生絲市場相當不景氣，售價每磅僅有一美元多，價格之低為歷史罕見，秋繭也隨之降低，每擔鮮繭僅售二十元，這個繭價對能開工的絲廠是有利可圖的，一些資力較大的絲廠資本家都希望減少競爭，限制開工廠數，以防生絲多產後的競銷和原繭的競購。

由於上海廠商來無錫租廠經營的漸多，部分絲廠也逐步復工，這對正在生產的「永泰」各絲廠帶來了不利，於是薛壽萱決定以「永泰」為核心，進一步擴大壟斷規模，共同對付來自外地和本地

的同業者。

在競爭中兼併，在競爭中聯合，正是資本主義企業發展過程中的必然現象。從日本留學歸國後在無錫乾牲絲廠任工務主任的高景岳，一九三〇年初就曾起草了一份組織興業絲繭貿易公司的計劃。一九三五年冬，上海絲繭業界前輩莫斛清到達無錫，薛壽萱設宴招待了他，乾牲絲廠的王化南等也在座，席間莫斛清大談絲廠聯合的好處，觸發了薛壽萱組織「托拉斯」的設想，並請王化南擬一個章程，王就把高景岳的計畫草案介紹給了薛壽萱。

於是薛壽萱發出了邀請，向實力較強的絲廠資本家「乾牲」的程炳若、王化南，「泰豐」的張子藝，「振藝」的許受益，「鼎昌」的錢鳳高等建議，共同投資建立興業製絲股份有限公司，簡稱興業公司，並商定：公司所屬各廠仍保持獨立的經營權，但原料繭的收購和分配由公司統一管理；無錫未參加公司的各廠，儘量租賃，或開工或停辦，都由公司統一安排，開工時由公司投資經營，公司所屬各廠生產的生絲，由永泰絲廠銷絲機構直接經銷。公司計劃籌資法幣一百萬元，分兩百股，實收了二十五萬元，公司設董事會，董事長薛潤培，經理薛壽萱，錢鳳高、程炳若、王化南等為董事，協理薛祖康，總務部主任華少純，工務部主任鄒景衡、姚梓香，幾乎全都是「永泰」的原班人馬。

一九三六年春，興業製絲股份有限公司正式成立。當時無錫共有絲廠五十家，除「永泰」系五個廠及其他獨立經營的九個廠以外，其餘三十多個廠幾乎全部由興業公司租賃，以堵塞外地和本地絲廠的涉足，薛壽萱選擇技術設備條件較好的十一個廠，由興業公司開工經營，這些廠在「永泰」系的管理人員指揮下，採辦原料繭進行生產，統一使用「永泰」商標，產品由「永泰」的國外銷售機

構經銷。

興業公司名義上是獨立的企業集團，實則是「永泰」系的外圍組織，甚至是它的擴展，至此，薛壽萱直接控制繭行四百餘家，僅一九三六年就收繭二十萬擔以上，控制開工生產的絲廠十六家，全部繅絲車六千臺，日產絲八十五萬擔，還在浙江租辦兩家絲廠，這是中國繅絲工業史上唯一的一個「托拉斯」！

興業公司的生產和流透過程，全部在「永泰」的控制下進行，對「永泰」系各廠特別有利，從而引起同夥者的不滿。在無錫，以程炳若為首的乾牲絲廠系統，在規模和實力上僅次於「永泰」系，還有張子振經營的兩家絲廠，他們都不甘附庸，利用自己經營的絲廠，和「永泰」在興業公司內外展開了競爭，矛盾日益激化。

薛壽萱則力圖擺脫同行的牽制和分潤，由他自己直接控制興業公司各廠，導致了興業公司在一九三七年六月的解體。

興業公司經營一年，營利法幣二十五萬多元，為資本總額百分之百以上，同年「永泰」系本身的純利超過一百萬元，進一步增強了「永泰」系的實力。此時，「永泰」系各廠流動資金計法幣四百五十萬元以上，興業公司結束時，薛壽萱便以永泰名義繼續租辦十一家絲廠，正式擴大到十六家，成為名副其實的絲業「托拉斯」，薛壽萱成為中國繅絲工業的執牛耳者，實現了十年前接班時的願望。

躲避戰亂，旅美破產

一九三七年，日本占領上海、杭州之後，十一月無錫淪陷，曾是國內最發達的無錫繭絲業遭到了空前的浩劫，據日本興亞院華中聯絡部次長楠木實隆在《無錫工業實志調查》中稱：「無錫城鎮在

第十一章　絲業大王薛南溟、薛壽萱

戰火中，燒燬房屋三萬一千餘間，損失額達兩億元，」無錫桑園被毀百分之七十以上，開工生產的四十餘家絲廠均遭到嚴重的破壞，戰火中倖存的僅十三家絲廠。薛壽萱的勃勃雄心以及中國的一些經過改革、在新的管理和技術條件下試圖復興的絲廠，在日本侵略者的鐵蹄下，都遭到了毀滅性的摧殘和破壞。

薛壽萱眼看著全面抗戰的爆發，只得有計劃地將永泰系各廠的全部現金購買了美國的股票和外匯，棧存生絲也全部運往美國，在上海戰役前，全家遷居美國。由於匆忙逃亡，對全部債務未及料理，對永泰所屬的六家絲廠的員工停工前六天半的存工亦未發放，拖欠到抗日戰爭勝利後一年才清償。

在美國，薛壽萱的全部資產達到一千萬美元左右，他在美國經營軍用股票，並擔當一家吉普車汽車公司的董事。美國藉口薛壽萱有大量逃稅的嫌疑，對他在美國的財產進行調查，查帳以後，以補稅和罰金要去他六百多萬美元。薛壽萱不服，向法院提出訴訟，美國政府竟對他的股票、資金、貨物全部凍結達兩年之久。在此期間，軍用股票狂跌，薛壽萱終於破產。

為了維持生活，薛壽萱淪為紐約股票的掮客，以傭金為生活的來源，以後又靠在美國一家電氣公司當總工程師的兒子供養，一九四七年病逝。

第十二章　綢業大王蔡聲白

　　一八九四年十一月四日這一天，一個新的生命呱呱降臨在浙江省雙林鎮的一個舊知識分子的家庭。他，就是後來成為中國綢業鉅子的蔡聲白。

　　現在回憶起當年蔡聲白在南洋和日本商人競爭時的情景時，不能不為他在一場場的商戰中戰勝日本人而歡呼，為這個永不服輸的英雄而自豪。

學業順利，才能顯現

蔡聲白的父親蔡旬宣（清代舉人），曾任雙林學堂的校長，這對蔡聲白來說，是一個很好的讀書條件。他七歲就讀雙林學堂，在父親的嚴格教育下，憑著自己的聰明和努力，他十一歲就考上了杭州的安遠中學，十七歲又考上北京的清華學堂。畢業後，被保送到美國麻省理工學院攻讀地質學科，在當時，學生被保送出國留洋，該是怎樣榮耀的事情啊。只有品學兼優、出類拔萃的資優生，才能在莘莘學子中，獲此殊榮。

蔡聲白就讀的美國麻省理工學院，是一所世界一流的工科大學。在那裡，他修完了全部的學科，順利地獲得了工學學士學位。歸國後，他去親戚周湘齡在浙江辦的礦務局工作，工作的過程中，他不因為自己是周湘齡的親戚而忽略對自己的嚴格要求。他認真踏實，事無巨細，總是做到最好，所以在周湘齡的礦務局他做出了很大的業績，受到周湘齡的誇獎。同時他的才能又被當時從事絲織業的莫觴清發現，被莫觴清作為人才聘請到他創辦的美亞絲綢廠工作。從此，蔡聲白走上了一條充滿曲折坎坷又輝煌無比的絲綢業道路。

蔡聲白早在美國攻讀地質學科時，受麻省理工學院學風的影響，喜歡博覽群書，學習了各方面的知識，擴大了自己的視野。同時，他還研究了西方企業的經營管理方法以及市場競爭和積累資金的途徑，研究成功的企業家的發展之路。進入美亞絲綢廠後，他如魚得水，既有生產技術，又懂經營管理，深得莫觴清的賞識，莫觴清把長女嫁給了他，並把他提升為美亞絲綢廠的經理，掌握了經營管理的大權。

　　蔡聲白擔任了經理以後，充分地發揮了他傑出的經營管理才能，苦心經營，使上海美亞絲綢廠長期以來在中國的絲綢業中獨占鰲頭，他自己也成為眾多的民族企業家中出色的一個。

更新設備，擴大規模

　　蔡聲白受聘剛進入美亞絲綢廠時，擺在他面前的設備陳舊落後，機械化程度不高，僅有的十二臺織綢織機出的綢緞花色少、品質差，在市場上根本沒有競爭力。蔡聲白知道：不能走岳父的老路，要使絲綢廠發達起來，首先就是要更新設備，提高產品的品質，只有這樣才能搶占市場。

　　他上任後不久，就說服岳父，拿出資金，從美國購進了先進的「阿脫尼特」（ATWOD），絡絲車、並絲車、打線車、「克老姆登」（CROMPTON），又訂購了雙梭機四十多臺，從日本購進了四十多臺提花機。設備更新後，美亞絲綢廠不僅織出了精良的綢線織物，而且花色也比以前豐富多了，產品一投放市場，就顯示出了強大的競爭力。

　　他們生產的「華絲葛」暢銷全國各大城市，薄綢和華紡單綢也供不應求，還出口英國、日本、印度等國，同時，產量也比以前大幅度增加，在一定的程度上抵制了外綢對中國絲織業的衝擊。

　　隨著事業的蒸蒸日上，營業額的穩步上升，訂貨單雪花一樣地飛來，蔡聲白體驗了成功的快慰和喜悅。莫觴清更是慶幸自己選對了經理，也選對了女婿。但是蔡聲白並沒有滿足，更沒有停止，他知道，所有的生意都是「逆水行舟，不進則退」，你不強大，別人就會吃掉你。所以他心懷大志，要創造一個更寬闊的田地，立於不敗之地。

第十二章　綢業大王蔡聲白

　　於是他馬不停蹄地添置織機，提高產量、推出新產品、豐富花樣，最多時，花樣達五百多種。隨著美亞絲綢廠生產規模的不斷擴大，蔡聲白就開始不斷地建立新廠，一九二四年秋天，蔡聲白在閘北交通路開設了美亞絲綢二廠，在以後幾年，又陸續兼併了天倫美記分廠、天倫美記總廠、久綸綢廠和南新綢廠。到一九三三年二月，美亞絲綢廠改組為美亞絲綢廠股份有限公司時，共有九家綢廠：美亞織綢總廠、美亞織綢二廠、天倫美記總分廠、美孚織綢廠、南新織物公司、久綸織物公司、美生織綢廠、美利織綢廠、美成織綢公司；一家經緯線廠：美經經緯公司；一家染織廠：美藝染織廠。

　　蔡聲白在注意擴大生產規模時，又增加了銷售網點。美亞絲綢廠在初創時，生產的產品主要委託天生錦綢莊銷售，但是面臨大規模的生產時，這種委託的方式就很不適應了，且委託銷售的傭金很高（一年達七萬多元）。於是，蔡聲白提出與天生綢莊合夥辦莊銷售，因此，兩家在寧波路、山東路開設了美興綢廠，後來又想辦法與永泰綢莊合夥開設了美隆綢莊，同時又獨自建立了一片美倫綢布店，這樣，銷售的網點也適應了生產的需要。幾經努力，美亞絲綢廠股份有限公司已成為一個集產銷為一體的企業集團。在當時，這樣的一個公司在全國的同行中還是屈指可數的，共擁有資本二百八十多萬元，員工三千多人，織綢機一千二百多臺。

　　蔡聲白好像還沒有滿足。抗日戰爭期間，憑著他的良好經營，他的公司沒有倒閉，在上海立穩了腳跟。到一九四四年，日本帝國主義敗局已定，對蠶絲的生產也不像以前那樣嚴格控制了。蔡聲白抓緊時機，籌劃著中國絲織業的計畫，去實現他建立絲綢王國的夢想。他當即招股五千萬元的偽儲備券，作為生產資金，仿照美國托

拉斯的形式，在北京組建了中國絲業股份有限公司，又在無錫、嘉興等地租賃絲廠多家，他還準備與美亞絲綢廠合併，使中國絲業股份有限公司成為一個從繅絲、織綢到印染三者為一體的多能企業，以達到壟斷繅絲業和絲織業的夙願。他認為，只有這樣，中國絲織業才能更好、更快地發展，在國際市場上拓開銷路，增強競爭能力。

到了一九四六年，中國絲業股份有限公司已織有五千擔蠶絲，成為當時絲織行業中的大戶。

羅致人才，籠絡員工

蔡聲白知道，一個企業要發展，必須要有一大批優秀的技術人員和管理人員，否則，即使一時發展起來，也難以持久下去。因此，蔡聲白廣泛地在全國網羅優秀人才。例如，當他知道留學日本東京高等工業大學紡織科的虞幼甫、張叔權將要學成歸國時，馬上發函邀請他們兩人到美亞來工作，並同時委以重任，讓虞幼甫擔任重慶分公司的經理，張叔權也在抗日戰爭勝利後派他去日本考察絲織業。

又如，他在任中國國貨公司經理時，在一次參加「星期五聚餐會」的宴會上，他發現劉鴻生企業集團的王原辦事幹練、有魄力，便設法把王原挖了過來，委任他做一家公司的經理，後來，王原也沒有辜負蔡聲白對他的厚愛，在他的本員工作上做出了很大的成績。

對美衡紡織公司的康志堯等一些業務精英，蔡聲白都設法聘請過來作為自己的助手，正是因為蔡聲白愛惜人才，重用人才，在他的周圍集中了一大批出色的廠長、技師和財會人員，為他發展企

業，擴大生產規模，奠定了堅實的人才物質基礎。

　　蔡聲白在不遺餘力羅致人才的同時，不僅愛惜他們，更重要地是充分地發揮了他們的才智，蔡聲白認為這才是一個成功的企業家所具備的最強的優勢。俗話說：「三個臭皮匠賽過一個諸葛亮。」蔡聲白很懂得集思廣益的作用，他在一九二六年組成了一個「設計委員會」，成員都是一些懂技術、懂管理的人物，如：畢業於浙江甲種工業大學，又到日本留學兩年的副總經理、總工程師童莘白；畢業於南通紡織學校的高事恆，此外還有龔良緯、龔經順、魏嘉會、宋保林、余榮培、金純裕、黃椿庭、邱鴻書、江紅蕉、莫如德等一批有學識的技術人員，蔡聲白對他們寄予了很大的希望，時常鼓勵他們多提意見，多為公司謀利益。同時，蔡聲白還充分地信任他們，從不在他們的面前擺大老闆的架子，常常與他們促膝商榷企業的大事，經常和他們在一起吃飯睡覺，對他們提出的正確有益的意見進行肯定和採納。如一九三〇年，蔡聲白接受「設計委員會」的意見把原來分散在各個廠的經緯車間合併為一家。這樣就把原料集中了，牌號也統一了，條份也可以分等級。由於統一使用同一處經緯線，使得產品品質提高很大，像絲綢廠生產的名牌產品「華絨縐」、「單縐」等綢緞就是使用了經緯廠在美國打線車上統一加拈的綢線生產出來的，由於綢線均勻，使得「華絨縐」和「單縐」占領了全國的市場，把原料充斥中國的日本產品「福井綢」（又叫印度綢）也排斥了。

　　一九三七年，日本帝國主義首先發動了「七七事變」，占領了中國的華北地區，蔡聲白估計日軍很可能還要從海上入侵中國，占領上海，對中國在上海的眾多企業進行控制。所以在七月下旬，蔡聲白就審時度勢，接受了設計委員會的意見，把南市區各廠的機械

設備運往廣州、香港、重慶、漢口等地，為了適應形勢的發展需要，又設立華東區、華中區、華西區、華南區四個公司，並對這些公司下放了足夠的權力，即某地淪陷，交通中斷，就可以實行「區域自治」，這樣就大大減少了美亞絲綢廠的損失。這些有力的措施都少不了「設計委員會」的貢獻，蔡聲白網羅的人才使美亞絲綢廠在發展的過程中渡過了難關，經營蒸蒸日上，生產蓬勃發展。

蔡聲白憑他銳利的眼光，在經營中，較早地看到了勞資雙方的矛盾，他明白，勞資矛盾處理不好，會嚴重地影響企業的發展後勁。因此，在處理勞資矛盾時，他沒有採取像其他資本家常用的壓榨辦法，只想從工人的身上撈取最大的利潤，不考慮工人的死活。他採用的是籠絡、寬容的政策，把勞資矛盾處理好。他在鼓勵工人努力工作時，也讓些利給工人，把工人的工作時間適當減少，有時加班也付給一定的加班費，對確有困難的工人，給予適當的補貼，這樣做不僅緩和了工人與資本家的關係，而且為企業的發展打下了一個堅實的基礎。

蔡聲白為了調動職員的積極性，籠絡員工，對那些高級的職員，他鼓勵他們向美亞絲綢廠投資，爭取他們成為美亞的股東，這樣，企業的效益與他們自己的切身利益就密切相關了，從而調動這些高階職員的積極性，讓他們時時關心著企業的成敗，處處為企業的發展著想。同時，蔡聲白還曾打算鼓勵美亞絲綢廠的工人們向企業投資，以調動全廠工人的生產積極性和創造性，後來因為抗日戰爭爆發，這個計畫才沒有實現。

內銷有術，外銷有方

蔡聲白不僅善於發展生產，也是銷售方面的專家，透過各種

渠道來擴大產品的銷路。中國絲綢的內銷主要是銷往廣東、東北，外銷主要是南洋一帶。在當時，上海駐有許多的採辦綢緞商，其中以永泰綢緞商為最大，每次的採辦都是在幾千匹以上，蔡聲白為了占有國內的市場，也就自然想同永泰號建立起業務往來的關係，因此，他設法與永泰號取得了聯繫。他覺得與永泰號共同投資開設美隆綢莊，那麼美隆綢莊辦貨時，為了自己的利益，自然就會優先考慮美亞廠生產的產品了。同時，蔡聲白用一些方法與其他的綢緞商也建立了貿易夥伴的關係。

　　在長久的經營中，為了鞏固老主顧，蔡聲白也採取了一系列的辦法。如有的老主顧因為資金周轉不快，又急需進貨，蔡聲白就用賒購的辦法把貨賣給他們。因此，蔡聲白在眾多採辦絲綢商中有了較高的信譽，無論何時，總有一批採辦商購進美亞廠的產品，從而穩定了銷售量。

　　為了提高銷售量，蔡聲白還抓住了顧客崇拜名牌的心理。他認為：生產出來的產品沒有名氣就不會被人注意，自然也就無人來買，寧願開始少賺一點，也要讓名聲打出去，讓人人都知道有個美亞絲綢廠。在當時，美亞廠雖然生產市場上流行一時的「華絲葛」，但是生產量少，不被採辦商注意。為了吸引採辦商的關注，蔡聲白在擴大生產規模增加產量的基礎上，於一九二六年以市場價七折的價格，一次拋售了本廠生產的「華絲葛」三千匹，整個市場為之震驚。由於美亞廠生產的「華絲葛」價廉物美，一舉成名，由此吸引了大批的顧客。

　　美亞廠善於開拓，後來又創造了像「六號葛」、「雙縐」、「縐緞」、「真絲被」等品牌產品，這一系列產品，注意了品質，花樣品種繁多，一直銷售很旺。

一九三一年「九一八事變」後，全國人民掀起了反日愛國運動，堅決要求把日本侵略軍趕出中國的土地，蔡聲白順應時代的潮流，大力激發人民群眾的愛國熱情，提倡他們使用國貨，抵制日貨。他為了擴大宣傳陣容，使宣傳更有力，便在南京路原綺華公司的舊址上，聯合中國化學工業社的愛國企業家方液仙、李康年等人，組成了「九廠國貨臨時聯合商會」，在「九一八」事變一週年紀念日這天開幕。當時，受到很多群眾的熱烈歡迎，營業了兩個月，展銷了大量美亞廠的絲綢產品，同時也讓美亞廠的產品在人民心中留下了深刻的印象。隨後，他又支持李康年創辦「上海中國國貨公司」，並答應向該公司提供最新的產品。還在該公司設立了專賣美亞綢織品的櫃檯，滿足了人們對美亞綢織產品的需求。

蔡聲白在當時就很注意樹立自己的企業形象，他利用各種管道來宣傳自己的產品。他在宣傳上往往也是獨闢蹊徑，自成一體的，在這個方面蔡聲白顯示了獨特的創新精神。像舉辦時裝表演就是一例。利用時裝表演來宣傳產品在當時還是一件新鮮的事情，這件事情卻吸引了喜歡追求新奇時髦的上海市民。他不僅自己舉辦時裝表演，而且對上海中國國貨公司舉辦的時裝表演幾乎每次都參加，並為他們提供各式各樣的綢緞服裝，同時還邀請採辦商、顧客到那裡觀看，參展的那些衣服以它的豔麗色彩、新穎樣式、優質布料傾倒了許多的觀眾。不久，這些衣服便在市場上暢銷起來。

蔡聲白並不滿足於上海一個市場，它還把時裝表演拍成電影，在寧波、杭州、福州、廣州、廈門、青島等地放映，每到一處都引起很大的轟動，美亞廠的產品也就揚名全國，銷路大增。

經過蔡聲白的苦心經營，美亞廠的生產、銷售大幅度地提高，美亞的美名遠播，但是，蔡聲白沒有放鬆調查市場。他認為，人們

第十二章　綢業大王蔡聲白

的習慣會變化，市場也會變化，加上中國地域廣闊，差異較大，對綢緞的要求也不同，產品必須緊跟市場，只有緊跟市場，對市場的內外情況詳細了解，指揮起生產來才會得心應手，運用自如，企業才能處於不敗之地。

因此，在一九二九年五月，他派經理高事恆率考察團去泉州、福州、湖州、廣州、廈門、澳門、香港等地去調查市場的情況，在一九三〇年又派出考察團，沿長江到鎮江、南京、蕪湖、安慶、九江、武漢、重慶等一帶考察，得到了來自當地最詳實的第一手市場資料。由於蔡聲白做了大量扎實的基礎工作，在一九二九年世界性的經濟危機中，一九三三年絲織業內外銷呆滯的情況下，他的銷售量不僅沒有減少，反而增加了兩百家新客戶，銷量比上一年增加了十一點一萬匹。

上海的絲織業主要以外貿出口為大宗，銷往南洋一帶，在一九三〇年，由於日本人造絲織品的大量傾銷，中國絲織品在南洋銷售受到排擠，蔡聲白知道，要奪回傳統的南洋市場，使綢緞產品在南洋立穩腳跟，必須使產品品質好、價格低廉，價廉物美的產品才能吸引顧客。為了與日本商人決一雌雄，蔡聲白於一九二八年五月協同劉莘鄉、羅樂訪、楊嗣伯去廣州和香港，然後到西貢、新加坡、曼谷、叵羅州等地考察，直接與外商、消費者見面，了解他們需要什麼樣的綢貨，他們每到一地，同國內的宣傳一樣，不遺餘力地在國外消費者的心目中留下自己的形象，他們所到之處，不惜花重金，到當地有影響的報上刊登美亞絲綢廠的廣告，或到電影院洽談在電影中間插映「中華絲綢」的影片，讓觀眾對美亞的綢織品有所了解，產生一種親近感，了解綢緞的特點。

同時，他又派人去訪問門市，詢問綢緞的行情，有時還對櫃檯

前的顧客進行詳細地詢問。有一次，當他了解到「華絲葛」如果再輕薄一點更好銷時，心裡一陣高興。回國後，旋即與技術人員研究出一種既輕薄又美觀的綢緞，這就是有名的「六號愛華葛」（通稱六號葛），售價比其他的綢緞低廉，第一批送到南洋後，很快售空了，客戶不斷地要求增加數量，這次考察給蔡聲白帶來了很大的收穫，不僅帶來了幾萬匹的預訂單，而且還奠定了美亞絲綢廠的產品在南洋的企業形象基礎，後來又不時地在那裡舉行各種產品的展銷會，美亞絲綢廠出品的豔麗的絲綢，贏得了南洋各地人民的青睞。

南洋的眾多華僑，出於愛國之心，大家也都樂意購買美亞絲綢廠的國貨產品，這樣，美亞的產品憑著它的價廉物美占領了南洋的市場，把一時充斥南洋的日本貨「野雞葛」也排除出了市場。

國際的競爭是激烈的，新的技術也不斷更新，新的產品層出不窮，美亞絲綢廠生產的「六號葛」統領南洋市場的局面很快就過去了，人造絲物品又風靡起來，這種絲比「六號葛」更光亮、更便宜。人造絲的原料是日本生產的一種化工原料，所以，日本生產人造絲的成本極低，加上日本政府鼓勵對外傾銷，很快，南洋市場又被日本占去了。

蔡聲白不甘心，但是他知道，要把南洋市場從日本人的手中奪過來，除了要廣泛宣傳自己的產品外，更重要的是降低成本。

蔡聲白經過深入研究後認為，如果美亞廠從日本進口的原料能夠免稅（當時的進口稅達百分之兩百），出口的產品也能夠免稅，加上有廉價的勞動力，是完全可以戰勝日本，奪回南洋的市場的。於是，它向財政部寫報告，將在上海閘北區八字橋的美亞十廠改為「關棧廠」。報告打上去了，無奈政府機關作風官僚，報告遲遲不能批覆下來，蔡聲白看到日本貨一天天充斥市場，而自己的銷售卻日

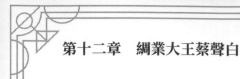
益下降，心裡焦急萬分，但又無可奈何。

除了辦理日常的業務外，蔡聲白就去找人拉關係，疏通管道，經過長久的努力，終於在一九三六年九月得到批准，同意建立「關棧廠」，但由海關派人駐廠監督該廠織製品出口所需人造絲的原料，進口的貨物存放在海關的倉庫裡，才可以免繳納進口的關稅。

當原料運到後，蔡聲白立即做出決定，要求工人日夜加班，生產出大批的人造絲，由於成本低，售價也比日本便宜，果然不久，運出去的貨一搶而空，這樣南洋一帶的市場又被美亞奪回來了。

訂貨單像以前一樣紛紛送來，採辦人員更是絡繹不絕，即使日夜不停地生產，還是供不應求。後來，蔡聲白又獲得了一條新的消息：在南洋一帶，用英國人造絲的納稅更低。他當即在香港設立分廠，全部採用英國人造絲的原料，產品的成本低了，售價也隨之下降，於是美亞廠的產品頗受南洋各地民眾的歡迎。由於蔡聲白善於經營管理，使美亞廠的綢緞在市場競爭中戰勝了日本的產品，穩定了中國絲綢在南洋的傳統地位。

重視公關，巧妙周旋

一個企業的發展壯大，不可能一帆風順，一個成功的企業家也不可能沒有遭受任何的失敗，蔡聲白經營的美亞絲綢廠也是經歷了大大小小無數的困難，在曲折艱難的道路上慢慢發展起來的。

蔡聲白清楚地知道，辦好企業離不開社會，離不開各階層的人。於是，蔡聲白充分發揮他的公關才能，廣交各界朋友，在他和他經營的美亞廠遇到困難和挫折時，良好的人際關係幫助了他，使他能夠克服困難，渡過難關。

在美亞廠改組為股份公司時，資本雖有兩百八十萬元，但大部

分都是固定資本。綢緞的交易大多數是賒銷，有時一些商人拖欠銷售款的時間很長，資金周轉不開，使蔡聲白感到頭疼。但如何解決大量的周轉資金呢？蔡聲白左思右想，開始的時候，他向銀行尋求貸款，但大多數銀行對於大筆的貸款不放心。最後，蔡聲白找到了昔日留學美國時的同學張嘉，以他在中國銀行總裁的身分，答應以美亞廠的全部機械設備、原料、產品向中國銀行做長期的抵押，並由中國銀行派兩名管理人員到美亞廠的總管理處監督工作，從中國銀行那裡借到了一百萬元的貸款，蔡聲白憑藉著這筆巨額的貸款，從容地調動資金，大刀闊斧地發展了生產。

一九四四年，蔡聲白為了實現中國絲織業的遠大計畫，招股建立中國絲業有限公司。當時只有資本儲備券五千萬元，但是繅絲廠的原料——蠶繭，一般是春蠶上市時，把一年的需要量收足的，這樣才能使生產不中斷，而且可以提高產品的品質。但是收購蠶繭又需要大量的資金，蔡聲白開始向以前有往來業務關係的銀行貸款，但資金還是難以滿足，常有「捉襟見肘」之虞。這時，蔡聲白的眼光看得更遠了，他想借社會的力量來解決企業資金的問題。於是，他請江、浙、滬三地繅絲廠主到上海開會，名義上成立「絲織業聯合會」，而實際上，絲織業沒有來參加的。蔡聲白在會上被推舉為理事長，於是，蔡聲白借三省理事長的名義，透過中國銀行經理潘元芬、李祖萊的關係，向汪偽儲備銀行聯繫絲繭的貸款。各個銀行也認為有了三省的絲織業作為後盾，貸款沒有多大的風險，於是由中國、交通、浙江興業、浙江實業、上海、墾業、新華等銀行組成銀團，貸款給絲繭儲備券五億元，而蔡聲白卻得到其中的一半，有了這二點五億元，蔡聲白大量收購蠶繭，保證了繅絲廠生產的需要。

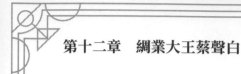

第十二章　綢業大王蔡聲白

　　又如前文提到的，蔡聲白為了與日本競爭而建立的「關棧廠」，報告送去了有三年，但一直沒有解決，後來還是蔡聲白親自找到張嘉，透過張多方面疏通關係，他向財政部打的報告才姍姍來遲地到來，當蔡聲白接到這份報告時，心裡不知是什麼樣的滋味，最後還是輕鬆了一下，對張嘉感激地說：「多虧了你啊！否則不知要等到何年何月呢！」

　　這次經歷以後，蔡聲白更加注意做好人際關係了。

　　抗日戰爭爆發後，上海被日軍占領，他們經常到各廠去敲詐錢財，勒索物品，遭到拒絕時，就把工廠沒收停止生產。日軍在上海的騷擾，嚴重影響了美亞廠的生產，對於日軍的各種無理要求，蔡聲白開罪不得，但又實在不願意拱手相送，這著實讓他傷透了腦筋。為了維持工廠的正常生產，他又找老同學，找老朋友，後來，「皇天不負有心人」，他和義大利駐中國使館拉上了關係，要求義大利出面幫助，義大利也同意美亞絲綢廠的門口掛上義大利的國旗，於是工廠就冒充義大利的名義開辦生產，美亞廠就這樣維持了幾年。但是這也沒有永保太平，等到太平洋戰爭爆發後，日軍占領了上海各租界，他們不管哪個國家的工廠都進行搗亂，這時，他又只好「聘請」日本律師岡本為法律顧問，把他作為自己的擋箭牌，為了不讓日軍進廠，蔡聲白乾脆把岡本的律師顧問證書懸掛在工廠的門口，就這樣又維持了幾年。

　　俗話說「樹大好乘涼」，但同時樹大也容易招風。美亞絲綢廠經過蔡聲白的苦心經營發展起來了，在上海的絲織業中算得上是一個鉅子，就全國同行業來說，也是首屈一指的大企業，因此，社會上有權有勢的人都認為這是一塊大肥肉，都想從中撈一把。有憑著自己的權勢來要的，有託關係來求的。權勢得罪不得，否則麻煩隨

之而來，在舊中國，人情好像比天還大。可不滿足這些人，又說不過去，萬一以後有事情求到他們怎麼辦？困境重重，弄得蔡聲白焦頭爛額，有時連正常的工作都難以展開，最後，他還是利用同學、同鄉和親友的關係，隨機應變，巧妙地周旋於各種的困難之中，企業才得以生存下來。

蔡聲白對於「多一個朋友多條路，多個仇人多道牆」的理解很深刻，他為了提高企業的聲望，同時也提高自己的知名度，結識更多的朋友，他除管理自己的生產銷售外，還積極地參加各種社會活動。他除了任擔任美亞絲綢廠股份有限公司總經理、中國絲織業股份有限公司總經理外，還擔任了其他的社會職務，如中國國貨聯營公司總經理、利亞實業公司總經理、鑄鐵工廠經理及勸工銀行董事長等職。這些職務的擔任，對於他發展中國絲綢業起了很大的幫助作用。

現代綢業鉅子蔡聲白的經營之道和他不屈服於日本人的愛國精神，如一盞徹夜不滅的長明燈，永遠照亮著後來經商人前進的腳步。

第十三章　化工鉅子方液仙

　　民國初年，中國不僅不能生產飛機、汽車等現代化的工業產品，就連牙膏、蚊香等日用化工產品也全是依賴舶來品的。落後的現實極大的刺激了民族工商業者，他們滿懷激情的去創辦日用化工企業，生產國貨產品，以挽回利權。其中，為此做出巨大貢獻的首推民族日用化工的先驅方液仙。

　　他所創辦的中國化學工業社時間最早，規模最大，產品最多。他創辦了三星系列的日用化學品，填補了中國日用化學工業的空白，產品深入到日用化工的方方面面。

　　他是方氏家族企業集團第五代的傑出代表，也是一位偉大的愛國英雄。

百折不撓，艱苦創業

方液仙，祖籍浙江鎮海。方氏家族擁有一個企業集團，它的第一代早在鴉片戰爭前就到上海來創業了。一八九三年十二月一日，方液仙生於上海。

少年時代的方液仙，聰明、好學、勤奮，在美國教會辦的上海中西學院讀書時就對化學產生了濃厚的興趣，他曾拜上海江南製造局的化驗師德國人竇伯烈為師，刻苦學習系統的化學知識；當時他的同學中，還有後來成為味精大王的吳蘊初。

學習期間，方液仙在上海圓明園路安仁裡的家裡設立了一個小型的化學實驗室，一段時間裡埋頭於各種書本和化學儀器的瓶瓶罐罐之中，經過苦心的鑽研，他終於學會了製造多種化學產品的方法。從這間簡單的實驗室出發，方液仙走上了創辦日用化學工業的道路。

方液仙在試製日用化工產品之外，還和親朋好友一起興辦了龍華製革廠、鼎豐搪瓷廠以及橡膠製品廠、硫酸廠等第一批輕工、化工工廠，雖然這些企業大都屬於中國人自己興辦的同類企業中最早的一批企業，但是因為資金微薄，經營不善，產品滯銷，都相繼宣告停產。

一九一〇至一九一一年間，上海發生了錢莊倒閉的風潮，方液仙的父親方選青所經營的祖傳錢莊也受到連累倒閉，方選青知道自己不善經營管理，很想讓長子方液仙繼承家業，全部交給他經營。但是年輕的方液仙有他自己的主張，他感到經營錢莊在當時的中國要擔很大的風險，破產的可能性很大，而興辦實業卻是最為穩妥的方法，特別是日用化學品與人民的日常生活息息相關，只要產品能

站穩腳跟，生產容量是很大的。而當時的日化產品市場卻為金剛石牌牙粉、野豬牌蚊香、旁氏白玉霜、夏士蓮雪花膏、林文煙花露水等所獨占，中國的利稅嚴重外溢。方液仙相信這些產品的技術合成並不複雜，中國人完全能設廠自製。一九一二年年僅十九歲的方液仙決定生產化妝品，開始籌建中國化學工業社。

方選青既對兒子不願意繼承父業耿耿於懷，又因兒子連續辦廠失敗而對他失去了信心。他老態的內心裡，更認為中國人自己製造化妝品，始終也無法與洋貨競爭，因此拒絕出資支持。

方液仙毫不氣餒，多方奔走，母親終於被感動了，她拿出了自己的積蓄一萬元給他做資本。就這樣，方液仙在圓明園路安仁裡寓所裡興辦起了自己的工廠，親自帶領幾名學徒，開始生產以「三星」為商標的牙粉及雪花膏、生髮油、花露水、香粉等化妝品。

當時，正是洋貨傾銷上海的時候，「國人驚其創造之精，施用之便，爭相購用」。而從小小手工廠生產出來的國貨，根本進不了商店的大門，方液仙也無錢刊登廣告，只好僱人挑著貨郎擔沿街叫賣，雖然貨郎叫賣得起勁，也難得有人問津，每月結算下來，總是入不敷出。三四年後，一萬元的資本全賠進去了。

再次辦廠的失敗使親友們都很為方液仙擔心，紛紛勸他，何必放著現成的錢莊不做，偏偏去辦什麼化妝品廠呢？雖然失敗的苦楚讓方液仙的心裡不勝淒涼，但是方液仙並沒有聽從耳邊的嗡嗡之聲，他的內心裡只有一個堅定的信念，永遠支撐著自己內心的精神世界：堅持把廠辦下去！

一九一五年，他得到了舅父李雲書一萬五千元的支持，再加上他多方的籌資，資金達到了五萬元，方液仙將中國化學工業社改組為股份有限公司，聘任懂技術的姚一津為廠長，租賃三間廠房為工

廠，增添了一些機器設備；又在廣東路 68 號設立發行所，聘任胡士浩為發行經理，設有專職的推銷員、營業員和管理人員，以改變以往僱人走街串巷挑擔叫賣的窘境。

之後，他和廠長起早貪黑的進行化驗、試別，又增加了蚊香、皮鞋油和果子露等產品的研製，中國化學工業社終於初具規模。年輕的方液仙滿意的回頭看去，終於可以輕鬆的舒一口氣了。

儘管如此，「中化社」的營業狀況依然沒有起色，照舊年年虧損。究其原因，一方面是在當時殖民地色彩濃厚的十里洋場上海灘，人們崇拜舶來品，以至達到「非洋不用」的地步；另一方面，由於方液仙年紀很輕，從來沒有經營過工廠的業務，不懂得注重品質，加上他們的生產是一種手工作坊式的，「三星」產品中確有部分品質不過關，使消費者望而卻步。比如蚊香的生產工藝落後，請香燭店的製香師傅手工做出來的蚊香形如佛手，稍不留意，就會折斷，自然競爭不過機器壓製的野豬牌蚊香。

到一九一九年年初，「中化社」又面臨資本虧空的局面了，連一貫樂觀堅強的方液仙也自我解嘲地對別人苦笑著說：「我們的東西是香的，生意卻是臭的。」那時，方液仙只有二十六歲。

一九一九年，在北京爆發的「五四」運動迅速地波及了全國，發展成為一場全民族的反帝愛國運動，「抵制外貨，提倡國貨」的口號深得人心，這給民族工商業帶來了很大的轉機。三星牌系列產品迅速打開了銷路，一度出現了供不應求的局面；這時，方液仙憑著一個實業家的直覺，敏銳地感到機遇的可貴和「中化社」的輝煌前景，他迅速地做出了「增資擴產」的決定。

一九二〇年春，方液仙極力勸說上海錢業界巨頭、他的四叔方季揚投資，使「中化社」的總資本再度達到了四五萬元，其中方

液仙占七成，方季揚占三成，公司改組為無限公司。由方季揚出任董事長，方液仙任總經理，方季揚成為「中化社」的無限責任股東後，中化社有了數家資金雄厚的錢莊作後盾，在資金調度和業務發展上獲得了諸多的便利。

隨後，方液仙將總公司遷到河南路，購置地基，建立廠房，購置機器，全力發展生產。不到兩年，「中化社」賺回了歷年虧損的所有本錢，資金積累迅速增加。方液仙和「中化社」終於走出了布滿荊棘，充滿辛酸困苦的創業之路。他感到，此時的「中化社」根基已穩，與外貨抗衡的時機成熟了。

創立品牌，奠定根基

方液仙清楚的意識到，國貨運動只是為「中化社」的發展提供了一個機遇，但能否抓住這個機遇以及如何利用它來推動「中化社」的發展才是問題的關鍵。從以往的經營實踐中，方液仙總結出，一個企業如果沒有自己的品牌，是很難在競爭激烈的市場上贏得一席之地的，尤其是日用化學品更應當在廣大的消費者心目中樹立自己的形象，用我們現在的話說，就是要有「品牌意識」。

方液仙對企業重新進行了整頓，陸續推出了新式的國貨產品，這就是使「中化社」得以在中國民族工業發展史上占有一席之地的四大名牌產品。

一、三星系列

早在一九一五年，方液仙就開始試製蚊香，從日本購來了蚊香的主要原料除蟲菊後，原料問題解決了，但是手工製造的蚊香不僅成本高，而且易折斷，這成了難題。

為了獲得用機器將蚊香壓製成盤狀的技術，方液仙派李耀斌東

第十三章　化工鉅子方液仙

渡日本，進野豬牌蚊香的生產廠當工人，學到了機製盤狀蚊香的技術。李耀斌回國後，「中化社」添置了壓製機，採用了新的工藝，將三星牌蚊香的焚燒時間定為八個小時，這樣就使人們可以整夜免受蚊叮之苦。當時一盤野豬牌蚊香只能燃燒六個小時，這樣，大大提高了三星蚊香的競爭力。

為了與日本蚊香競爭，「中化社」採用了優待批發商的措施：每年在夏至之前，「中化社」以不收款的方式給批發商進貨，待中秋以後再與批發商結帳收款，方液仙的這一大膽又新穎靈活的推銷技術，立即吸引了大量的經銷商的加盟，為三星蚊香奠定了穩定的市場競爭優勢。一九二五年，「五卅」運動以後，日本蚊香在上海市場上已基本絕跡，三星蚊香卻大行其道。一九二八年，方液仙擴大再生產，建立了「中化社」第三廠，以生產三星蚊香為主。

三星牙粉是「中化社」最早的產品之一，也是中國最早的國貨牙粉。但是隨著無敵牌、嫦娥牌等國產牙粉相繼問世後，因其品質與三星牌不相上下，國產牙粉市場日趨飽和，競爭激烈。就在這時，國際上的牙齒清潔劑出現了，牙膏有逐漸取代牙粉的趨勢，國內市場上美國的絲帶牌牙膏就頗受青睞。方液仙毅然做出決定：減產依然有利可圖的牙粉，組織技術力量和資金試產牙膏。方液仙選擇絲帶牌牙膏為仿製的對象，仔細分析其配方：碳酸鈣、碳酸鎂、薄荷腦、茴香油等成分被一一分析出來，各種原料也相繼購回，經過反覆的調配，終於製出了牙膏的製劑。但牙膏的包裝容器——軟管，中國國內無法生產，方液仙便透過外商進口軟管。

一九二三年，在「中化社」的第一廠，中國最早的國產牙膏——三星牙膏終於脫穎而出了，它的品質和刷牙時的口感都不亞於美國的絲帶牌牙膏，但售價僅兩角錢一支，遠遠低於七角錢一

支的絲帶牌牙膏，因此很快打通了銷路，迅速占領了上海市場。

二、調味品

一九二〇年初，日本味之素暢銷中國市場，每年的銷售額達數十萬元之巨。當時，味精大王吳蘊初研製成功了味精，並與張崇新醬園的老闆張逸雲合夥進行批量生產。方液仙素來對味精工業很有興趣，希望與昔日的同窗合作，但張逸雲堅決反對。

方液仙就決定自己生產，開始時它按照日本公開發表的製造程式進行仿製，但結果很不理想，不僅生產週期過長，而且品質很不穩定，無法投入批量生產。於是方液仙率其助手王修盛東渡扶桑，到日本的味之素廠仔細觀摩其生產流程，並帶了少量的半成品回來。回國以後，方液仙組織技術力量悉心研究其化學成分和製造工藝，經過反覆的化驗分析，終於試製成功。

「中化社」生產的調味品有心牌觀音粉、副牌味王和副牌產品醬油精等品種。一九二三年，位於新加坡路（今餘姚路）的「中化社」第二廠投產，專門生產系列調味品。

觀音粉的品質不如天廚廠的味精，售價雖比味精低百分之五，銷路仍不大好；但味王的售價卻比味精低百分之十，頗受消費者的歡迎，醬油精和油兩個副產品也十分暢銷，調味品逐漸成為「中化社」的支柱產品之一。不久，「中化社」系列調味品與吳蘊初的天廚味精就占領了中國調味品的半壁江山。

三、剪刀變箭刀

由於牙膏的主要原料之一是洗衣皂的副產品，因此方液仙決定生產洗衣皂，這樣既能穩定優質的甘油供應，又能開闢一個新的生產領域。

1 一九三八年春，位於第一廠附近的第四廠投產，它是「中化

社」設備最新的大型工廠，生產洗衣皂及甘油等副產品。「中化社」新產的以剪刀為商標的洗衣皂脂肪酸含量高達百分之五十以上，遠遠優於脂肪酸含量僅有百分之四十的英商祥茂肥皂。但是，當「中化社」向商標局登記剪刀商標時，卻節外生枝，原來，剪刀商標是英商中國肥皂公司已經登記的商標。當時「中化社」的產品已經登出，肥皂已經生產，改換商標有困難，他便派經理李祖範赴中國肥皂公司談判，李祖範剛向他們提出請求，作價轉讓商標之事，英方的董事長就提出，要「中化社」放棄肥皂生產，「中化社」所需要的甘油由中國肥皂公司低於市價提供。

李祖範大吃一驚，忙答道：「廠房設備均已準備就緒，肥皂已經生產，如果停止生產『中化社』將蒙受重大的損失。」英方卻表示，一切的投資損失均由他們補償，並推說商標轉讓須透過倫敦總公司批准。這樣，談判失敗了。

方液仙了解到，剪刀商標中國肥皂公司實際上早已棄置不用，而他們執意不肯出讓正好說明了「中化社」肥皂的投產擊中了他們的痛處。他們妄圖用小恩小惠來消除一個強勁的競爭對手，這反而堅定了「中化社」生產肥皂的決定。於是，方液仙毅然將商標改為箭刀，次年就開始成批生產了，箭刀洗衣皂以其優異的品質很快獲得了消費者的青睞。

四、中化集團

隨著四大產品的陸續推出，「中化社」從家庭手工業式的生產發展到擁有三間廠房的手工工廠，再發展到擁有五座現代化機器設備的大型製造廠和河南路的公司總部、廣東路的第二發行所以及眾多參與投股的原料生產廠，「中化社」成了集團型的企業。資本從創業時的一萬元增值到一九三一年的四十萬元，一九三五年的一百

萬元，到一九三八年已達到擁資兩百萬元之巨。員工有六百多人。「中化社」以五大製造廠為核心，透過眾多的原料生產關係及關係廠，組成從原料到製成品基本自給的工業製造系統。

「中化社」成為民國時期中國規模最大的日用化學工業綜合性的企業集團，方液仙也因此成為中國現代日用化學工業的奠基者之一。

技術專家，經營行家

毫無疑問，「中化社」的興盛得益於「五四」運動之後的歷次國貨運動。但是這個行業在國貨運動中真正得益的企業仍然只有少數的十二家。對絕大多數弱小的企業來說，面對著洋商的傾銷和封建買辦官僚的欺壓，總的競爭環境是苦不堪言的。因此一個成功的民族企業總是和一個光輝的名字聯繫在一起的，作為一個技術專家和經營行家的方液仙，對「中化社」的興盛無疑起著至關重要的作用。

在一九二〇年至一九三〇年，中國的民族工業十分弱小，「中化社」的許多原材料都需要進口。方液仙感到，國貨廠家如此仰仗外人鼻息，終將受制於人。從經濟效益上考慮，如果能自產原材料，不僅能避免有時因原材料供應脫節造成的經濟損失，而且還可以擴大自己的企業規模，開闢新的生產戰線和銷售市場。

按照這一策略構思，「中化社」將要發展成為一個以蚊香、牙膏、調味品、洗衣皂四大產品為核心，從原材料到製成品生產為一體的日用化學工業企業集團。實際上，列入四大產品之一的洗衣皂也是為了解決牙膏的原材料而開發的一個新的生產品種。

三星蚊香的主要原料除蟲菊，起初全由日本進口，「九一八事

變」以後，抵制日貨的聲浪日高，「中化社」改向美國購買除蟲菊。孰料在進口的美貨除蟲菊中，竟發現了一張日文的紙條，於是「中化社」向美商提出質問，對方回答是：美國不生產除蟲菊，有關工廠如有需要，也是向日本購買。看來要達到抵制日貨又解決原料供應的目的，必須另尋出路了。

於是，方液仙決定引種除蟲菊，他聘請農業專家俞成如負責在上海蘇州河畔的虞姬墩和安浪渡舉辦實驗種植場，沒多久，除蟲菊的引種獲得成功，接著他們在溫州、南通等地的農民中推廣勸種。「中化社」採取了許多優惠措施鼓勵農民種植。在臨平，「中化社」撥款扶助菊農，並透過華新銀行向菊農提供無息貸款，當貨幣貶值之時，「中化社」和菊農定約：除蟲菊收購價以半價折算，如第三者願出更高價時，菊農有權向「中化社」出同樣的高價，倘「中化社」不願出，菊農可以賣給第三者，但無論如何，「中化社」不得拒絕按照原價折算收購。同時，還廣泛地宣傳種植除蟲菊如何利國利民，並為菊農提供技術諮詢，他們還編印了《除蟲菊栽培法》一書，廣贈農戶，推廣栽培的技術，在「中化社」的積極推動下，除蟲菊的種植面積不斷擴大，產量不斷增加，「中化社」的蚊香原料也做到了自給。

三星牌牙膏的軟管，最初也很依賴進口。後來，方液仙創設了中國軟管廠，實現了軟管的自給。方液仙還參與了與「中化社」產品有關的工廠的投資，其中主要有：建立景明玻璃廠，生產各種各樣的玻璃容器以供化妝品的包裝；一九二五年開設永盛薄荷廠，方液仙擔任董事，為「中化社」提供化妝品及牙膏所需的原料薄荷油；一九三二年與族人合辦肇新化工廠，生產牙膏的原料碳酸鈣；一九三四年投資入股開辦造酸公司，方液仙擔任董事，提供「中化

社」的工業用酸。

透過這些有意識的投資，「中化社」逐漸成為了一個以四大產品為中心，以直屬五大製造廠為核心包括與眾多的原料生產廠有關係的日用化學工業企業集團，既保證了獲得穩定、可靠的原材料供應，又拓寬了「中化社」的生產領域，還分散了投資風險，開闢了新的財路。

任何一個企業家都深深的懂得，宏圖大業都是靠人才幹出來的，方液仙也不例外。他十分重視人才的使用和培養，廣納賢才，而培養將才就是「中化社」的一個重要的方針。

早在辦廠之初，方液仙就親自授徒，他的第一個徒弟王修萌就是他親自傳授的，王修萌後來成為他的得力助手，為試製調味品做出了重大的貢獻，先後任「中化社」化學師和調味品的廠長。其他的如孫端耕、黃光英、李為岳等人原來都是學徒、工人，在方液仙的培養和實際工作鍛鍊下，成為「中化社」的技術和管理主幹。「中化社」為了培養技術人才，在廠內設有較為完備的實驗室和圖書館，並在企業章程規則中訂有《人才登記表》，使有真才實學的員工能發揮所長。

但是這種培養人才的小生產方式不僅週期長，而且還受他們自身知識結構的限制，如此做法已不能適應大企業發展的需要，於是方液仙決定走向社會，廣納賢才。一九三〇年他聘請學成歸來的美國麻省理工學院工程學士、他的表弟李祖範為經理，隨後又聘任美國麻省理工學院工程學士、哥倫比亞大學碩士洪紹瑜為製造廠廠長，聘任松江大學理學士朱曾輝、中央大學化學工程學士文房瑞為技術員，從而形成了以他本人為核心，包括工藝技術、管理營銷等多方面的人才結構，構成了領導「中化社」發展壯大的經營管理者

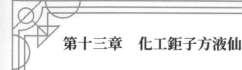

階層。也正是這批接受了先進的科學技術和管理方式的知識人才，對企業的舊式經營管理、陳舊的工藝製作進行了全面的整頓與改革，代之以資本主義的新式管理方式和先進的工藝，從而使「中化社」在同海內外企業的競爭中立於不敗之地。

一九三〇年，方液仙聘任了李祖範等人以後，充實了人員力量，他認真學習西方資本主義先進的經營管理經驗，對「中化社」陳舊的管理制度進行了澈底的改革。一九三一至一九四〇年間，「中化社」的產品行銷南洋各地，利潤和資金積累一年勝過一年，堪稱是「十年全盛」的時期。

「中化社」的管理改革首先從制度入手，力求制度嚴密，職責分明，他們訂立了五大章程，即《組織章程》、《各廠、部、科室、股的辦事細則》、《外部發行所的組織辦法》、《各項會議組織規則》、《員工通守規則》。其中，《組織章程》為「中化社」的基本章程，其他的規則都依此制定。在文書處理、人事管理、招考工人等方面也訂立了專門的規定，這樣就做到了有章可依，保證了管理的科學性。在行政管理上，實行四級管理，即總管理處、部、科、股四級管理；一改以往各部門集中辦公，職責不清，工作效率低的局面。

「中化社」定期召開各種專門的會議和聯席的會議，及時匯報情況，討論問題，力求管理的民主化和決策的科學化。中化社還十分重視財務部和會計科的功能，財務部下設會計科、出納室和客帳信用室，出納室憑會計科的收入傳票收付款項，客戶信用和收帳事宜分屬客戶信用室和出納室，外地發行所的會計，直屬總管理部會計科，這樣就充分發揮了財務監督的功能。

「中化社」的薪給制度採用了低薪加分紅制，即員工的月薪較低，但年終分紅數額較大。例如，一個大學畢業生在其他的工廠裡

月薪是七十元左右，在「中化社」月薪僅三十元左右，但加上分紅五十多元，可達每月九十元左右，仍較其他的廠為高，因分紅依企業的經營狀況而定，故這一制度使員工的利益與企業的經營連在一起，從而調動了員工的工作積極性。

「中化社」還十分重視產品的品質，方液仙曾說：「一支不合格的牙膏出廠，不僅斷了買主，而且還會影響全廠的信譽。」因此，「中化社」建立了品質分極檢查制，從原料進廠到成品出廠，各個環節都有專職人員負責檢查，保證了產品的品質從不出差錯。

廣告對日化行業有特別重要的意義，要想使日用化工產品進入人們的日常生活，就必須讓它的廣告深入到人們的日常生活之中。方液仙對「中化社」的廣告工作有通盤的計畫，規定每月在營業額中提出千分之三作為廣告費用，並設有廣告科專司其事，他親自和廣告科人員研究廣告用語，制訂年度計畫和月份的廣告設計，高薪聘請朱惺公為廣告科的科長，專門為三星牌各種產品撰寫報刊廣告文稿。如一九二五年一月十三日《申報》上的廣告，標題是：《年禮之研究》，內稱「時界年節，投桃報李，人情之事，亦交際上必不可省者，唯禮品亟應研究，如以觀音粉及三星醬油精贈人，使受者隨時調羹和湯，飽嘗美味，其感人之深，誠有每餐不忘者矣，且裝潢華貴，定價平廉，以作禮品，誰不歡迎！」此廣告揣摩採購年禮者的心理，很有說服力。

朱惺公還為三星牙膏設計了名為「玻璃管裡的祕密」的廣告，這是一種有獎銷售的廣告：在牙膏的管內置小玻璃管，管內有彩券，有一元、五元、十元三個檔次的獎品，另有「福、祿、壽」三星獎，福祿壽三字湊齊者可得頭獎住房一所。「中化社」在滬杭、滬寧鐵路沿線設立路牌廣告，後來又以國貨廣告旅行團的名義，

由上海經西安、入四川至雲南，長年累月地為「中化社」設立路牌廣告；在當時上海百貨批發商雲集的公館馬路（今金陵東路）、新橋街（今浙江南路）至天主堂街（今四川南路）一帶的商店牆上和騎樓柱子上，到處可見「中化社」的廣告，沿街還多處懸掛三星牙膏、蚊香的廣告大旗；其他的廣告如牆欄、幻燈、廣播、霓虹燈等，更是經常不斷。此外，「中化社」的員工都發有購貨優待折，照價打七折，也收到了宣傳的效果。

方液仙在推銷產品方面，始終採取靈活多樣的推銷方式，推銷員各有專職，互不監管，一般的情況下，也不互相調動，使推銷員能深入了解生產情況，熟悉本職業務。

牙膏、香皂以及各種化妝品統一由營業部直接掌管，向華洋雜貨批發商聯繫銷售；蚊香、洗衣皂由各紙菸店組織專職銷售；洗髮精和止癢奎寧水由專職推銷員向全市各理髮店推銷，調味品由海味組向海味店推銷。

新產品和滯銷品則採用寄售方式，指定幾位推銷員負責。在南京路上各大百貨公司裡則租有專櫃，專售「中化社」的產品。對銷售人員和批發商，實行一整套的獎勵辦法：對推銷員除給固定薪水及年終分紅外，根據年度訂立的推銷指標，超額的加獎；對批發商採用特約的經銷酬率累進制，即每年推銷不滿一萬元的照批發價給酬百分之二，一二萬元的給酬百分之三，二三萬元的給酬百分之四，三萬元以上的給酬百分之五，鼓勵批發商們多銷多得。為避免拖帳並加速資金周轉，對支付現款的客戶，另給百分之二的酬金。「中化社」還十分重視外地及海外的推銷業務，在南京、杭州、青島等地設有發行所，在海外派有推銷員，常駐印度尼西亞，專門聯繫南洋一帶的產品銷售業務。

　　一九三〇年是「中化社」的全盛時期，這一成就的取得還得益於方液仙積極參與推進國貨的運動。一九三二年，「一二八抗戰」以後，上海各界人們開展抵制日貨的運動，這為國貨提供了發展的大好時機，在滬的日商則串通一氣，聯合壓價，傾銷日貨，在這種形勢下，方液仙參加了由張公權發起的「星期五聚餐會」，共同商討推廣國貨的辦法。

　　一九三二年八月，中華國貨產銷協會成立，方液仙被推為理事，此時，「中化社」總務科長李康年向方液仙建議：集合上海部分有名氣的廠家舉辦聯合商會，以便大規模的推銷國貨。方液仙很贊成，並委託李康年主持這項工作，於是，由中國化學工業社發起，聯絡美亞絲綢廠、華生電器廠、亞浦日燈泡廠等共九家著名的國貨工廠，選出十八種有代表性的商品，在南京東路綺華公司的舊址上建造「九廠國貨臨時聯合商會」會場。在一九三二年「九一八事變」一週年之際開放，由於受愛國運動以及入選商品的優良品質影響，國貨公司商場的顧客盈門，生意興隆。見此情景，方液仙和李康年心中一動，萌發了創辦永久性國貨公司的念頭，在中華國貨產銷協會的支持下，方液仙集資十萬元，創辦了中國國貨公司，方液仙親自擔任董事長及總經理。

　　一九三三年二月，上海中國國貨公司在南京東路大陸商場正式開張營業。開張之際，公司以「中國人應用中國貨」為口號，進行了大規模的廣告宣傳，為了提高公司的營業額，方液仙在經營方式上做出了一些重大的決定：全部的商品實行賒賣寄售，公司實行薄利多銷並提供送貨上門等服務項目，這是方液仙一生中最英明的決定。這個決定不僅讓加盟的商家感動，也讓上海和全中國的老百姓感動，大家銷售國貨、購買國貨的熱情空前高漲。

　　開張之際，為了不影響賒貨廠家的資金周轉，方液仙還聯絡了中國銀行和新華銀行為各廠提供貨款，這筆貨款將來只在賒貨廠家所售出的貨款中扣除，方液仙把握住了當時愛國運動的時代潮流，以靈活而獨特的經營方式，使上海的中國國貨公司在當時的中國國貨業競爭最為激烈的上海南京路上，奇蹟般地站穩了腳跟，半年後，國貨公司又增資十萬元，擴大了公司的規模，在國貨公司的影響下，南京路上的永安、先施、新新、大新等四大公司也逐漸增加了國貨商品的進貨份額。

興也愛國，亡也愛國

　　民國時期的實業家，生活在一個極為動盪的年代。那時的民族矛盾十分尖銳，各國列強在不平等條約的保護下，紛紛向中國伸出了貪婪的魔爪。中華民族面臨著亡國滅種的危機。方液仙他們認識到：只有國家強盛起來，才能為民族工業的發展提供一個平等和平的經營環境，只有國家強盛起來，才能實現民族工業的發展。民國時期大多數實業家成功的原因之一，就是他們往往把握住了「愛國、救亡」的時代潮流，積極參加了愛國運動，推進國貨運動，讓國貨運動深入民心，得到民眾的支持，從而贏得了大量的客戶，促進了企業的發展。

　　方液仙就是這樣一個愛國的實業家。一九三二年「一二八事變」和一九三七年「八一三事變」，日本侵略者兩次在上海發動戰爭，為了抗戰，方液仙讓出部分廠房，出資租借了申園，在那裡舉辦了兩期傷兵醫校，專門救護大批從前線下來受傷的抗日將士。

　　一九三九年，南京汪精衛政權成立時，上海市長傅筱庵利用鄉誼關係，向方液仙遊說，希望方液仙與政府合作，方液仙當場拒

絕，表示自己只會經商，不懂政治。

傅筱庵沒有想到方液仙會讓他這麼難堪，當時臉色就不好看了，說：「日本人知道你很關心政治，記得你在戰爭中還辦過兩次傷兵醫校，因此很器重你！」並且信誓旦旦的向他表示，以實業部部長之職相許，方液仙不為其威脅利誘所動，反而苦口婆心的勸導傅筱庵要有民族的廉恥心，自保晚節。傅筱庵氣急敗壞，拂袖而去。

一九四〇年夏天，上海租界上空的恐怖氣氛一日比一日濃厚，愁雲慘淡，白色恐怖籠罩著上海灘，方液仙為躲避暗算，一直深居簡出。七月二十五日上午，為了處理不得不處理的事情，方液仙剛出家門，就遭到埋伏在周圍的特務綁架，其後就去向不明，遇害身亡了。方液仙被害時年僅四十七歲。

方液仙這位愛國實業家的一生雖然短暫，但他崇高的愛國精神和傑出的經營才能一直為後世人們所景仰。

第十三章　化工鉅子方液仙

第十四章　乳、窯業鉅子吳百亨

　　溫州人善於經商，不僅是因為他們沿海的優越地理條件，也許更多的是得益於它悠久的經營傳統。早在一一一七年，溫州就已經成為了中國重要的外貿港口。因此，與內地人相比，溫州人較早地受到了商品意識的薰陶，這種冒險精神和經營意識，把許多的窮人造就成一批一批令人羨慕的大富翁，煉乳業和窯業鉅子吳百亨就是一個活生生的典型例子。

　　吳百亨出身非常貧寒，幼年喪母，但是貧寒的出身卻鍛鍊了他忍受一切的韌性。他在無人敢和外商競爭的條件下，在中國的江南溫州，大膽地創辦了中國第一家煉乳公司：百如廠；他又創辦了中國第一家生產工業用瓷的窯廠：西山窯廠。

　　吳百亨填補了中國民族資本在以上兩個方面的空白。在與英商的鬥爭中，他英明沉著，屢戰屢勝，是一個偉大的企業家，更是一個偉大的民族英雄。

一窮二白，白手起家

　　吳百亨生於一八九四年。他的家境非常貧寒。吳百亨的父親在少年的時候，曾經跟隨著祖父在造船廠靠拾爛釘、木屑過活，成年以後，挑過餛飩擔子，又開過小麵館。小麵館倒閉後，他們全家就搬到郊區去了，替那裡的鄉民代辦喜喪宴席，賺取蠅頭小利以維持生存。

　　吳百亨七歲時，母親就去世了。父親續弦的後母是一個基督教徒，所以吳百亨十歲時也成了基督教徒，同年他進入了溫州的崇禎小學讀書。這所小學是教會學校，對學生的管理極嚴，學生稍越雷池半步就遭斥責或體罰，而吳百亨生性好動，自是常常挨訓遭打，但是由於家境實在貧寒，繳不起學費，吳百亨讀了三年就含淚輟學了。但是這三年卻激起了他爭做上流人的強烈願望，並使他學會了那套專橫苛刻的生活管理制度。

　　吳百亨回家後，替人放牧牛羊，十六歲時，進入新橋李正昌鹹魚行做幫工。一年後，經姐夫介紹，吳百亨到五馬街剛開業的普益藥房當學徒，拜房東林禹臣為師，店中所有的打雜、生意、記帳、接應來往顧客和親友等事，無一不做，雖然十分辛苦，但是吳百亨也從中學會了一整套的經營西藥房的業務知識和技能，加上他虛心地向各名師、名醫請教，刻苦學習，悉心鑽研，所以這時候吳百亨已經打好了後來成家立業的基礎。當地的名門望族陳家非常器重吳百亨的勤奮和才能，把女兒許配給他。一九二〇年，吳百亨結婚，同年冬天，林禹臣亡故，吳百亨的師母怕大權落在吳百亨的手裡，便解僱了他。

　　離開普益藥房後，吳百亨並不感到很難過，他覺得憑自己經營

西藥房的業務經驗和社會關係，創業開店應該很有把握，何必再去為別人做嫁衣呢？他打定主意，準備自己開店，但一想到開店的資金，又不得不心灰意冷，因為他當時身無分文的積蓄，巧婦難為無米之炊啊。

沒有辦法，他去和岳母商量，請求幫助。他的岳母看到藥業前景的光明，又覺得吳百亨有很強的經營能力，便慨然應允。於是，他的岳母和叔岳祖母兩家共拿出了三千元，其中一千五百元算是借給吳百亨的，作為他的投資，他們訂立了合股的合約，藥店取名為「百亨藥房」，吳百亨任經理。經過幾個月的緊張籌備，百亨藥房於一九二一年在五馬街開張，吳百亨苦心孤詣，銳意經營，不敢有絲毫懈怠，很快在商場樹立了信譽，把普益藥房的往來客戶都吸引了過來，在溫州的商界嶄露頭角，店裡的資金積累超過萬元。

雖然藥房的營業一年比一年發達，但是吳百亨並不滿足，他決心另創新業謀取更多的利潤。

涉足煉乳，旋即發財

一九一九年至一九二五年，溫州受到「五四運動」和「五卅慘案」的推動，兩次爆發了抵制洋貨的熱潮。吳百亨受其激勵，也從百亨藥房製造本牌新藥而獲利甚厚的經驗中了解到，辦工業比經商更有意義，便立下了辦工廠的決心。

那時納斯爾英瑞煉乳公司出品的飛鷹牌煉乳暢銷中國，在溫州也設立了代銷商店，它委託五味和藥店經銷。吳百亨向五味和批來銷售，顧客爭購，時常脫銷，吳百亨在羨慕的同時，心裡一動：要辦廠，煉乳廠不是最合適的嗎？溫州地區適合養牛，原料不成問題；在技術上，可以借鑑土法製造煉乳的經驗。對，就辦一個煉乳

廠，就不信爭不過飛鷹牌，吳百亨反覆考慮後，打定了主意。

　　要製造煉乳，技術是關鍵。當時已有人在進行土法製乳，但用直接燙浴的方法製造，成品色澤不好，而且常有焦味，不受顧客的歡迎。吳百亨知道，要克服這些弊病，只有另闢蹊徑。於是他借鑑中醫製成藥的方法，用「重油蒸發」的方法煉製，結果成品顏色潔白，味道醇濃，拿出試銷，得到顧客的一致好評，都說可以和飛鷹牌相媲美。這樣，在製造和銷售上，吳百亨心裡有了底。接著，他便開始正式的籌備，在一九二六年秋，煉乳廠成立，取名為「百如」，取義為「百事如意」，又同「百亨」諧音。

　　產品出來後，吳百亨碰到了用什麼商標的問題。他想，英瑞公司的「鷹牌煉乳」商標和包裝圖樣已在顧客中深入人心，如果另外設計一套圖案，恐怕對推銷不利，而完全模仿也不合適，於是找朋友商量，最後確定了以「白日擒雕」作為自己的商標，即在白日之下，有一隻手擒著雕的圖案。包皮鐵、包裝紙和文字排印及外觀顏色都和鷹牌相似，但是又有較明顯的區別：飛鷹牌圖案是銜有標帶之鷹，立在樹枝上頭向左做飛翔狀，擒雕圖樣則是人手擒雕於烈日之下，紅光四射，雕向右展翅，這樣既可利用鷹牌的商譽，又含有與鷹牌競爭的意思。雕、鷹同屬於猛禽類，用手擒雕，也含有不許這只外來蒼鷹在中國的市場上亂飛之意，確實寓意很深。

　　吳百亨當時就考慮到自己的百如廠會同英瑞公司發生糾紛，便積極尋找應付的辦法。剛巧有一個機會降臨了，原來英瑞公司在廣告上所標榜的英國波頓公司製造和發行的鷹牌煉乳，是一九二四年前由波頓公司向北洋政府註冊的，一九二七年六月才由波頓公司向北洋政府商標局呈准轉讓給英瑞公司。而新在南京立足的國民黨政府曾以全國註冊局的名義於一九二六年底發出通告，所有外商曾經

在北洋政府時請准的商標，必須在六個月內，即在一九二七年五月一日前，重新向南京政府登記，否則無效。

吳百亨抓住這個機會，手持著商標圖案到南京商標局申請登記，不久即以第二號審定書將「白日擒雕」的商標圖案刊登在商標廣告上。按照國民黨政府商標法的規定，六個月內，如無人提出異議，就要發給吳百亨的商標註冊證。英瑞公司沒有理睬國民黨政府的政令，所以六個月後沒有提出異議，這樣，吳百亨就取得了國民黨政府審定的「白日擒雕」商標註冊證。

一九二七年的下半年，百如廠的煉乳正式上市，生產的工場設在百亨藥店後，鐵罐委託百亨藥房代制，所產的煉乳按日以八折的售價交由百亨藥房在溫州地區經銷，因為日產量只有四五打，乳質非常新鮮，顧客踴躍購買，牌子也一天比一天響了起來，但這時候的百如廠仍舊用舊法製煉乳，規模很小。

當時浙江省建設廳技正許康祖視察了吳百亨的廠以後，說了十二個字：「規模簡陋，又乏基礎，不值一顧。」話雖尖刻，卻道出了實情。吳百亨受到此番刺激，下定決心，一定力求改正。

經過兩三年的慘淡經營，百如廠有了初步的發展，回收鮮乳逐漸達到一百公斤，日產煉乳兩箱多，品質也有所提高。一九二九年獲得工商部主辦的中華國貨展覽會一等獎，一九三〇年又獲得西湖博覽會特等獎。這樣一來，百如廠的名聲大振，臨近的各縣和與百亨藥店有來往的商號，都紛紛要求經銷、代銷他們的貨。產品一時供不應求，工人也由開始的五人增加到十餘人了，全部的資金由原來的五百元積累到了一萬餘元，百如廠的羽毛已漸漸變得豐滿起來。

經營煉乳廠的優厚利潤，白日擒雕的信譽越來越好以及供不

第十四章　乳、窯業鉅子吳百亨

應求的產銷現狀，激發了吳百亨進一步擴大生產規模的願望，但是要擴大生產，必須要先開闢新的乳源，而溫州市附近的農村沒有養殖乳牛的習慣，自辦農場又不合算，於是，吳百亨便四處打聽適宜建廠的地點。有一天，他偶然從一個小販的口裡聽說離溫州一百餘裡的瑞安縣農民養牛很多，便連夜去實地考察。原來當地的農民除種地收稻外，還種植甘蔗，農民有擠牛乳製造「乳酪餅」出賣的習慣，因為水牛可以擠乳、耕田、在糖棚里拉石磨滾筒軋甘蔗汁煉糖和拉大石磨磨麥子，所以，豢養水牛的農戶比較多，而且大多是中農、貧農和地主。他們養牛，既耕田又擠奶，工作量不重。正在泌乳初期奶量很多的奶牛，就專門擠奶不耕田了。

　　吳百亨考察以後非常滿意，決定遷廠到瑞安。到了瑞安以後，他們起初租用樓房三間作為臨時廠房。開始生產的第一天，就收到鮮乳三十五公斤，第二天增到五十公斤以上，幾天以後，每天達到一百五十公斤左右，以後又增加到了三百五十公斤左右，大大地超過了溫州的每日收乳量，吳百亨看到乳源充足，發展生產的基本條件具備，就決定購置地皮建造廠房。

　　廠房的設計參照美國出版的《煉乳和乳粉製造法》一書所敘述的要求建造，並為以後增添設備做好了準備，他們一邊生產，一邊建廠。一九三二年，廠房基本建成了，吳百亨又考慮到用平鍋濃縮煉乳品質不高，儲存稍久往往會產生煉乳凝固、乳糖沉澱、鐵罐胖腫的毛病，就在同年向國外訂購了「真空蒸發鍋」、「鮮奶預熱器」、「煉乳冷卻器」、「奶油攪拌機」以及冷凍設備等，在一九三四年，全部的設備安裝完畢。

　　這樣，百如廠形成了從稱量槽、脂肪分離、砂糖混合、真空蒸煮、強制析晶至機械裝罐的十六道比較系統的工序，一躍成為半機

械化生產的粗具現代化規模的企業。他既能兼產煉乳和奶油兩種主
要產品，又能保證品質達到衛生部門規定的要求。於是，白日擒雕
牌煉乳和白塔牌奶油，就逐步跳出了溫州區的範圍，在浙江本省、
江蘇、福建等地成為英瑞公司鷹牌煉乳的強勁對手了。

　　抗戰初期，溫州成為大後方溝通淪陷區的主要口岸，所以頓顯
繁榮，吳百亨也沒有放過這個天賜良機，發展他的企業。全廠的員
工增加到兩百一十六人，煉乳年產量達到二萬六千餘箱，奶油二十
萬磅，贛、湘、桂、川等省需要的煉乳等乳製品，基本上都依賴百
如廠，因此，百如廠的業務蒸蒸日上，每年的營業額達八十餘萬
元，資金由開始的五萬元迅速增至一九四〇年的四十萬元。

對手強悍，競爭激烈

　　吳百亨的百如廠一建立，就遭到了英瑞公司的嫉恨，英瑞公
司幾乎想置之於死地。當白日擒雕煉乳出現在市場上，英瑞公司
就請葛福萊律師為代理人向商標局提出了異議申訴，指出白日擒雕
牌商標是仿製鷹牌，並說兩種圖案雖稍有差別，但主要的部分均以
飛鷹為標識，包皮及登錄商標煉乳等紅字也系抄襲模仿而來，易
起誤會。

　　申訴書中還蠻橫地提出鷹牌煉乳產品優良，銷路極好，故冒牌
甚多，凡用類似老鷹之鳥類為商標的，均可誤認為鷹牌，要求撤銷
白日擒雕商標權。

　　商標局將申訴書發給吳百亨，要他給予答辯。吳百亨料到英
瑞公司會有這一著，早就成竹在胸了。他當即提出了答辯，指出：
百如廠的商標曾由南京國民黨政府工商部登記在商標公報上依法徵
詢過異議，而在上海設有經理人的英瑞公司，並沒有在法定的期限

六個月內提出異議。而且鷹牌商標本身並沒有依商標局的規定，在一九二七年五月一日前，向南京政府辦理重新登記的手續，依法已經成為一個已滿一年未經呈請註冊的商標，故無論其過去有無悠久的歷史，時效已經中斷，與新創者無異。

吳百亨以利害關係人的身分，要求撤銷英瑞公司的鷹牌商標，並請商標局依法核駁。同時還指出，兩個商標，一是衛有標帶之飛鷹，一是人手擒雕於烈日之下，顏色圖樣及名稱配景各有特徵，雖目不識丁者也知道不同，並提到日本人曾發行鷥鳥牌煉乳，也是以類似老鷹之鳥類為商標，未聽說他們不准和鷹牌並行於世。

由於理由充分，商標局發下評定書，評定鷹牌公司的請求不成立，但是保留了鷹牌的商標權。英瑞公司不服，再度上訴，但在接下來的第二次裁定中，商標局仍維持著原裁定。

英瑞公司在商標權問題上敗訴後，惱羞成怒，施展各種陰險毒辣的手段，發動了對百如廠的攻勢。

首先，英瑞公司憑藉其雄厚的實力，以削價傾銷的辦法來打擊實力薄弱的白日擒雕牌煉乳，企圖以此擠跨百如廠，扼殺新生的中國乳業工業。鷹牌煉乳每聽售價原來為六七角大洋，降價為五角大洋。吳百亨針鋒相對，也即將白日擒雕牌減價為每聽大洋五角，同時在上海、寧波、福州等地也都放低價格。當時市場上白日擒雕牌的銷售量僅及鷹牌的幾千分之一，因此，在減價以後，百如廠因銷額較小，吃虧就不是很大，但是對鷹牌的影響甚大。幾個月後，英瑞公司覺得這樣下去很不合算，便不再堅持。

英瑞公司這一著落於下風，但並不甘心，一計不成，又生一計。一九三七年，英瑞公司派他的中國買辦胡世鐸訪問吳百亨，聲稱代表該公司和吳百亨商談，願意以十萬元收購吳的白日擒雕牌商

標權。胡世鐸對吳百亨說：「你老兄辦廠，無非是要發財，現在英瑞公司肯出十萬元購買你的商標，只要答應，就可以成為溫州首富，何況換了這個商標後，仍舊不妨礙你繼續經營煉乳工業，這真是天外來財，何樂不為？」

雖然胡世鐸的話頗具誘惑力，但是吳百亨看到白日擒雕牌已在市場上取得了相當的聲譽，利潤優厚，所以並不為英瑞公司的誘惑所動。他對胡說：「我辦百如廠，是為了興辦國貨，抵制洋貨，不單是為了金錢，白日擒雕牌的商標權我絕不出賣，同時希望你能離開英瑞公司，自己創辦實業，或者經營國貨，共同努力。」一番話說得胡世鐸無言以對，赧然而退。

英瑞公司的陰謀又一次落空後，仍不罷休。在一九三三年間，英瑞公司抓住白日擒雕牌是土法製造。久存會變質的弱點，假手福州亞士德洋行，收購了一千多箱的白日擒雕牌煉乳，有意擱置到變質後再到市場上拋售，企圖從根本上打擊百如廠的聲譽。

吳百亨聽到英瑞公司這個十分毒辣的計謀後，反覆籌算，權衡得失，最後依然派廠裡會計前往福州，忍痛花了近兩萬元，將這些變質的煉乳全部收回，並悉數沉入福州港，這件事情雖然使剛剛發展的企業在經濟上遭到巨大的損失。卻轟動了整個福州工商界，百如廠在商場上的信譽反倒更為卓著了。

英瑞公司萬萬想不到吳百亨會這樣做，只能向他認輸。硬的不行，他們就來軟的。一九三五年十月，英瑞公司的東方特派員希文親自出馬，到溫州參觀百如廠，吳百亨料到希文此來一定不懷好意，內心雖然戒備，但仍以交際禮儀予以招待。

希文一行先參觀了廠房設備，又叫吳百亨牽來乳牛，當場擠出牛乳，牛乳成分竟如此良好，希文很感興趣，不勝讚美。在觥籌交

第十四章 乳、窯業鉅子吳百亨

錯間，希文再三向吳百亨表示，雖然過去彼此在業務交涉上曾發生過一些不愉快的事情，但他此來的目的卻是謀求合作，還不斷地吹噓英瑞公司的設備如何精良，規模如何巨大，在美國、英國、加拿大、澳大利亞、法國和日本等都設有分支公司和煉乳廠。最後，希文試探著說：「你如果肯跟我公司合作，那你可只管生產，銷路自有我來安排。」又說：「投資數字，你可占百分之五十一，我們占百分之四十九，多給你這兩股具有決定性意義的股紅，以表示對你的尊重。」

吳百亨心若明鏡，早知來者不善，善者不來。希文的目的是借合作為名，行吞併之實。所以他婉言說道：「承蒙貴公司商談合作，盛情足感，可惜此事和中國通商條約關於外國人投資設廠限於通商口岸百里之內的規定有所牴觸，沙至溫州的距離超過百里，障於規章，未便合作。」

希文聽後，只得知趣而止。席散後，希文要用帶來的相機將百如廠裡的各部門的情況拍攝下來，吳百亨叫人制止，希文很不高興，只能灰溜溜的走了，這樣，英瑞公司的吞併陰謀又讓吳百亨巧妙的打破了。

英瑞公司還利用暗箭來打擊百如廠。一九四一年，百如廠的一批白日擒雕牌煉乳正運往四川銷售，英瑞公司得知後，派人向宜昌警察局密告，說有一批「太陽牌」的日貨煉乳在此銷售，所以當白日擒雕牌煉乳運到宜昌時，就遭到警察局的盤查，被認為是日貨加以扣留，吳百亨忙將證明文件拍製成照片，寄到宜昌進行交涉，並在報紙上登載聲明：如能拿到確鑿證據證明白日擒雕煉乳為日貨，賞錢十萬元。情況查明後，宜昌警察局才給予放行。

為了在與英瑞公司的抗爭中永遠處於不敗之地，吳百亨非常重

視因地制宜，開闢鮮乳供應基地，保證原料的充分供應。為了開闢奶源，吳百亨採取了幾個措施：一、與農民簽定合約，貸給一定的資金，一般是每頭牛給予二十至三十元，叫他們買牛飼養，規定鮮乳由百如廠收購，貸金按年撥還。二、適當規定鮮乳的收購價格，使農戶覺得用牛擠乳較用牛力役獲利略微多些。三、從增加產乳量出發，幫助農戶改良牛種。四、派工人去收奶時，對農戶進行擠乳技術指導，使耕牛多出鮮乳。

採取了這些措施後，農戶都樂於養牛擠乳，百如廠的奶源因而得到了充分的保證。百如廠生產的高峰時期，每日使用鮮乳達六萬公斤，就是這樣一家一戶收進來的。同百如廠訂約供應牛乳的，有一千多農戶，兩千多頭奶牛，規模頗巨。

吳百亨十分重視產品品質，選料精細，檢查嚴格。他對整個產品的製造過程都訂出了較嚴格的品質標準和操作規程，生產過程中按照規定辦事。如在原料方面，鮮乳進廠後立即檢驗，酸度超過規定的絕不採用，而主要輔助原料白糖都用太古五溫糖，即使品質不算太差的太古四溫糖，也不可取代。

在材料方面，裝煉乳的罐頭鐵皮是從美國進口的，儘管英國的馬口鐵價格便宜，但因其色澤和軟度較差，不予採用。成品出廠前，都經過較嚴格的檢測，其含脂肪、酸度、黏度力求合於標準，出廠後，不論時間多久，如發現質變現象，保證退換。這樣，百如廠獲得了顧客對產品的充分信任，銷售越來越紅火。

吳百亨在辦廠的實踐中，深深地體會到現代化科學技術的重要性，所以，他一直致力於建設一支穩定的技術、管理人才隊伍。當建廠投產後，他就想起了曾來廠視察過的建設廳技正許康祖，許是美國康乃爾大學乳品系畢業的，很懂行，吳百亨便向建設廳提議，

讓許康祖來百如廠負責技術部門。提議獲得了批准，許康祖便來到百如廠工作了半年。在他的認真規劃下，百如廠奠定了使用現代化技術處理乳品的基礎，此後，吳百亨對技術負責人員和掌握主要生產環節技術較強的工人，都給予較優厚的待遇，緩解他們的後顧之憂，使其能安心工作。在管理上，吳百亨也物色了一些能力較強並有業務經驗的人，讓他們分別負責各方面的工作，薪水也較優厚。這樣，各個環節分工合理，促進了企業的穩定發展。

在銷售上，吳百亨動足了腦子。他採取劃分區域委託經銷的辦法，保證了各地經理家的權益，使之獲得可靠的利潤。當時百如廠的經理家和銷售處遍及國內各大商埠，在未設經理的地方，一般先由廠方派人去推銷，打下基礎，以後就選擇當地推銷能力好的殷實商號，訂約經理。在各經理號所轄業務地區範圍內，廠方既不派人去推銷，同時對該地區的其他商號前來訂貨，也必予婉拒。這樣，就使經理號在其所經理的地區內得以包銷，有穩定的營業額和利潤；加之，產品品質不好可以退貨的規定，經理號家自然都樂於經營。

但是吳百亨也訂約要求經理號家對百如廠承擔一定的義務，要繳納一定數額的現金保證，並不得有以下的行為：（一）仿冒或銷售冒牌百如廠商標的各種產品。（二）同時代理或銷售與百如廠同類的產品。（三）故意提高百如廠規定的售價。（四）直接或間接毀損百如廠貨品商標或信譽。（五）貨款劃付不及時。（六）越境兜售，故意侵犯他人的代理權。如有以上情況之一者，百如廠有權辭退其經理和約，另與其他商號訂約經銷。

在廣告宣傳方面，也多方進行，力求擴大影響。如透過無線電臺廣播，在大城市設置大型廣告牌，對客戶贈送印有產品商標

圖案的茶歷、日曆等，對各地有勢力有地位的人物，進行多方交流，應酬聯絡，藉以擴大產品的影響。廣告宣傳的支出十分可觀，如一九三七年的廣告費和應酬費支出達七千餘元，占營業額的百分之二。

精明的頭腦，靈活的手段，使得吳百亨的白日擒雕牌煉乳飛出了溫州偏僻的農村，飛進了上海、杭州、廈門、成都、南昌等各大中城市。面對著滾滾而來的利潤，吳百亨好不春風得意。

創辦窯業，又創佳績

正當吳百亨的百如廠日益走向興旺的時候，日本帝國主義的戰火也燒到了溫州。一九三九年九月，三架敵機突然襲擊了白如廠，投了三枚炸彈，主廠房十餘間全部被炸毀，化驗室儀器大都被破壞。

廠房重建時，因滬溫交通中斷，建房所需的釉面磚、馬賽克無法從上海運進來，吳百亨便萌發了自辦窯業的念頭。後來，他從史料裡得知，早在一千多年以前的晉代，溫州近郊的西山就是著名的陶都，這就更加堅定了他在西山辦窯業、振興昔日陶都的決心。

當時，號稱瓷都的景德鎮，基本上是手工的小生產方式，從成型、燒窯、飾瓷、原料處理到包裝，整個生產過程都是分散到各作坊或家庭單獨作業。而且，產品大都因循傳統，不外茶壺、碗盞、花瓶等。較為現代化的產品如釉面磚、馬賽克、菜盆及衛生設備等，都不會生產，全依賴日本進口。吳百亨在著手籌建西山窯業廠的時候，就定下兩大目標：第一，要辦成工業化的窯業；第二，要堅決壓倒日貨。顯示了他超乎常人的遠見卓識。

為了辦好窯廠，吳百亨下大力做了三件大事：

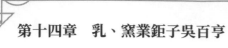
　　第一，摸清原料資源，建立和控制原料基地。溫州地區陶瓷土蘊藏量十分豐富，但當時沒有礦藏普查資料，資源分布不清楚。吳百亨就請熟悉找礦門路的溫州人陳瑞俊專門負責這項工作，派出勘探人員深入各地了解礦源，並獎勵前來報礦的農民。摸清礦源後，吳百亨就花重金購買開採權。經過多方的努力，吳百亨逐步掌握了二十多處陶瓷土的開採權，保證了窰業廠原料的充分供應。

　　第二，開拓廠基，實現窰業工廠化生產。在購置窰廠的設備時，吳百亨就為逐步實現機械化、半機械化生產做好準備。為了使這些現代化機械順利安裝，吳百亨不計工本購買農田，然後與自己畜牧場周圍的農田對調，以三畝調換一畝，甚至五畝調換一畝，終於把畜牧場周圍的幾十畝的農田都換給了自己，並在上面建造了幾十畝的廠房，保證了機械的順利安裝。

　　第三，是廣聘技術人員，培養技術核心人員。吳百亨從多年辦廠的實踐中，深深體會到沒有熟練的技術人員，生產是不可能辦好的，特別是陶瓷器的燒製，生產流程複雜，技術難度大，沒有技術人才更是寸步難行。於是，他就親自到江西景德鎮，一面考察生產，一面聘請技術人員。在應徵時，他提出了優厚的條件：一、到溫州，薪水比景德鎮高二成。二、將來回江西，由廠方負責旅費；三、不在溫州帶學徒，也不准廠方派人學習。許多的技術人員被吳百亨的誠心所感動，背起行囊來到了溫州，終於使吳百亨有了一批穩定、熟練的技術力量。

　　由於吳百亨辦窰業是外行，技術力量也不強，所以，從一九三八年開始試製，到一九四〇年大窰正式投產，足足花了三年時間，遇到了許多艱難曲折。

　　大窰正式生產時，建窰所需的耐火磚因日軍的封鎖而無法從上

海運進，怎麼辦？吳百亨決心自己試製。

在劉文鑒等人的主持下，經過約一年時間的反覆試製，終於使耐火磚達到了 A 級要求。於是一九四○年春，吳百亨便大修土木，營建了西山窯業廠的第一座大窯。正當這座大窯的煙囪加緊施工時，偽保長氣勢洶洶地出來阻撓，他上呈國民黨防空指揮部，指控煙囪的目標太大，容易遭到敵機的轟炸，要求予以取締，吳百亨一面據理力爭，一面疏通說情，最後，總算準予在煙囪上增設偽裝予以隱蔽才算了事。

大窯建成投產後，因火候掌握不當，出品其色如墨，本來這是很正常的事情，但因建窯的地方原來是個叢葬之地，挖窯基時曾挖出不少骸骨，一些迷信思想嚴重的農民，認為這是鬼神作祟，一時謠言四起，很多人勸吳百亨停產，工人中也有人害怕觸及鬼神，思想波動。吳百亨在反覆說服鼓勵的同時，組織技術人員探索失敗的原因，及時總結教訓。經過不懈努力，終於掌握了火候，產品色澤光潔，達到了品質標準。這時，謠言才告平息，人心也穩定了下來。

抗日戰爭後期，日本多次轟炸西山窯廠，對生產造成了極大的影響。但是吳百亨為了發展生產，又增建了兩座窯積各為一百立方公尺的圓窯，並於一九四三年投產。

由於籌建中投入了大量的資金，而且產品品質不夠穩定，從創辦到抗戰勝利前的幾年中，幾乎年年虧損，建廠投資連同虧損共約法幣三十餘億元，這些，都從百如廠撥付。除撥現金外，連庫存的三千箱乳品、五百件馬口鐵、五百件白糖都給撥光。

親友們紛紛勸吳百亨停辦西山窯業廠，但是吳百亨卻說：「功敗垂成，就心灰意冷，絕非善策，一定要再接再厲，把窯廠

辦好。」

　　由於吳百亨矢志不移，苦心經營，到抗日戰爭勝利前夕，西山窯廠已經成為溫州一個新興的重要工廠，其產品在全國也躍居為一流，他們品質優良的耐火磚填補了溫州的空白，產品打入上海，日用陶瓷品種繁多，花色新穎，暢銷海內外。

　　吳百亨在日用陶瓷方面，除了保存中國傳統外，還參照日本陶瓷，不斷創新，所以深受顧客歡迎，產品遠銷海外，建築用瓷也在國內成為巨擘。吳百亨的釉面磚、馬賽克，無論質地和光澤，都足以和海內外的產品相媲美，成為各大建築公司的搶手貨。

　　此時，西山窯業已成為生產各種陶瓷的全能廠家。

奮力掙扎，走出絕境

　　在舊中國，民族工商業是無法擺脫帝國主義、封建主義、政府的摧殘和破壞的，百如廠自然也逃脫不了這個可悲的命運。日本侵略者的轟炸，使百如廠損失六萬多元，在日本占領中國領土的期間，又使百如廠損失三萬多元，國民黨政府也千方百計地對百如廠進行摧殘。一九四一年，浙江省政府藉口疏散沿海工廠的生產工具，劫去了百如廠二十四匹立式引擎、四噸冰車蒸汽鍋爐及許多機器零件等，使生產遭受了很大的影響。再者，由於通貨膨脹的加劇，百如廠虛盈實虧的情況一年比一年嚴重，負擔越來越沉重。以一九四一年為例，百如廠整個銷售額只有法幣一百〇三點二萬元，實際純營利只有六萬元，而稅額卻達二十點一五萬元。

　　抗日戰爭勝利後，吳百亨曾幻想可以重整旗鼓，振興工廠了。誰料國民黨政府對美國貨大開綠燈，造成美國產品在中國的傾銷，「克寧」牌奶粉和煉乳充斥市場，而百如廠運往南洋、香港等地銷

售的煉乳，又受阻退回。受此致命的打擊，百如廠陷入了困境。

　　吳百亨為了應付紛至沓來的債主，日夜不息，焦頭爛額，到了一九四九年四月上旬，在金圓券的日利率達到百分之二十三的大崩潰中，百如廠宣告擱淺清理。

　　西山窯業廠本來就一直處於危難之中，而自稱是吳百亨親家的翁來科，又乘機拆臺，他借給西山廠一百兩黃金，卻要該廠產品營業額的百分之十作為酬勞金，後又以包銷保證金的形式，要該廠的廠盤價格九折將全部產品歸他經銷。外地的實銷戶也殺價大量訂購該廠生產的建築用瓷，西山廠的產品從生產到出售，收回的價錢僅夠購買原料的百分之二十左右。

　　吳百亨曾想用割肉補瘡的辦法來挽救困境，但終於到了瀕臨絕境的地步。大小債主多達千餘人，資不抵債，一家十餘口人只能靠變賣家具、衣物等來維持生計。一九四九年四月上旬，西山窯廠和百如廠等同時擱淺清理。

　　一九五四年十二月一日，公私合營完成，吳百亨的三個工廠基本上成為了社會主義性質的企業。

　　吳百亨於一九七四年秋病逝，享年八十一歲。

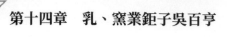

第十四章　乳、窯業鉅子吳百亨

第十五章　豬鬃大王古耕虞

　　古耕虞原先是一介書生，在商業家庭的長期薰陶下，具有良好的發展大局觀和很高的發展起點，因而，他「不鳴則已，一鳴驚人」，能夠抓住瞬息萬變的商業機會，一變而為豬鬃行業的龍頭老大，俗稱「豬鬃大王」。其發展速度之快，方式之奇特，堪稱中國近代商業史上之一大奇觀。

　　綜觀古耕虞傳奇式的發家史，他的成功可以用「加、減、乘、除」四則運算形式來表示。

第十五章　豬鬃大王古耕虞

「小小的豬鬃」與世界大戰

　　一九四一年十二月七日，美國夏威夷當地時間凌晨七時五十五分，日本轟炸機出其不意地飛臨美軍太平洋海軍基地珍珠港上空，對尚處於中立地位的美國軍隊進行狂轟濫炸，以極小的代價贏得了極大的勝利。歷史上稱之為「珍珠港事件」。美國被迫對日宣戰，正式加入反法西斯同盟，同時也引發了太平洋戰爭。在這場持續四年之久的戰爭中，一些美國將軍和士兵，因為功勛卓著而獲得了美國政府頒發的各類勛章。但是，戰爭期間有一位來華特使，他僅僅靠回國後寫的一本似乎與戰爭無緣的小冊子，竟然也榮獲了一枚勛章。此書的書名為：《小小的豬鬃》。

　　「小小的豬鬃」也與世界大戰有關係、影響到世界大戰的勝負？大多數人不明就裡，如同墜入雲裡霧中，難以將這兩件風馬牛不相及的事情聯繫起來。不要小看了這小小的豬鬃啊！它是中國傳統的、自古形成的重要出口物資之一。第二次世界大戰之前，世界上許多國家所需要的豬鬃，幾乎全部由中國進口。即使在和平時期，美國工業的三大支柱：汽車、飛機、鋼鐵，除了鋼鐵以外，幾乎都與豬鬃相關。特別是建築工業，鬃刷使用率非常之高。這裡是指工業用刷，而當時人們日常生活所用，從髮刷、牙刷、衣刷到鞋刷，到處都需要它。一旦發生了戰爭，鬃刷用途就更大了，從油漆兵艦、飛機、卡車到清潔大砲的炮筒，海陸空軍都需要。第二次世界大戰時，美國政府把豬鬃列為策略物資 A 類，與軍火等同。當中國沿海被日本軍隊占領、失去與外界的聯繫，所產豬鬃無法運出之時，為了取得中國的豬鬃，美國政府先是動用空軍，後來又委託陳納德將軍的十四航空隊（「飛虎隊」），用飛機從昆明、宜賓等地

將豬鬃空運到印度。這條航線途經喜馬拉雅山，飛行高度超過當時飛機一般飛行高度的一倍，而途中常常會碰到狂暴的氣流，很容易使飛機破裂，一般來說，飛機的危險係數至少會有百分之四左右。美國不惜用飛行員生命這樣的昂貴代價來換取中國的豬鬃，豬鬃作為策略物資、作為戰爭非常重要的原料，其意義自然非同尋常。

這樣看來，那位來華商談豬鬃交易的特使，因為《小小的豬鬃》一書而獲得勳章，是可以理解的。民國時期一位商人由於做起了豬鬃生意，而大大崛起於工商界，成為世界級的「豬鬃大王」，也就不足為奇了。

當時，蘇、美、英等盟國都急需豬鬃，他們曾經在美國首都華盛頓成立了一個由三大國代表共同參加的豬鬃分配機構，專門負責如何向中國交涉取得豬鬃，並商量如何加以分配。英、美兩國國內也各自設立機構來分配這個策略物資給各個工業部門。這些機構的工作人員來到中國之後，他們往往立即去和一位中國商人接洽。而這位商人，就是古耕虞。

「古青記」＋Ｔ型人才＝豬鬃大王

一九〇五年，古耕虞出生於四川省重慶市的一個做豬鬃生意的世家。一九六〇、一九七〇年代開始，他的叔祖父古綏之就經營起豬鬃生意了，後來父死子繼，衣缽相傳。這份傳家的事業最初也只是一個封建性的獨資經營的川幫行業，但到了古耕虞這一代的時候，卻發展成為現代化的資本主義大企業，再一躍而成為資本雄厚、馳名世界的托拉斯組織，生意最好的時候占到世界總產量的百分之七十。這樣的成功經營和發展速度，在民國時期是十分罕見的。

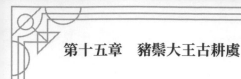

第十五章　豬鬃大王古耕虞

　　我們知道，企業成功與否，除了時代、環境所提供的客觀條件外，更為重要的是經營者的內在素養和知識才能，要做一番驚天動地的大事業，後者所起的作用尤為重要。古耕虞一家的發家史，充分證明了這一點。

　　在二十世紀初，古綏之在重慶開設了「正順德」、「同茂豐」山貨字號，經營很有特色，加之他善於周旋，在生意場上一直左右逢源，並當上了重慶總商會的會長。當時的四川，大小軍閥割據，洋行林立；為了做好生意，古綏之一邊自己與各個軍閥交往，一邊讓自己的兒子古學淵去做英國白理洋行買辦。這樣，古綏之憑著「重慶總商會會長」和「白理洋行」的關係，在半封建半殖民地的舊中國取得了自身的小小的成功。

　　到古耕虞的父親古槐青這一代的時候，古家的生意有了較大的起色。古槐青年輕時棄學經商，一邊長駐上海，為古綏之的山貨字號做夥計；一邊自己開設了「古青記」山貨行。一九一四至一九一九年世界大戰期間，他看準帝國主義列強忙於歐洲、無暇東顧的時機，轉而經營紗布，從中發了大財。雖然他也和第一代一樣，把貨交給洋行，仍然受到帝國主義的控制，但他不像古綏之那樣甚至把豬鬃的商標交由外國洋行命名為「牛牌」，而是將自己的商標定為「虎牌」。「牛」、「虎」雖然一字之差，但是卻形象地顯示了前者是任人宰割，而後者則意欲擺脫洋行的羈絆，尋求獨立經營的勢頭。「虎牌」商標加以自身經營紗布，古槐青就是這樣逐漸脫離了洋行的束縛，為「古青記」的下一步發展奠定了基礎。

　　到了古耕虞這一代，時代已經發生了很大的變化。一九二六年中國收回了漢口的英租界，重慶的洋行也都慌忙撤到上海。於是，民族資本家有了喘息的機會，古家遂有了壟斷重慶山貨出口

的良機。

　　該年，古耕虞繼承父業，當了「古青記」的少掌櫃，時年二十出頭。二十多歲做少掌櫃，也許不算稀奇，稀奇的是古耕虞小小的年齡出道便脫穎而出，執行業之牛耳。事情發生在一九二七年的某一天，兩個美國人代表美國公司來到重慶。儘管「虎牌」豬鬃這個時候已經蜚聲美國，這家公司此前還是從倫敦的英國公司那裡進口「虎牌」豬鬃。重慶的洋行撤離後，這家公司為了多得利潤，很想擺脫上海和倫敦的中國商人，直接從「古青記」進貨。當時，英國還是不可一世的「海上霸國」，美國也對其退避三舍，不敢冒犯它的既得利益，所以他們來到中國，還不敢明目張膽，只能打著調查了解重慶的豬鬃生產和市場情況的幌子。最初，他們在重慶找到的是當時重慶最大的豬鬃供應商嶠濟山貨字號的老闆吳懋卿。可吳老闆只是一個知道把豬鬃賣給洋行的封建商人，既不懂外語，更不懂國際貿易為何物。吳老闆陪客人參觀了幾家豬鬃加工工場後，就不知道如何與外國客商把事情進行到底了。於是，兩個美國人又找到了山貨業同業公會，公會請了一位在教會舉辦的醫院裡當護士長的羅太太做翻譯；這位羅太太英語很不錯，對於豬鬃卻是一竅不通。翻譯了半天，美國人也不知所云。

　　最後，他們找到了古耕虞。一見之下，美國人大吃一驚，他們沒有料想到這隻紅色老「虎」牌的主人竟然如此年輕，講得一口流利的英語，又把重慶豬鬃的所有情況如數家珍的娓娓道來。雙方大有相見恨晚的感覺，立即簽定了密約。開始他們先建立聯繫，古耕虞以一部分「虎」牌豬鬃直接出口給美國的這家公司，以後逐漸增加數量，最終甩掉上海洋商，這家公司的全部用量直接從古耕虞那裡進貨。

第十五章　豬鬃大王古耕虞

　　大凡商業，經營層次和中間環節越多，層層加碼之後，成本也必然越高，利潤也必然越來越薄。古耕虞的豬鬃直接出口給美國，去掉了中間環節，使得他的利潤大增，很快的，古耕虞擁有了雄厚的經濟實力。

　　近水樓臺的是吳懋卿，最終得月的卻是古耕虞，個中原因值得回味。古耕虞後來在多種場合謙虛地說，他的成功是外在原因造就的。但這件事說明人的素養是非常重要的。小時候遭遇的一件小事，古耕虞記憶很深。那是他在中學三年級讀書的時候，暑假裡的某一天，他父親古槐青回家告訴他，隆茂洋行的買辦程桂亭欺負他不懂英語，不懂外貿的基本知識，收購了他價值二十萬兩銀圓的豬鬃，藉口他的貨物品質較差，不付價款。父親非常氣憤，要古耕虞與他前去見隆茂洋行的洋大班，替他做翻譯。他們見面後，古槐青據理力爭，古耕虞逐字逐句的翻譯，在事實面前，洋大班無法抵賴，只得把所有的款項支付給了古槐青。這件事情使古耕虞了解到外國商人和買辦的可恨，他們既賺中國人的錢，還要拿氣給中國人受。古耕虞想：把商品直接出口到發達國家的市場去，才能夠免受洋行和買辦的盤剝；而要做到這一點，必須學習好英文和對外貿易、運輸、保險、金融等方面的知識。

　　於是，他沒有走傳統的求學之路，而是讓他的父親把他送入上海著名的聖約翰大學學習英文，之後又到南通張謇先生創辦的紡織學堂學習技術。在短短四年的求學期間裡，他大量閱讀中外古今的經濟學著作，從陶朱公、範蠡到亞當・史密斯，從馬克思到凱因斯，經濟方面的學說和經營家的實踐活動方面的書籍，一一拜讀。其中，《班傑明・富蘭克林傳》和《福特管理》這兩本書更是給了他莫大的啟發。作為最初「美國之夢」的榜樣和鼓吹者，富蘭克林

有著豐富的人生經歷和嚴密的學說；作為美國著名企業家，亨利·福特有著系統的管理思想，有一套關於企業管理和市場經濟的學問。這些，深深地吸引著古耕虞，他悉心鑽研，深得要點，在以後的企業經營活動中，他常常借鑑，並且奉福特管理思想為圭臬。

刻苦學習的古耕虞知識淵博，成了當時罕見的「T」型人才，即縱向和橫向相結合的人才。縱向，是指他的專業，他精通國際貿易；橫向，是指與他專業有關的各種各樣的學科，包括經濟學、銀行學、市場學、各國法律、稅務、運輸、保險、外語等。所以，他能夠很容易地與美國的孔公司簽定了合約，使得產品直接進入美國市場。

自此之後，他不但達到了最初抱定的直接外銷的目的，也在這種有利的局面下，甩掉了洋行和本地商人的殘酷競爭。到了一九三四年的時候，古青記的資本已經相當雄厚，從事外匯業務的中國銀行見到他們在上海市場上售出甚多，就將這筆外匯安排進它的業務之中，由該行上海總行指令重慶行給他們押款一百萬元，以外匯售出給該行作為條件，於是，「古青記」的銀行信用資本增加得更多了。

商戰中「減號」的特例：小魚吃大魚

在市場經濟中，一切活動都圍繞著經濟規律進行著。「物競天擇，適者生存」，這個「天」，就是經濟規律。按經濟規律辦事，企業就能夠在激烈的競爭中立於不敗之地，並且發展壯大；相反，盲目地從事商業活動，表面上看彷彿有機可乘，很快地，就會因為違反經濟規律而在競爭中碰得頭破血流。商業活動如同在海洋中的生物相互追殺，大魚吃小魚是常見的現象，也是相當殘酷的現實；然

而，古耕虞在「古青記」的經營管理中創造了奇蹟，在商業戰中一反常態的製造出了這樣的特例：小魚吃大魚。

古耕虞初出茅廬時，「古青記」在同行業中並沒有處於優勢地位，從資本的數量上說，還是條「小魚」。當時，四川大軍閥手下的一個軍官張志和在政治上失意後，挾持五十萬元巨資開了一家和牲商號，專門做豬鬃生意，但是這位有錢有勢的軍閥既不懂國際貿易和市場規律，也不懂豬鬃生意的特殊性，儘管他是條「大魚」，但在市場大潮中不能夠自由游動，很快就關門了事。

在這個時期，和古耕虞較量的主要是以蔣介石為代表的江浙財閥，其中一條最具代表性的「大魚」就是朱文熊的合中公司。

朱文熊，江浙財閥，中國銀行經理張公權的妹夫，合中公司的註冊資本是五百萬元，比張志和的商號還要大九倍。一九三四年至一九三五年間，朱在重慶設立分公司，開始經營豬鬃。當時，「古青記」雖然有了發展，但與朱的合中公司相比，還是小巫見大巫。朱自以為實力雄厚，竟然咄咄逼人，向古耕虞提出無理要求，要他將「虎牌」豬鬃完全就地銷售，由他的公司收購出口。古耕虞婉言謝絕。朱氣勢洶洶，就在重慶出高價收購豬鬃，意欲把古耕虞排出市場之外。在強敵面前，古耕虞一點也沒有驚慌失措，更沒有被他的氣勢所嚇倒。他非常清楚，豬鬃的收購、加工和售賣技術複雜，如果沒有熟練的技術人才，非失敗不可。古家經營豬鬃事業，已經有三代了，擁有一大批經驗豐富、熟悉豬鬃各道工序的技術人才，這一點優勢是朱文熊不可能擁有的。

古、朱大戰的序幕拉開後，古就有意提高「虎牌」豬鬃的品質，暗地裡指使別人把次貨售與朱文熊。蒙在鼓裡的朱買到這批次貨，卻渾然不知，依舊要將幾千箱貨發運到英國倫敦市場上去賣。

英國人多年來習慣了古耕虞的「虎牌」豬鬃，不大願意購買其他品牌的產品。朱文熊的產品一下子成了滯銷貨。眼見產品銷不出去，朱竟然不顧冒牌之嫌疑，改商標為「飛虎牌」，自吹品質比「虎牌」還好。古耕虞見狀，心中竊喜，便故意把自己的虎牌豬鬃價格壓低，造成「虎」牌豬鬃價廉物美而「飛虎牌」豬鬃價高質次的鮮明對比。當英國購買方見到朱的豬鬃貨次價高，紛紛要求退貨還錢，賠償損失。

朱文熊一下子慌了手腳，便趕緊找到國民黨政府駐英公使顧維鈞從中交涉，可是英國商人根本不買帳，堅決要求退貨。無奈的朱文熊自知難以再和古耕虞較量，為了減少損失，他只好爭取賠款而不退貨的方式解決問題。按照當時英國仲裁法令，賠款如超過貨價百分之十二點五，買主有權接受賠款，也有權將貨退回賣主，要求賠償一切損失。賠款數額畢竟有限，退貨則損失更大。朱文熊自己不好意思出面，不惜約請張公權之弟張禹九去重慶拜訪古耕虞，以放棄在重慶經營豬鬃業務為條件，請求古能夠出面調解他在倫敦的糾紛。古耕虞順水推舟，寫信、打電報到英國替他說情，最終幫助他解決了問題。這件事情前後不到半年，朱文熊這條「大魚」就被古耕虞吃掉了。

經過數年的競爭和兼併，重慶經營豬鬃的出口商除了「古青記」之外，只剩下了三家。這三家沒有倒閉，業務卻奄奄不整，根本就不是古耕虞的對手。到了抗戰前夕，古耕虞便將這三家商號併入「古青記」，成立了四川畜產公司，簡稱「川畜」。

「古青記」在初期，就大有「異軍突起」之勢，之後有了「掩有重慶山貨業天下之半」的聲響；而成立「川畜」時，古耕虞已經是名副其實的重慶山貨市場的霸主了。但是，這些對於古耕虞來說，

並非事業的終點，他的目標在於：問鼎中原，壟斷全國。

「乘」的不僅僅是商業利潤

　　抗日戰爭爆發前後，由於備戰物資需求量大，而豬鬃生產卻因戰爭的影響大為減少，因此，豬鬃價格暴漲，重慶二十七號配箱每磅由一點二元漲到三點三元，同時外匯美元價格又由三點三元改定為二十元，這樣一來，古耕虞的「川畜」公司作為同行業的佼佼者，必然獲得了暴利。

　　各方資本見到有利可圖，也紛紛申請成立公司，加工豬鬃以圖出口。國民黨政府也透過統購統銷和成立復興公司來限制古耕虞，「川畜」工作人員常常受到軍隊、特務和稅收機關的種種刁難、勒索和壓榨。然而，在古耕虞的運籌經營下，「川畜」克服了重重困難，不斷地向前發展，地位反而大大提高了，從一個地方性的川幫企業上升成為一個全國性的大企業。除了在四川之外，「川畜」還在貴州、雲南、陝西、湖南、河南等省廣泛設立收購和加工機構。在國際市場上，「川畜」的「虎牌」豬鬃占到銷售量的百分之二十，「虎牌」豬鬃的聲譽比戰前更高了，英美的進口商全都知道「川畜」的名聲，知道中國的豬鬃大王古耕虞和他的「虎牌」商標。有了這樣一個穩固的基礎，抗日戰爭勝利後，「川畜」擺脫了統購統銷政策，在自由貿易中迅速得到發展，很快沿江而下，到達漢口、上海，並且北上占領了天津主陣地，打擊了美商萬記和英商怡和洋行的夜郎自大的囂張氣焰。一九四六年至一九四七年，「川畜」的業務異常發達，每年的營業額均達到一千餘萬美元，獲利一百萬美元，純利潤率達到百分之十；一九四八年，營業額高達三千餘萬美元，純利潤率為百分之三十左右。按照資本算來，「川畜」註冊時資金僅為

十六萬美元，除去每年股東所分的利潤外，到一九四八年，「川畜」的全部資金約為七百萬美元，商業資本淨增四十多倍。

在這期間，古耕虞不僅在經營上取得了成倍的收益，在其他方面，他的收穫比資本收益還要大。作為一個資本家，古耕虞深深知道，自己公司的起步、發展和壯大，離不開員工的勞動，如果勞資關係處理不好的話，雙方的矛盾便是一個具有很大內耗的不利因素。因此，他非常注意改善勞資關係，儘量減少雙方的利益衝突。按照他自己的話來說，那就是他有「一套軟化收買員工的辦法」。除了給予高薪之外，利用送股票的辦法來收買職員，使他們都擁有「川畜」的股票，同時，員工組織福利委員會也擁有百分之二十五的股票。這樣一來，員工就被「資方化」了，變得勞不勞、資不資了，他們每個人都是公司的小股東了，並且進而都想成為大股東，發財致富，於是，員工就不願與資方對立，勞資矛盾得到緩解。抗日戰爭時期「川畜」的工廠被日本飛機轟炸時，工人們都能夠搶救豬鬃，使損失達到最低限度，這一方面說明工人階級的覺悟高，努力生產以支持抗戰；另一方面也說明古耕虞的勞資政策的確起了作用。抗日戰爭勝利後，工人們提出增加薪水的要求，古耕虞並不像別的資本家那樣，對於工人的要求置之不理，而是理解他們的合理要求，給他們分析薪水不高的原因是國民黨政府的統購統銷政策，這個政策不利於公司的自由競爭和發展。當工人們表示要罷工遊行時候，他也表示支持。在工人們罷工的壓力和各方面的輿論支持下，國民黨政府只好廢止了統購統銷法令，實行自由貿易。古耕虞就是這樣，把勞資矛盾轉變為統一對外，團結起來向國民黨政府的不合理政策鬥爭。可以毫不誇張地說，古耕虞的這一系列管理措施是行之有效的，是另一種看不見的、不能用貨幣來衡量的資本。

第十五章　豬鬃大王古耕虞

　　古耕虞的「川畜」公司能夠在國際上打響，除了他有雄厚的資本以外，他的豬鬃產品的商標被稱為「紅色的老虎」是起了決定性的作用的。外國買主只認中國的「虎牌」豬鬃，也只是因為相信「虎牌」豬鬃，而不管從事「虎牌」豬鬃出口的是「古青記」，還是「川畜」，這是因為「虎牌」豬鬃的品質和信譽已經深得國外買主的人心。由此看來，古耕虞的「虎牌」是他的一張王牌，那是比信用證更具有效力的資本。當然，古耕虞能夠做到這一點，也是頗費一番心血的。豬鬃生產因為季節的不同，品質是有所不同的，而古耕虞卻使得自己的產品全年都是一個標準，不至於一時好，一時壞，幾十年內的成品率幾乎完全一樣，外國買主看到「虎牌」商標，就可以放心的購買，無須擔心品質問題。做生意，重合約、守信用也是至關重要的，「川畜」在與人做生意的時候，從來沒有發生過毀約或者其他有損於買主的事情。即使成交後發生了不屬於古耕虞他們公司的意外情況，古耕虞也力所能及地替買主分憂。這種做法，表面上看來，自己受損，實際獲益很大。正如古耕虞所說，這是「不能以數字來說明的資本」。外國買主這樣說：「和古耕虞訂立合約，可以安心睡覺，絕不至於有任何問題發生。」「古耕虞的合約和英格蘭銀行的信用一樣，絕不會發生問題。」

　　作為一個商人，古耕虞當然知道心裡想著賺錢，但作為一個成功的商人，他卻不僅僅只想著賺錢。古耕虞一家三代人的經營史，充滿了半殖民地時期洋商予以的剝削和欺侮，而古耕虞以自己的努力向世人顯示了中國人的才智和骨氣。在做生意的時候，他一方面以自己的信譽贏得了洋人的信任；另一方面也以自己的實力在洋人面前表現了一個中國人的尊嚴和自豪。古耕虞看到，一些外國冒險家來華時兩手空空，只憑著在華特權，利用中國買辦的資金和社會

影響就能夠發大財。舊中國之所以成為「冒險家的樂園」，最大的「樂」就在於那些只圖自己發財，不惜在洋人面前卑躬屈膝的中國人替他們做買辦。古耕虞非常痛恨這些外國冒險家，也痛恨那些沒有骨氣的中國「奴隸」。一九三二年，古耕虞就以自己的智謀，把一個美國的不速之客納爾斯趕了回去。當時，納爾斯以為中國是個發橫財的樂園，重慶又屬於天府之國，只憑著一張信用狀就隻身一人來到重慶打天下，企圖在山貨商那裡賺大錢。可惜，他遇上了古耕虞這個剋星，古耕虞略施小計，就把這個美國人鬧得騎虎難下；納爾斯只好把購得的羊皮全部轉手給了「古青記」出口，灰溜溜的離開了古耕虞的地盤。冒險家的美夢成了黃粱一夢。

一九四八年，在豬鬃價格一度下跌的形勢下，美國一些公司見到有利可圖，紛紛聯合起來，相約壓價。古耕虞知道這是一次勇氣和骨氣的較量，經過深思熟慮，他下決心，把所有的豬鬃收買起來，並且要同業最好也不要賣給美商，以免損害中國的利益。當時，他共計收買了一萬多箱豬鬃，並以一百多萬美元貸給中國國內各專業機構。美國商人對他說：「你買下這麼多，如果我們不買你的，看你怎麼辦？」古耕虞十分自信的說：「你們非買不可。如果你們三年不買，我就把豬鬃扔掉，自己跳海。」過了多久，美國商人就支撐不下去了，鬃價一下暴漲了百分之五十。古耕虞這一大膽的措施，使得自己的公司利潤大增，也大長了中國人的志氣，維護了中國人的利益。

美國政府凍結了中國在美資金，「川畜」被凍結的資金有七百多萬美元。古耕虞決定與美國駐香港總領事交涉，去香港之前，有人從安全的角度，勸他不要去交涉，但是具有強烈愛國思想和民族自豪感的古耕虞還是去了，經過反覆交涉，終於把這筆資金

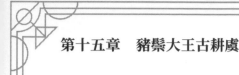

解凍了。

「除」的辯證法

　　表面上看來，「除」意味著消滅或者減少。但是，如果除去一個分母是一個小於一的數，或者從整體與部分的比較來看，除去一個部分，反而能夠有助於整體的利益時，情況就截然不同了。

　　對於古耕虞來說，這個小於一的分母就是那些不利於公司發展的因素；這些因素只有及時的除去，才能有助於企業的發展。「川畜」雖然是在「古青記」這個父子公司基礎上發展起來的，但是古耕虞在經營上，卻開放股權給予外姓人，宣布這個事業是社會上的事業，不是姓古一家的獨占。在董事會和企業領導機構裡，他也是採取了選賢任能的方法。為了企業的大發展，他多次「三顧茅廬」請來能人。他的表兄違反了公司章程的重要規定，古耕虞認為這樣一個不利因素不予以排除，就不能對其他人予以嚴格要求，毫不姑息地將他開除。這一「除法」的結果，無疑是大大有利於公司的。

　　今天的中國在市場經濟形勢中，古耕虞這位「豬鬃大王」的經營史很值得我們研究，他的經營管理思想對於當前的經濟發展和企業管理也有著相當的借鑑意義。

第十六章　經營之神劉鴻生

　　民國時期眾多的民族企業家中，劉鴻生以「煤炭大王」、「火柴大王」、和「水泥大王」聞名於中國。他聲譽卓著，成就斐然，創辦的劉氏企業涉足煤炭、火柴、毛紡織、搪瓷、銀行、保險等許多行業。一九五六年公私合營時，他的企業資產總額為人民幣兩千萬元。明察秋毫，恢恢大度。創業維新，不封故步。細心大捐，勤功所務。愛國心長，義無所顧。

　　劉鴻生之所以被人們尊稱為「經營之神」，之所以從一個沒有本錢的煤炭跑街而成為劉氏企業的創始人，與他的睿智精明和寬宏大度是分不開的。

背叛「上帝」，學業中斷

劉鴻生，原籍浙江定海。定海在明清的時候屬寧波府管轄，故他也稱自己是寧波人。一八八八年，劉鴻生生於上海，父親劉克安是上海至溫州的一艘客輪上的總帳房，月薪頗高，家裡的經濟情況很好。

劉鴻生七歲那年，他的父親不幸亡故。父親一死，家裡一下斷了收入，加之又沒有多少積蓄，從此一家十多口人的生活成了問題。劉鴻生天資聰敏，外表俊朗，祖母很是寵愛他，多年來母親和全家人，就是吃盡苦頭，也一直供養他上學。

在聖約翰大學學習期間，劉鴻生刻苦攻讀，是品學兼優的好學生，受到老師和校長的青睞。有一天，劉鴻生被校長叫到辦公室，校長親切地告訴他，由於他的成績好，他們決定送他去美國，接受牧師的培訓，四年以後回國做牧師兼英文教員，將來月薪豐厚，還有洋房一幢。這在當時，是難得一遇的好機會，連宋子文那樣的學友也認為是不可多得的機遇。

可是回到家裡，母親和兄妹堅決反對，原因是當時牧師和民眾經常有衝突，牧師被打死屢見不鮮，劉母要劉鴻生馬上去回絕校長。

第二天，當劉鴻生把母親反對的意見告訴校長時，洋校長勃然大怒，他根本沒有想到一個貧困的中國學生會拒絕他。於是他以「背叛上帝」的名義立即將劉鴻生開除，這樣，才大學二年級的劉鴻生不得不含淚離開了學校。而憑他的家境，讀一個月有十元補貼的教會大學已很艱難，更別想進入其他的大學了。劉鴻生回到家裡，全家人除了流淚，再沒有其他辦法。

　　為了維持自己和全家人的生計，劉鴻生開始外出找工作，起初，他在上海一家英租界的巡捕房作翻譯。那裡的薪水太低，無法維持一大家人的生存問題，後來他又經過熟人介紹，去了英商開平礦務局當推銷員。從此，劉鴻生走上了艱難的經商道路，走上了布滿荊棘的民族工業發展的道路。

推銷起步，煤炭業稱王

　　當上開平礦的推銷員以後，劉鴻生負責開平煤炭在上海的銷售。然而，開平煤當時在上海根本就沒有市場。為此，劉鴻生費盡了心思，到處聯繫，設法搞好與客戶的關係。在當推銷員之初，他根本賺不到錢，甚至連本都保不住。無奈之下，劉鴻生只得深入內地去推銷。他去了無錫、宜興等地方，當他看到那些地方的磚瓦、陶瓷業所用的燃料是木柴而不是煤時，就動了心思，先是千方百計地接近窯主及燒爐的師傅們，關係搞熟了以後，再說服他們改裝爐排，用開平煤作燃料，並擔保，如果費用高於燒木柴，一切費用由他來承擔。

　　結果一家窯試用了之後，效果很好，其他的窯主看到以後，也紛紛改燒開平煤，開平煤就這樣漸漸地被他打通了銷路。他用木船將開平煤運到窯地，並收取磚、瓦、石灰作為煤的價錢，再把這些東西運到上海等地銷售，這樣，他不僅回收了煤的價錢，還在銷售磚、瓦、石灰中得到一筆利潤，木船來回均不空載，運費也大大降低。

　　因為取得了大的業績，劉鴻生很快被提升為買辦，那時，他年僅二十四歲。劉鴻生不久就在上海成立了開平礦務局煤炭銷售處（一九一二年開平礦務局改稱為開灤礦務局），並建成開平碼頭，設

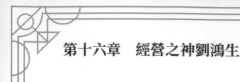

置貨棧，積極推銷開灤的煤炭。

劉鴻生並不滿足擔任買辦所得的傭金收入，他與上海最大的煤號——義泰興煤號進行合作。劉鴻生沒有在義泰興作任何的投資，而義泰興想利用劉鴻生的關係同開灤礦物局訂銷煤的合約，以獲得好處。此時銷售開灤煤已經是很賺錢的了，根據合約的規定，義泰興每銷售一噸煤劉鴻生可獲得四至五錢的銀子。由於正值第一次世界大戰期間，外國的企業深受戰爭的影響，中國的民族企業發展迅速，所以煤的需求量增長很快，義泰興煤號也不例外，這樣，在與義泰興煤號合作的過程中，劉鴻生獲得了巨大的利潤。

那時，開灤礦務局原有的煤船由於戰爭的需要被英國政府徵用了，開灤的煤無法從海上運到上海，開灤礦務局的洋經理就和劉鴻生商量，要求劉鴻生自租船隻，這就又給劉鴻生帶來了好的運氣。那個時候每噸煤的成本加上租船運至上海的費用，煤價每噸是十四兩銀子左右，這樣劉鴻生每銷售一噸煤就可以獲得四至五兩的銀子，這使他大發橫財，在短短的幾年裡，劉鴻生就成了百萬富翁了。

後來，劉鴻生在長江中下游的各埠都設立了銷煤機構。在上海，除了與義泰興合作外，還與人合夥開設了另外的兩個煤號，這兩個煤號不僅經銷開灤煤，也兼銷山西煤、日本煤等。在蘇州、無錫、南京、蕪湖等地，劉鴻生也都設立了開灤煤的分銷機構，這樣劉的分銷機構就遍及了長江中下游。

劉鴻生還利用投資和合併等手段，控制外埠的煤號。他在向外埠的煤號推銷開灤煤時，經常先請這些老闆吃飯，要求他們經銷開灤煤，當他們提出資金不足時，劉鴻生立即答應投入資金作為合作，原來的老闆仍為經理，並增加經理的薪水。老闆也希望自己的

規模增大，以適應競爭，因此他們一般都很樂意接受合作，漸漸的，原來的外埠煤號的老闆，就都變成了劉鴻生的夥計了。透過這種方式，劉鴻生不僅增加了開灤煤的銷售量，還賺得大筆的資金。

一九二六年，劉鴻生聯合義泰興等四個煤號成立東京煤公司，獨家經銷鴻基煤，至此，劉鴻生已腰纏萬貫，在上海的煤業中，已找不到他的競爭對手，他成為名副其實的「煤炭大王」。

劉氏企業，漸成氣候

一、投資火柴工業

劉鴻生在經營煤炭有所成就的時候，就已經不甘心只經營煤炭了。當時流行「實業救國」的思想觀念，他也想創辦自己的民族企業，以洗刷以前「買辦」的名聲，因此，他決定「利用自己口袋裡的鈔票做點事情」。

劉鴻生首先選中投資的，是火柴工業。因為，火柴工業設備簡單，不需要太多的資金，加之，一九一九年蘇州洪水泛濫，很多的災民流離失所，劉鴻生想借此安排一些災民，讓他們生產自救，因為火柴工業恰恰需要較多的勞動力。還有一個原因是個人方面的：劉鴻生的岳父葉世恭就是以辦火柴廠發家的。葉世恭有個女兒葉素貞，經人介紹認識了劉鴻生，他倆一見鍾情，私定終身，可是葉世恭嫌棄劉鴻生只是一個煤炭跑街的，堅決反對。拖了很久以後，因為葉素貞的一再堅持，葉世恭才迫不得已同意他們的婚事。這件事情對劉鴻生的刺激很大。那時他就曾說過，自己今後一定要辦一個火柴廠，和葉世恭的火柴廠一較高下。

經過分析以後，劉鴻生認為在蘇州辦廠最好。因為，蘇州是中國火柴廠的發源地，買火柴的人都知道去蘇州進貨。劉鴻生知道，

在中國銷路做得最好的是日本的「猴子牌」火柴，也是他興辦火柴廠的勁敵。因此，只有在品質上下工夫，趕上或超過猴子牌，才能打開銷路。於是，他親自下工夫鑽研火柴生產的全過程，閱讀了許多有關火柴方面的書籍，在他著手建廠之前，就對火柴生產有了相當的了解。另外，他還認為，創辦企業必須注意引進國外的先進設備和先進技術，為此應該不惜重金聘請高科技人員。

一九二〇年，劉鴻生在蘇州創設了華商鴻生火柴無限公司，資本額為十二萬元。這是劉鴻生創辦的第一個民族企業。在創辦之初，鴻生火柴廠內受同行的競爭，外遇外貨的大量傾銷，銷路不暢，虧蝕累累。

就在鴻生火柴廠毫無起色的時候，劉鴻生岳父葉世恭的火柴廠瀕臨倒閉了。那個火柴廠是中國早期的民族企業裡歷史悠久、規模較大的一家，一九二四年，因銷路日縮，資金短缺，捐稅繁重，而無法維持下去。劉鴻生遂與人合夥購買了下來。葉世恭火柴廠的倒閉，不僅給劉鴻生的火柴廠減少了一個競爭的對手，也讓劉鴻生揚眉吐氣，掙足了在結婚時損失的面子。

自葉世恭的火柴廠盤入以後，鴻生火柴廠就開始扭虧為盈了，第一年年終結算，營利十萬元。一九二五年「五卅慘案」發生後，全國掀起抵制外貨的運動，使得國貨火柴的生產有了很大的轉機，鴻生火柴廠終於打通了銷路。

二、與外貨競爭，成為「火柴大王」

很快地，隨著中國抵制外貨、日貨的風聲稍稍停息，瑞典的鳳凰牌火柴便乘機侵入了中國。為了增強實力，瑞典的火柴公司收買了日資的燧生公司和中國的一批華資火柴廠，他們在中國生產火柴，就地銷售，增加了競爭力。同時，他們還派人遊說劉鴻生，企

圖收買鴻生火柴廠。

在這個關鍵的時刻，劉鴻生沒有被他們的威力嚇倒，沒有屈服，他以一個青年企業家的勇敢冒險精神，欣然迎接挑戰。為了爭奪火柴市場，改進產品的品質，劉鴻生斷然增加資本五十萬元，墊款二十萬元進鴻生廠，將原先的股份無限公司改組為股份有限公司，並以月薪一千元聘請留美化學博士、滬江大學教授林天驥兼任工廠工程師。月薪一千元，這在當時的科技人員中實屬罕見，作為總經理的劉鴻生也沒有拿到這麼多。由此可見，劉鴻生是下定決心要提高鴻生火柴的品質了。

林天驥任職以後，經過半年的潛心研究，終於解決了火柴受潮易脫、磷邊磨損兩大品質難關，使得鴻生火柴品質得到了一次質的飛躍。

後來，為了在和瑞典火柴的競爭中取得優勢和地位，劉鴻生還說服了熒昌、中華兩個大廠與鴻生廠合併。一九三〇年，這三個大廠組成了大中華火柴公司。劉鴻生任總經理，為擴大資產，他賣掉價值二十多萬元、位於霞飛路上的私人住宅。這三個大廠合併以後，其實力之雄厚，讓許多的小火柴廠無法生存，以至許多的小廠都被他收買。

大中華火柴公司的資本不斷擴大，銷路日益暢通，產值也不斷提高。當時，公司的火柴產量竟占華中地區火柴產量的一半，成為當時全國規模最大的一家。劉鴻生因此也成了中國的「火柴大王」。

一九三一年「九一八事變」後，日本占領了中國的東北，勢力漸漸擴大到華北的廣大地區，同時，日本的火柴工業也在東北和華北飛速發展，日資的火柴不僅占領了中國的廣大市場，他們還公開走私，傾銷自己的產品。在這咄咄逼人的勢頭下，劉鴻生不得不為

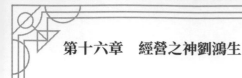
他的火柴尋找新的出路。他以全國火柴聯合會的名義向當時的稅務署請求制止走私漏稅，得到的回答是：「除了和日本打仗外，別無他法。」

在深深地感受到日本火柴的威脅下，為了保護自己的利益，他決定採取「聯夷制夷」的手法，邀請日本火柴巨頭沙川來到上海，和他商討中日火柴產銷聯營。他的目的，是想借此阻止日本的低價火柴進入華中市場，與其劃分銷售範圍，用聯營的手法把日貨擋在華北一帶。一九三五年，中華全國火柴聯合會與日本磷寸同業聯合會達成產銷聯營協議，根據協議，中日雙方都派代表入住對方的聯營社，以監督產銷聯營的執行。「八一三事變」後，日軍占領上海，日方的派駐代表的真實身分才暴露出來，原來他是被日本軍部派遣潛入中國內部的一個大特務！大中華火柴公司和日商聯營後，火柴的價格提高了，劉鴻生和日方都得到了很好的利益，而中國的中小火柴廠卻苦不堪言。

三、創辦水泥廠，獨占上海市場

劉鴻生說：「我相信所有的資本家都有這樣一個癖好，那就是總希望一個企業變成兩個，兩個變成三個。」

劉鴻生自己當然也不例外。繼成功地創辦了火柴廠以後，他還辦了好幾個民族企業。上海是中國的工業和商業中心，第一次世界大戰以後，各行各業都在大興土木，新工廠不斷湧現，高樓一棟棟拔起，建築行業對水泥的需要與日俱增，國外的水泥源源不斷地湧進上海，但還是供不應求，劉鴻生看到這種情況，就下決心投資水泥業。

劉鴻生是一個非常精明能幹、深謀遠慮的人，做任何的事情從不貿然動手。在投資產業之前，他總是對此產業做一番細緻的調查

研究。對水泥業考察以後，他發現，中國的水泥工廠僅五家，其中華資三家，他們的產量遠遠跟不上市場的需求，況且中國的水泥消費還在不斷增加。而創辦水泥廠，總免不了要和外商競爭。他又對外國的水泥進行了分析，他認為水泥是笨重物資，遠航運輸代價昂貴，因此他不怕和外商競爭。

一九二〇年九月，劉鴻生與他人一起創辦了上海水泥公司，他的股份占一半以上，自任總經理，廠址設在龍華，這個廠址正對著劉鴻生家的樓房。

自工廠投產後，劉鴻生每天清晨都要站在他家的樓頂上觀望著工廠，無論嚴寒酷暑，他觀注最多的是工廠的煙囪，如果煙囪沒有冒煙，他就知道工廠因什麼事故而停止生產了，若煙囪冒的是黑煙，他便打電話督促要將黑煙燃盡，以節約煤炭，減少成本。

劉鴻生一向對人才非常重視，他不惜重金聘請了德國技師馬禮泰為水泥廠的工程師兼廠長，除月薪外，每年給馬紅利兩千元，另外還給他住宅一套。可惜，優厚的待遇與馬禮泰對工廠的貢獻不相稱。他任職期間，酗酒過度，塗改貨單，營私舞弊。在馬回國修養期間，劉鴻生去函通知他，他已經被解僱了。

而後劉鴻生又聘用了一名德國的技師昂赫脫來代替馬禮泰，昂赫脫雖然使生產技術有所提高，但此人來廠後，作威作福，自恃是洋人，不受廠規的約束，動輒打罵員工，廠裡的民憤極大，劉鴻生也不得不將其解僱。

劉鴻生本來是非常相信外國專家的，他先後聘請了五名外國的專家技師，最後都因各種原因被解僱，後來他轉變了思想，決定任用中國的工程師來負責全廠的技術工作。這些中國的工程師透過不懈的努力，解決了很多德國人無法解決的技術難題，使水泥的品質

大大提高，成本逐漸下降。

　　上海水泥廠的水泥出貨以後，取得了上海公共租界工部局頒發的品質合格化驗單。但是，唐山啟新水泥廠是中國最早的水泥廠，它生產的水泥品質很好，且生產的全部材料都來自工廠附近，成本很低；而上海水泥廠生產的水泥，產地既無煤也無石灰石，煤來自路途很遠的唐山，石灰石採自浙江，所以成本很高，致使水泥在同行業的競爭中處於不利的地位。為避免相互競爭帶來的不利影響，劉鴻生就派人和唐山啟新廠談判，和他們簽訂聯營合約，這樣上海水泥廠逐漸占領了上海市場。

四、經營碼頭

　　碼頭、倉庫是煤炭經營的必要基礎設備，身為「煤炭大王」的劉鴻生沒有放過對碼頭業務的經營。一九一八年，為擴大自己的煤炭經營，劉鴻生與義泰興煤號共同設立義泰興碼頭公司。一九二七年，劉鴻生改組義泰興，成立中華碼頭公司，劉鴻生任公司董事長，為了能掛上英商的牌子，劉鴻生特聘英國人霍金斯為公司的經理，劉鴻生之所以要用洋人來經營碼頭，主要是因為經營碼頭要和海關港務局打交道，而海關港務局掌握在洋人手裡，聘洋人為經理好辦事。再者，當時航運業被洋商輪船所壟斷，洋人出面拉客，利於招攬生意。

　　霍金斯上任後，利用他和各洋商碼頭的關係，從其他碼頭調來了一些能幹的管理人員，管理碼頭和倉庫的日常工作，使中華碼頭公司很快就走上正軌。

　　後來，劉鴻生又興建了江陰碼頭。為了便於集中管理，他把它和自己的中華碼頭公司組成中華碼頭股份有限公司。一九三八年，日軍侵占上海，為了避免日軍對碼頭的控制，劉鴻生將他的

中華碼頭公司與義大利人合股組成新的公司，並在義大利領事館註冊，聘用義大利人經營碼頭。但是，劉鴻生的做法最終還是無濟於事。不久，日軍封鎖了江面，掠奪了中華碼頭公司的財產。1一九四二年，中華碼頭公司因一直被日軍占領，無法經營而不得不宣布解散。

五、創辦毛紡織廠和搪瓷廠

一九二九年，劉鴻生創辦了章華毛紡織廠。早在一九○六年，上海龍華日暉港邊有家日暉氈呢廠，因經營管理不善而停產，後來劉鴻生買下了日暉港的地產，也同時得到這家工廠的廠房和機器設備。劉鴻生將這些機器設備拆遷到浦東的周家渡，再從歐洲購買些新設備，一九三○年章華毛紡織廠正式投產。然而在投產之初，由於生產設備落後，機器經常出現故障，又無人會修理，加上廠裡沒有建立起嚴格的規章制度，結果生產出的產品品質很低，成本又高，市場滯銷，虧損嚴重。

暫時的挫折沒有動搖劉鴻生辦好毛紡織廠的信心，他為扭轉虧損的局面，換了一個又一個經理，最後，他聘用程年彭為經理，並拿出二十萬股金作為懸賞金。

程年彭上任後，對人事做了重大的調整，增強了經濟管理能力，同時，他也注意引進新的技術，更新舊機器，從而提高了產品的品質。由於他的有效管理，章華廠開始有了起色，「九一八事變」後，為迎合人民的愛國心理，章華廠用「九一八」做商標，製造出大量的「九一八」嗶嘰推向市場，結果產品被搶購一空，從此，產品的銷路被打開，產量逐年上升。

在創辦毛紡織廠的同時，劉鴻生還與他人一起創辦了華豐搪瓷公司，廠址就設在浦東周家渡中華碼頭內。第一次世界大戰期間，

中國的搪瓷廠如雨後春筍般相繼成立，華豐廠在這種勢頭下，也應運而生了。

當時，華豐廠的主要機器設備是從日本進口的，技術人員也大都來自日本；廠裡所用的鐵皮等原料主要從美國進口。華豐廠一開始就大量招收學徒工，學徒工沒有技術，他們的薪水是很低的，同時學徒每人進廠時要交一筆保證金，這對於當時資金短缺的華豐廠來說是大有裨益的。

可是，華豐廠自投產後卻很不景氣，產品成本高，銷路不暢，資金周轉困難，專靠借債過日子，即使有的年份賺了不少也都變成了銀行的利息。一九二五年，華豐廠進入最困難的時期，劉鴻生在對華豐廠進行全面的分析以後覺得前途黯淡，棄之不足惜，於是，他辭去華豐廠董事長的職務，隨後將股份轉讓給他人。

六、開辦煤礦，反擊洋人挑釁

自一九二〇年代開始投身民族工業起，劉鴻生已創辦了火柴、水泥、碼頭、毛紡織、搪瓷等企業。隨著不少企業經營的成功，劉鴻生對創辦企業的興趣有增無減。然而，由於各企業業務繁多，劉鴻生已沒有精力去推銷開灤煤礦的煤，不得不將開灤售品處的業務交給胞弟劉吉生去負責，這引起了開灤礦務公司的強烈不滿。開灤礦務公司一方面對劉鴻生提起法律訴訟；另一方面以削減貨源的辦法對劉施加壓力，企圖在經濟上壓垮劉鴻生。

在這種情況下，劉鴻生決定親自創辦一個煤礦，擺脫開灤礦務公司洋人對他的壓迫。就在此時，徐州附近的賈汪煤礦因經營不善而宣布破產，劉鴻生得此消息，立即出資八十萬元，將賈汪的全部財產買下，在一九三二年，成立了華東煤礦公司。然而，在煤礦投產之初，原井因被水淹沒，不能出煤，公司本來企圖修復，可是修

復它需要花費昂貴的代價，於是不得不去開闢新井。新井投產後，產量很小，加之沿線煤礦甚多，車輛嚴重缺乏，一遇戰事，煤運立即停止，因此華東煤礦虧損嚴重。

後來，劉鴻生採取了很多的辦法，克服了運輸不便等諸多的不利因素，使生產蒸蒸日上，大量的煤炭開始占領了上海的市場，給了洋人開辦的開灤煤礦一個有力的回擊，也澈底打破了洋人對上海煤炭的封鎖。

顛沛流離，興辦企業

一九二七年，日本發動了全面的侵華戰爭。十一月，日軍占領整個上海，在日寇的鐵蹄下，中國的民族企業受到了沉重的打擊，劉鴻生的企業當然也不例外，當時他的全部企業都在日軍的占領之下。

一九三八年一個寒風呼嘯的冬夜，為了躲避日軍的跟蹤，劉鴻生悄然登上一艘由上海開往香港的輪船。在即將離開這個付出了無數心血的工業基地時，他想到那些自己全部丟棄的企業，不禁潸然淚下。

到達香港以後，劉鴻生不甘沉淪，依然辦起香港的大中華火柴廠。他親自選定廠址，購買機器設備，在不到一年半的時間裡就投產出貨了，可這家廠投產不足一年，香港也被日軍占領了，劉鴻生又一次受到沉重的打擊。他在痛定思痛後，決定去重慶，同時派遣他的兒子劉念智去上海偷拆自己章華毛紡織廠的機器。當時上海日軍戒備森嚴，敵軍搜查頻繁，在敵人的眼皮底下拆走機器，其難度是可想而知的，劉念智想了好多種方法，最後用五十多萬元的昂貴代價，雇了一個瑞士冒險家，透過他打通日軍，冒死將機器拆出

第十六章　經營之神劉鴻生

並偷運出上海。當時他是先將機器運往緬甸仰光，再設法運往重慶的。一九四二年初，劉念智透過買下的十二輛美國卡車，運載這機器設備從仰光開往重慶，從仰光到重慶的路途遙遠，山巒疊嶂，狹窄的山道上車輛擁擠，敵機還不時跟蹤轟炸，劉念智同行的七人中，三人失蹤，一人死亡，歷經千辛萬苦，才將機器運到重慶。

劉鴻生有了機器，新廠就該立即投產，可是經過抗戰以來幾年的奔波和挫折磨難，劉鴻生的資金已經嚴重匱乏。為了解決資金的問題，劉鴻生派人奔走於國民黨政府的財政部、經濟部和銀行之間。但當時通貨膨脹嚴重，物價飛漲，銀行的利息不斷地調整，銀行的貸款只能是短期。這使得劉鴻生的企業依然困窘，無可奈何之下，劉鴻生只得求助於財政部長孔祥熙，孔祥熙明確的說明，政府不可能給以長期的貸款，除非劉鴻生的企業擴大股份。由政府援資，這是劉鴻生最不願意接受的條件，但是小手臂終究扭不過大腿，劉鴻生經過一番掙扎後，只得舉手投降。自政府入股後，劉鴻生成了微不足道的小股東，原來的大老闆差不多成了小夥計了，雖然他依然擔任總經理，可是他已經喪失了一切經營管理權，政府委派的副總經理卻大權在握。一向明謀善斷、善於經營的劉鴻生此時不免黯然神傷。

經過劉鴻生堅持不懈的努力，火柴原料公司和毛紡織公司開始投產了。由於產品壟斷了整個大後方的市場，銷路很好，公司年年獲得大筆的利潤。雄心勃勃的他並不滿足於此，他頻繁地奔走於大後方，不斷創辦新的企業。短短兩年內，他先後在蘭州設立西北洗毛廠和西北毛紡織廠，在貴州創辦氯酸鉀廠，但是，由於受到官方資本的侵入，劉氏股份所占的比例在逐年下降。

劉氏企業的歸宿

　　一九四五年八月，日本投降了。在抗戰勝利的鼓舞下，劉鴻生決心重整旗鼓。自重慶回到上海後，他被任命善後救濟總署行長兼上海分署署長。利用這個職務，劉鴻生很快收回了大中華火柴公司、章華毛紡織公司、上海水泥公司、中華碼頭公司、華東煤礦等，加上抗戰期間在西南、西北創辦的中國毛紡織公司、中國火柴原料公司、西北毛紡織公司等，劉氏企業的陣容可謂非常龐大。

　　然而，造化弄人，在戰後舊中國的紛亂環境裡，劉鴻生並沒能重振他的企業。由於第二次世界大戰後美國的產品以救濟為名，大量湧進中國的市場，廉價銷售，致使國貨毫無銷路，在政府的三年「善後」下，工廠大量關閉，工人紛紛失業，與此同時，由於內戰的爆發，烽火遍野，物價飛漲，民不聊生，工商業遭到空前的劫難，劉鴻生的企業也不例外。他的大中華火柴公司因原料缺乏，通貨膨脹，售價不夠成本，無法維持再生產，改以經銷美國的火柴原料。章華毛紡織公司也因產品無銷路，產銷俱困，經營慘淡。水泥公司在復工後不久，因遇美貨的來華傾銷，產品的銷路全被攘奪，公司時開時停。只有中華碼頭公司由於大量儲存美貨，營利頗豐。華東煤礦公司一時也還不錯，但也只是曇花一現。

　　劉氏企業於一九五〇至一九五六年間，先後實行了公私合營。一九五六年十月，這位著名的民族實業家因病在家逝世，終年六十八歲。

　　劉鴻生雖然逝世了，但是人民不會忘記他。當年他成了百萬富翁以後，從不忘為人民做好事。當他看到自己家鄉落後的教育面貌時，曾捐資數萬元興辦定海中學和定海女子中學，免費錄取學生上

學，此外，他還幾乎每年向醫校捐款，向災民提供救濟。

　　劉鴻生雖然逝世了，但這位中國現代歷史上十分難得的經營鉅子一直抱定的「實業救國」的強烈願望，敢於與帝國主義列強相抗爭的精神，依然在國民的心中蕩然回存著。

第十七章　糧棉大王榮氏兄弟

　　在民國時期的民族實業家行列裡，榮宗敬、榮德生兩兄弟是馳名中外的；他們創辦的企業中，有茂新、福新麵粉公司和申新紡織公司，包括其他機構和附屬企業，規模之大，在當時無人能出其右，儼然一個榮氏王國。在麵粉、棉紗兩大行業中，榮氏兄弟獨領風騷幾十年，因此被冠以「麵粉大王」和「棉紗大王」之美稱。

　　榮氏兄弟的父親榮熙泰也只是一個小小的稅吏，而且到榮氏兄弟逐漸長大後，他們的家境已經很沒落了，因而榮熙泰活著的時候，是怎麼也不能想到，他的兩個兒子會取得那麼大的成就。

初涉商業，創立錢莊

　　一八七三年，榮宗敬出生於江蘇省無錫西郊的一個村落裡。兩年後，其弟榮德生也出生了。他們的父親榮熙泰曾在廣東做過十年稅吏，因而，兄弟出生的時候家境還算殷實。但是，到了兄弟倆漸漸長大的時候，家境也漸漸衰微了。榮宗敬七歲進私塾學習，讀到十四歲，他就外出闖蕩了。開始，他先到上海南市鐵錨廠當學徒。榮宗敬是個有志氣的人，一心想做出點名堂來，可是他畢竟年齡小，工作又累，不會照顧自己，不久就患上了傷寒，只得回家修養了一陣子。榮宗敬明白家裡生活艱難，所以身體剛好些，又返回了上海，進入永安街源豫錢莊當學徒。三年期滿後，他去了南市的某匯劃號做跑街。那時所謂的跑街，就相當於我們現在的業務員，工作辛苦又沒有什麼保障。在他做跑街的時候，正值中日甲午戰爭爆發，他所在的店裡因經營天津小麥失利，虧蝕嚴重，關門倒閉了。無奈之下，榮宗敬只能回家，無所事事。

　　榮德生可不像哥哥那樣胸襟開朗，雄心勃勃，具有領袖能力，他從小就是一個木訥寡言的孩子。四歲那年才開口講話，童年也只在私塾裡讀過五六年書，但是私塾的老師和他的父親卻發現他不僅做事嚴謹認真，而且具有驚人的記憶力。十五歲時，他背著父母，到上海找到哥哥，讓哥哥給他找個事做，以緩解家庭生活的壓力。

　　但是上海的工作並不好找，直到第二年，通順錢莊開業，榮德生才由哥哥介紹到永安街通順錢莊當學徒。三年期滿後，他嫌錢莊的薪水實在太低，就沒有再做下去。一八九四年二月，十九歲的他隨父來到廣東三水河口厘金局。當時有個稅吏是江蘇太倉人，叫朱仲甫，榮德生就在他的手下幫理帳務。榮德生由於做事情極其認

真，又有許多的好點子，不久就被人們尊稱為「師爺」。一個剛滿師的學徒，忽然被人如此尊敬，榮德生感到非常快活，他工作得更努力了，暗中，便把做稅吏當成了自己的終生職業。正在他踏踏實實地走著自己的每一步，設法得到「實監生」的資格，作為今後捐官的基礎時，孰料，老天作弄，次年冬，他們父子都沒有得到連任的通知。榮德生非常失望，只得垂頭喪氣的隨父回到了無錫。

一八九六年正月裡的一天，榮熙泰忽然感覺身體不適，榮德生便陪父親到御醫馬培之處看病，見馬的處所氣派闊大，而且收入豐厚，心中羨慕極了，回家後就買了醫書，閉門苦讀，妄想也能像馬培之一樣。榮熙泰勸他：學醫並不容易，要熬到中年才能成名，不如開店容易發展。但是榮德生已經陷進去了，他一味沉迷學醫，沒有聽進父親的話。

榮宗敬這時已經二十二歲了，榮熙泰看見他長期賦閒在家也不是辦法，就帶他到上海找職業。朋友們都勸榮熙泰開個錢莊，榮熙泰看到上海這時已經是中國商業經濟的活躍地帶，進出口貿易十分繁忙，民族工業逐漸崛起，使得金融流通與日俱增。開錢莊已蔚然成風，同輩中周舜卿、祝蘭舫等都因此而發了財，榮熙泰不禁心也動了，他想：兩個兒子本來就是學錢莊出身，業務駕輕就熟，錢莊的管理又容易，開支也不大，真是再合適不過了。

主意打定後，他拿出自己多年的積蓄，馬上與人合夥在上海開辦了一個錢莊，取名號為「廣生」。榮宗敬任經理，榮德生也丟開了醫書，過來管總的帳目，這是榮氏兄弟合作自營事業的第一步。

經營了沒有多少時間，他們看到業務做得不錯，又在無錫設立了分店。就在這年六月，榮熙泰病故，去世前他反覆叮囑兩兄弟：一定要小心經營，凡事以信譽為重。兄弟倆遵照父親的遺囑，謹言

慎行，以誠為信，開辦三年，不盈也不虧，另外的合夥人見無利可
圖，便抽走了股金。這樣，從一八九九年起，廣生錢莊就由榮氏兄
弟獨自經營了。

　　在他們含辛茹苦的經營之下，機會終於敲響了榮宗敬兄弟的大
門。此時政府正在發行新銀幣，內地和上海之間的匯款不斷，利率
相差較大，這樣錢莊就開始了營利。

　　一九○○年爆發了義和團反帝運動，北方軍糧需求大大增加，
由上海匯往無錫、常州、宜興等地採購小麥的款項為數頗巨，由於
廣生錢莊信譽好，匯款業務也隨之大增，初次經商的榮氏兄弟看到
滾滾而來的利潤，滿心歡喜，這年營利約七千元左右。此後一連幾
年都是如此。這筆盈餘，日後便成為了榮氏兄弟發家的原始資本。
這便是榮氏抓住了天時。

投身實業，開辦麵粉廠

　　一八九九年冬，榮德生受朱仲甫之舉薦，再次到廣東擔任補
抽局總帳房。因為錢莊的業務比較穩定，榮宗敬一人也能應付得下
來，榮德生就放心的去了。廣州是中國近代開放的窗口，這裡的人
思想活躍，敢於開拓，善於經營，這些都使榮德生大受啟發。當
時，介紹西方科技和實業的書籍也紛紛出版，榮德生對於這些書籍
產生了濃厚的興趣。有一次，他讀到一本《美國十大富豪傳》，書
仲介紹了美國十個大資本家怎樣依靠興辦實業發家致富的經歷。這
本書榮德生讀了許多遍，他聯想到上海、廣東的許多外國企業大
獲利潤的實例，驚喜的發現，在這個世界上，還有比錢莊更賺錢
的事業。

　　但是想歸想，做歸做。那時，他還是想走正道的，即科舉做官

的路。古人云：萬般皆下品，唯有讀書高。而讀書，就是走正道最好的途徑。有一天，苦悶徬徨的他出門閒逛，遇到一位相面的人，便向他請教今後的出路，相面的人端詳了他一番以後，說出了六個字：不是官，不是商。他對算命之類很迷信，相信了相面人的話，於是決定做一樁新事業。此時正好義和團運動爆發，他怕戰事擴大了回不了家，便託故請假要求回上海。

當時，從廣州回上海，多半要到香港中轉，榮德生待在香港候船期間，天天要到輪埠探問船期。有一天，他突然看見海灘上有一片雪白的東西，走上前仔細一瞧，原來是麵粉袋中落下的粉屑，白花花地鋪了一地。此情景讓榮德生的心中一動：要辦新實業，做麵粉不是新實業嗎？此時洋粉大量湧入，每年不下千萬包，中國每年損失的白銀無可計數。投資麵粉，既挽回了利權，又解決了民生食用之需，何樂而不為？

於是，一回到上海，榮德生就迫不及待地把想法告訴了榮宗敬，榮宗敬也覺得錢莊利潤不大，不如興辦新式工業，完全贊同把錢莊的資金轉移到實業上來。他們堅信，只有不斷開拓創新，才能找到致富的途徑。

在榮宗敬的支持下，榮德生著手進行可行性調查。他看到，由於八國聯軍的入侵，北方局勢動盪，市面蕭條，但是在萬業蕭條中，麵粉業卻一枝獨秀，價格高而穩定。他又看到，中國的舊式商人大都安於舊法經營，企業死氣沉沉，不能得到發展。而滬、港興辦的新實業者，大多獲利頗豐，於是覺得開辦麵粉廠前景非常樂觀，可以一為，便最後拿定了主意。

在當時中國的境內，已經開辦了四家麵粉廠，即天津飴來牟、蕪湖益新、上海阜豐和英商增裕。一開始的時候，榮德生對麵粉廠

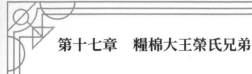

第十七章　糧棉大王榮氏兄弟

一無所知，他就想方設法進麵粉廠參觀，但各廠都是對外保密的，他們打不進去。榮德生想盡了辦法，透過賄賂熟人，才得以到增裕廠去參觀，所謂參觀，只能是走馬觀花流於表面，關鍵部門的軋粉車間進不去。儘管只是看到了皮毛，榮德生還是對建廠所需的造價、營運所需的資金等，在心中大致有了數。

就在這時，朱仲甫卸任返滬了，榮宗敬就將辦廠的事情和他商量，朱仲甫也很感興趣，表示願意合作。他們商定三萬元的股金，朱仲甫和榮宗敬一人一半。因為朱仲甫久在官場，做起來頗得人事之便，他負責辦理立案，榮氏兄弟負責籌劃廠基、廠房及機器設備等。

他們訂購了六十馬力引擎一部、法國鏈石磨子四部、麥篩三道、粉篩二道，設備很簡單，廠子取名為保興麵粉廠，這個麵粉廠就是榮氏兄弟從經商轉向現代工業的開始。

一九〇一年二月，榮氏兄弟在無錫西門外開始興建廠房，正在動工之時，卻遭到以江導山為首的地方紳士勢力的阻撓，他們誣告保興廠擅自將公田民地圍入界內，又胡說保興的煙囪正對著學宮，導致「文風有礙」，迫使知縣下令讓榮氏兄弟遷移廠址。這場官司一直打到江蘇省撫臺，榮氏兄弟據理力爭，朱仲甫多方託人打點關係，齊心合力打贏了這場官司。

遭到了如此的意外，建廠工程被拖延了十個月。一九〇二年二月，保興廠才正式開機，日出麵粉三百包。出粉後一開始銷路並不佳，因為人們吃慣了土粉，對機製粉有排斥心理。而且，那些打輸了官司的鄉紳土豪也惡語中傷，到處散布流言，說什麼機器粉顏色這樣白，肯定攙有洋藥，吃了會中毒的，還造謠說：有一老翁和少女就因為吃了這種粉中毒死了。他們說得跟真的一樣。所以一開

始人們對保興粉都有戒心，縱然它賣的比土粉還便宜，但仍打不開銷路。

面對如此的窘境，榮宗敬兄弟焦慮異常，急忙派人到當地麵館、點心店等上門推銷，先是讓他們免費試用，大家食用後並無中毒事件的發生，這樣才逐漸解除了人們心中的疑團，無錫的市場才逐漸打開。

為了北上開闢市場，榮氏兄弟又覓到了王堯晨和王虞卿兩兄弟。王虞卿擅長推銷工作，和北方的營口、天津等各幫坐莊均有交誼，榮宗敬就放手讓他們工作，王虞卿不負眾望，不多久就把所存麵粉銷售一空，這一年廠裡稍有營利。

保興廠有了一個不算壞的開端，榮宗敬兄弟也逐漸充滿了信心。可這時朱仲甫卻開始動搖了，他見經營麵粉廠賺錢太少，遠不能和做稅吏相比，心中便覺乏味，想回廣東，榮德生磨破了嘴皮子，真心的挽留他，但是沒有作用。一九〇三年，朱仲甫退出了保興股份。怡和洋行買辦祝蘭舫知道後，意欲收買麵粉廠，但榮宗敬兄弟的辦廠決心非常堅定，只允許祝認購所有股份中朱仲甫的部分，榮氏的股份不讓，最後祝氏認購了四千元的股份，榮氏兄弟股份增至兩萬四千元，保興資本額擴充到了五萬元。八月，保興改組為茂新麵粉廠，榮德生任經理，榮宗敬任批發經理。

日俄戰爭爆發後，日、俄兩國及中國的東北各地都大量地需要麵粉，麵粉利厚而穩定，但茂新廠用的是已經過時的石磨，所出的麵粉比鋼磨的品質差、成本高、售價低，無法與他廠競爭，榮德生便決心更新設備。一九〇五年五月，他以分期付款的方式，向怡和洋行訂購了十八英吋英國鋼磨六臺，其他輔助機器因資金不足都由自己仿製，八月正式開車後，每天出粉五百包，加上原來的石磨，

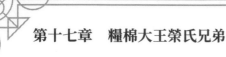

第十七章　糧棉大王榮氏兄弟

每天出粉八百包，其中大部分運到東北銷售。

日俄戰爭結束後，俄國人在哈爾濱所建的麵粉廠大都垮了。榮德生抓住這個時機，馬上令王虞卿從煙臺轉赴營口推銷，僅三個月，就銷掉麵粉二十餘萬袋，獲利兩萬餘兩白銀。這年（一九〇四年），年終結算，茂新廠營利達六點六萬兩白銀。榮氏兄弟初次嘗到了辦廠的甜頭，不由萬分興奮，決心繼續努力，再創佳績。

天有不測風雲，正當榮氏兄弟躊躇滿志的時候，茂新局勢卻急轉直下。由於天氣影響，小麥欠收，而受麵粉利潤大的誘惑，新的麵粉廠迅速崛起，致使市面上小麥需要量激增，加上洋粉不斷的湧進，粉價大跌，終成麥貴粉賤的局面。在一九〇六至一九〇八年間，茂新廠連續虧損，資本幾乎蝕得一乾二淨。榮宗敬心急如焚，連忙到聚豐錢莊求援，借得大筆的資金，才渡過難關。

造成茂新廠瀕臨倒閉的另一個原因是投機的失敗。由於榮宗敬發財心切，曾入股投機商號裕大祥。一九〇八年，他看準做麵粉投機能賺大錢，便投入大量資金押寶，卻不料粉價大跌，又沉失訂貨一船，虧本約五萬元，裕大祥遭此劫難閉歇了，廣生錢莊受到牽累，也只得收歇。這是榮宗敬涉足商海以後最感頭痛的一次，已經到了欠款沉重、生活基本需用都無著的地步。沒辦法，在再三思忖後，榮宗敬只得拿出田單作抵押向銀行、錢莊借款。這次投機的失敗，也給了榮氏兄弟一個沉痛的教訓，兄弟倆商量後，認為還是辦工廠賺錢最穩妥，從此便一心一意地辦好工廠。

茂新廠經歷這次磨難後，繼續開工生產，在不斷受挫折的經營過程中，榮氏兄弟越來越體會到改進設備，提高品質，降低成本對企業發展所起的作用。所以，榮德生每次到上海來，總是想方設法蒐集各種麵粉生產的新資訊。

　　一九〇九年七月，他喜獲美商恆豐洋行正在兜售最新式的粉機樣本，他看後非常中意，就積極地籌劃更新設備。可惜資金短缺，無能為力，但是他沒有氣餒，經過多方與朋友聯繫籌措，在一九一〇年的三月，終於將新機裝備完畢，運回使用。產品的商標用「兵船」牌，這次，榮氏兄弟注重品質，在包裝上也力求改進，銷售有所好轉。

　　一九一一年春季多雨，尤其在小麥收割的前幾天，霪雨霏霏，小麥品質因而下降。夏秋之交的一個傍晚，榮德生從惠山回廠，經過一個地方，看到日光返照在小麥倉庫的牆上，水痕足有三、四尺高，他推想，如果倉庫裡有麥子的話，恐怕已經變壞，便借道到附近的倉庫取麥驗看，裡面的麥子果然已經是曬傷發熱了。回到家以後，他立即通知各地原料收購人員，注意收購小麥時的品質，如果遇到熱壞麥，概不收購。後來，其他各廠出售的麵粉，粉質粗糙，粉色黃黑，唯有「兵船」牌粉色雪白，粉質細膩，令人見而生喜，「兵船」牌頓時聲名鵲起，一下子戰勝了許多老品牌，年終營利十多萬兩。

　　正在榮氏兄弟專心致力於麵粉廠的發展時，手下的得力幹將王虞卿、浦文汀私下商議，想自謀發展，他們一個是駐滬銷粉主任，一個是無錫購麥主任，都是很有辦法的人，但兩家資金有限，無法開廠。榮宗敬得知後，建議三家合夥籌建，王、浦覺得情不可卻，就答應了，榮氏兄弟各出一萬元，浦氏出一萬二千元，王氏出八千元，合成四萬元，採用租地、租屋、欠機等措施，用由小到大的方針，來解決資金困難。一九一二年底，籌建就緒，正式定名為上海福新麵粉廠，即後來的福新一廠，榮宗敬任總經理。一九一三年二月，福新一廠開工，每日出粉一千袋。由於浦文汀辦麥很有經驗，

第十七章　糧棉大王榮氏兄弟

在無錫一帶的小麥行業裡也很有信用，王虞卿對銷路得心應手，這就保證了供銷管道的暢通。因為它和茂新廠是兄弟廠，所以產品也冠以「兵船」牌商標，因此出現了貨還在工廠裡就已被訂購一空的局面，而且客戶都是十足付款，這就為福新廠減輕了一大筆周轉資金。

浦文汀把福新廠的進麥搭在茂新名下一起辦，用賣出上海匯票的辦法支付麥款，無錫錢莊將匯票寄到上海去收款，見票後照例還有幾天的期限才能付款，而小麥在無錫購進後，即日就用船運到了上海，只需一夜的時間，等到小麥進機，又可預先拋售麵粉。福新開業不到幾個月，便賺進四萬元，榮宗敬兄弟的辦廠熱情更加高漲了。

隨著生產規模的擴大和經營經驗的成熟，榮氏兄弟決定不斷地擴大自己的勢力。一九一三年的夏初，榮宗敬集資三萬元，租辦了上海中興麵粉廠；同年冬，又集資十萬元，籌建福新二廠。福新二廠一九一四年年底開車生產，每日出粉五千五百袋，獲利甚多。

一九一四年八月，第一次世界大戰爆發了，帝國主義列強忙於戰爭，無暇東顧，中國的民族工業得到了飛速的發展，其中尤其以麵粉業為甚。這是因為，外粉的傾銷壓力減輕了，而各交戰國的麵粉需求量劇增，所以中國麵粉的出口迅速增長，出現了前所未有的興旺景象。面對這千載難逢的機遇，榮氏兄弟十分興奮，大力擴充原有企業的規模，並連年增建新廠，步入了最繁榮的黃金時代。幾年的時間，企業擴大了數倍，形成了一個頗具規模的企業集團。

一九一四年增建福新三廠，日出麵粉四千五百袋；一九一五年，他們又買下中興麵粉廠，改稱福新四廠。

一九一六年至一九一八年間，茂新先後承租華興、元豐兩家麵

粉廠，其中惠元麵粉廠租期滿後由茂新一廠買下，改稱茂新二廠，華興廠租期滿後由福新買下，改稱福新六廠。

一九一九年，茂新、福新麵粉暢銷全國，遠銷英倫三島。天津所銷的上海粉中，茂新、福新的麵粉占總額的四分之一以上，各廠獲得了巨額的盈餘，而盈餘的積累，又為擴大再生產提供了資本。榮德生曾回憶說：「民國八年，茂、福新粉所銷之廣，嘗至倫敦，各處出粉之多，無出其右，至是有稱以大王者。」

榮宗敬為麵粉業百分之三的營利率所激勵，又在濟南籌建茂新四廠，一九二〇年開工，日出麵粉三十袋，相當於濟南三家麵粉廠的生產總和。又在漢口創設福新五廠，日出粉六千袋，規模為漢口粉廠之冠。同年，又在無錫建立了茂新三廠。一九二〇年，建成福新七廠，一九二一年，建成福新八廠，日產量分別達一萬四千袋和一萬六千五百袋，這是當時罕見的兩個大型麵粉廠。

就這樣，到一九二一年為至，榮宗敬、榮德生以精明的頭腦，超凡的魄力，成功地創立了榮氏麵粉王國。在這個「王國」裡，開設的麵粉廠前後共十二個，擁有粉磨機三十臺，日生產麵粉七萬六千袋，占全國民族資本麵粉廠生產能力的百分之三十一點四，在國計民生中具有舉足輕重的地位。

投資紗廠，亦成大王

在興辦實業之初，榮氏兄弟就有投資衣、食兩大工業的設想。榮德生曾說：「要辦實業，最好的方向就是衣和食。」一九〇三年，榮德生到杭州參觀麵粉廠時，在通益公紗廠的客房裡投宿，該廠的總辦陪他參觀紗廠生產情況，榮德生一邊留心細細地聽講，一邊一一地把聽到的情況錄入自己的日記裡。

一九〇五年七月，榮德生到榮瑞馨家裡吃素飯時，在北京路壽聖庵做打醮，無錫西門子洋行的買辦葉慎齋、禪臣洋辦張石君等人都在場，榮德生提議在無錫創設紗廠，他的動情演說吸引了大家的注意，他的精妙分析讓幾人折服，眾人當場附和，共投股二十七點〇八萬元。

紗廠定名為振新，訂購了英制紗機二十八臺，共十萬〇一百九十二錠，於一九〇七年開工，榮氏兄弟沒有安排實職。但開工以後，因為管理不善，虧蝕甚巨，僅半年就欠裕大祥商號三百餘萬元，上海、無錫兩地股東意見總是不能統一，在眾多股東的干預下，生產幾乎無法維持。

一九〇九年，為了挽回局面，振新紗廠決定人事改組，由榮德生任總經理。榮德生走馬上任後，立即著手整頓，對帳房、材料、生產等環節進行調查，加以清理、核實，還到了原料產地，花行了解收購情況，大力著手降低成本，在榮德生的辛苦經營下，幾個月後，企業就復甦了，各股東才稍感安心。

一九一〇年，受上海股市「橡皮風潮」的影響，上海錢莊倒閉的不計其數。振新大股東榮瑞馨也虧了許多，他就借了振新的地契向匯豐銀行押款，但是到期後卻無力贖回，被匯豐銀行轉交上海道臺，要求將振新廠查封抵償，於是，與振新有往來的錢莊聞訊後紛紛來索討欠債。為了挽救振新，榮德生每天早晨乘火車到上海，到處籌措貸款，晚上再回無錫料理廠務，勞累異常，如此往返奔波三十餘次，才借到十二萬元，廠裡又設法湊出四萬元，才贖回地契。

一九一一年，中國各地大水成災，到處是水鄉澤國；秋天，爆發了武昌起義。水災和政局的變動，使市面銀根緊縮，利率大漲，

振新廠的資金周轉失靈，只得停工。董事會幾經商量也找不到起死回生的辦法，後來，挖空心思想出了發行「薪水票」的方法。在得到了工人的諒解之後，停工一個月的振新廠始得復工。

轉眼到了一九一四年，歐洲戰事爆發，外國棉紗進口銳減，奄奄一息的民族紡織業如同被打了一劑強心針，頓時起死回生了，成為新熱門的投資。榮氏兄弟自然不會放過這個千載難逢的好機會，決定擴大生產。他們向德商訂購細紗機一萬八千錠，價格約三十萬元，分期付款，振新廠擴建後，煥然一新，每日可出紗七十餘件，每日營利六百元左右，連怡和紗廠的工程師參觀後也讚賞不已。

但是雄心勃勃的榮氏兄弟並不滿足，在董事會上，榮德生說：「要賺大錢，所以要大量生產，照三萬錠能賺幾何？」提議在上海建振新二廠，在南京建三廠，在鄭州建四廠。董事會的人聽後嚇了一跳，心想：如此一來，即使能賺錢，也沒有希望拿現大洋了，都對榮德生的想法感到無法理解。而大股東榮瑞馨因投機失敗，無事可做，急於把振新攬到手中。他藉口帳目不清，要查帳打官司，意在和榮氏兄弟爭權，這件事情後來經過無錫商會出面查帳，靠商會會長華藝三的幫忙，糾紛才得以解決，解決的結果是：振新拆股，榮氏兄弟退出。

榮氏兄弟沒有想到事情會是這樣的結局。遭此一事，榮氏兄弟憂憤難抑，他們那不輕易服輸的性格又爆發出來了，發誓一定要自創天下。

一九一五年五月，榮氏兄弟經人介紹購得上海一家榨油廠的廠房和地皮，他們修建以後作為紡織廠，不久，購入英國的細紡機一萬兩千九百六十錠，在年底正式開業，這就是上海申新第一紡織廠。榮宗敬深感股份公司受董事會之累，遂決定把申新採取無限公

司的形式，便於集中權力經營企業。這樣，在財務制度、成品銷售、原料採購、人員調動等方面，總經理榮宗敬均可大權獨攬了。

　　榮宗敬非常重視擴大企業的規模，他的指導思想是：借入、買下、賺錢、還債。在麵粉業是這樣，在棉紗業也是這樣。一九一七年，美國棉價飛漲，印度棉花進口銳減，國棉存貨缺乏，所以棉紗價格高得驚人。榮宗敬聽說恆昌源紗廠要出售，認為其地段好，便立即接洽，買下後，改名為申新二廠。同時，又在申新一廠創設布廠，所產布匹，主要製作布袋，以供麵粉廠之需，其餘則銷售各埠。

　　一九一九年「五四」運動發生後，抵制日貨的風潮席捲全國，日紗輸華量驟減，民族紗廠得到前所未有的發展。申新一廠一九一九年營利一百〇四萬元，營利率百分之一百三十一；一九二〇年年營利一百二十七萬元，營利率百分之八十五點一；一九二一年營利七十三萬元，營利率百分之三十點三。

　　巨額利潤使榮氏兄弟辦紗廠的興致越來越大，他們決定集資一百五十萬元，在無錫創辦申新三廠，地址就選在振新紗廠的旁邊。榮瑞馨坐不住了，那一段與榮氏兄弟的恩怨又浮現在腦海，他便拉上地方勢力蔣哲卿，糾集了一批農民，要在申新三廠的廠基上，建造一座橫跨績河兩岸的五環洞大橋。

　　榮德生看到工程受阻，多方設法說服江蘇督軍馮國璋禁造五洞橋，同意建造申新三廠，並對蔣哲卿施以壓力，蔣知趣而退。這一鬧騰，工程被拖了一年之久。一九二一年正式開工時，有紗錠五千錠，布機五百臺，規模之大，在中國首屈一指。

　　榮宗敬考慮到漢口的福新五廠開工後，布袋需求量極大，而湖北又是全國棉花的主要產區，因此打算在漢口建立申新四廠。但這

個計畫受到榮德生的反對。榮德生認為，申新四廠「才財兩缺」，前途不樂觀，而榮宗敬卻認為，多一個廠就多一個賺錢的機會，堅持集股建廠。榮德生沒有入股，兄弟倆第一次因意見分歧而各行其道。申新四廠建成後，確實如榮德生所料，年終欠總公司和漢口的福新五廠的借款達一百多萬元。至此，榮宗敬不得不佩服榮德生老成持重的經營眼光。

到了一九二二年，以榮氏兄弟資本為中心，共有茂新、福新麵粉廠十二個，申新紗廠四個，工廠分布於上海、無錫、漢口、濟南等大中城市，在冊工人約一萬兩千人。為了便於對多家工廠的管理，榮宗敬在上海江西路購地，籌建茂福、申新總公司。這時的榮氏企業，無論從生產上，還是從經營上，已經形成了很有規模的大企業集團模式。

這個時候，表面上榮氏企業興旺異常，但實際上骨子裡已經很虛弱了。由於榮宗敬採取先借入、再還錢的策略，使得企業發展過猛，資力不足，債臺越築越高。金融界擔心起資金的回籠來。這年的九月底，各錢莊都不肯再借錢，企業常年欠款達三百萬元，榮德生只得奔波於上海設法押款。當時，棉紡部分已經無厚利可圖，福新雖有微利，但杯水車薪，無濟於事。到十一月底，欠款達兩百萬元，為了免於大廈將崩，榮宗敬只能忍痛接受日商的苛刻條件，借到日本金三百五十萬元，得以渡過險關，但由於中國棉紗市場被日商操縱，棉貴紗賤，再加上苛捐雜稅，軍閥混戰，致使紗廠一落千丈，朝不保夕，申新各廠一九二三年至一九二四年間虧損逾百萬元。

為了擺脫困境，榮宗敬聯合約行，用停工減量的辦法，向棉布交易所購進棉紗等辦法阻止紗價下跌，但未能奏效；繼而，又向北

第十七章　糧棉大王榮氏兄弟

洋政府呈文，要求禁止國棉出口豁免花紗稅厘，也沒有結果。直到
一九二五年「五卅運動」爆發，全國掀起了抵制英、日貨，提倡國
貨的熱潮，民族企業有了喘息的機會，呆滯低落的棉紗市場頓見起
色。趁此機會，榮氏兄弟大力促銷，成績非凡，利潤豐厚。

　　剛一見好轉，榮宗敬又想擴大規模，以十分便宜的六十五萬元
購進德國的大紗廠，計兩萬八千八百錠，改為申新五廠。一九二八
年，發生「濟南慘案」，全國抵制日貨的情緒空前高漲，申新產品
一時供不應求，「人鐘」、「寶塔」等牌子的棉紗暢銷全國各地，訂
單如雪片飛來，催貨不斷，甚至有的不法分子將日紗改冒「人鐘」
商標，運往中國銷售以獲暴利。

　　這時榮宗敬膽量更大了，更有魄力了。他有一句為榮氏其他企
業家十分崇尚的格言「開工力求其足，擴展力求其多」。他連連建
廠，迅速擴大企業規模。一九二九年，以一百七十萬元收買外商東
方紗廠，建立申新七廠，有紗錠五萬錠，布機四百架；同年又添購
新機四萬錠，建立申新八廠。一九三一年，又以四十萬元半買半送
的低價購進三新紗廠，建立申新九廠。只要有可能，他就不斷地擴
充規模，到一九三一年，總公司負債已達四千萬元，這樣的天文數
字，也許會令別的企業家坐臥不安的，但對榮宗敬這樣有魄力有雄
心的企業家來說，卻並不當回事，安之若泰。

　　到一九三二年底的時候，榮氏兄弟共擁有九個紗廠，全年產紗
三十餘萬件，產布兩百八十萬匹，占全國民族資本棉紡廠的百分之
二十，布機數的百分之二十八。榮氏兄弟在被冠以「麵粉大王」美
譽以後，又被冠以「棉紗大王」的美稱，聲名響徹中外。

歷經危局，盛極而衰

　　由於舊中國特有的社會歷史條件，民族資本家注定要受到外國資本家和本國封建買辦資本家的雙重壓迫，在雙重夾縫中求生存的榮氏企業也逃不脫這個命運。

　　一九三一年政府改特稅為統稅，申新各廠全年由此增加稅額五百萬元以上，而且禁止麵粉運往北方，使得茂、福系統經營越來越困難。榮宗敬力陳艱難，多方呼籲，但都沒有用。

　　一九三一年，「九一八事變」爆發後，東北淪陷於日本侵略者手中，民族棉紗喪失廣大的市場。一九三二年一月二十八日，淞滬戰爭打響了，申新廠受戰火影響，一度停工。

　　一九三三年起，市場一日更比一日狹小，紗廠連年虧損，但這期間，麵粉業卻是福星高照，美國貸給國民黨大量的小麥，茂、福廠爭得了代磨小麥的機會，所以，在全國麵粉廠普遍困難的時候，茂、福卻興旺繁榮，一九三二年，純利達一百七十餘萬元，一九三三年也有九十萬元。

　　榮宗敬看到麵粉廠興旺而紗廠搖搖欲墜，打算以麵粉廠之餘救濟紗廠之虧，但王虞卿不答應。王虞卿因為深恐受申新的連累拖垮了麵粉廠，便把福新從茂、福、申新總公司中分離了出來，另立了福新總公司，自任總經理，榮宗敬勸阻不成，深感鬱悶，卻又無可奈何，這成為了榮氏王國由盛到衰的轉折點。

　　申新公司的處境越來越困窘，而歷年用於添置機器的欠款卻都已到期，各錢莊看到申新毫無起色，便紛紛前來索債，搞得榮宗敬寢食難安，此時「申九」廠基租期已滿，地主逼趕，榮宗敬只得向英商借巨款另建新廠，漢口「申四」又遭火災，榮宗敬又向中國銀

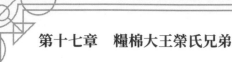

第十七章　糧棉大王榮氏兄弟

行借兩百萬元整修，價上加價，越拖越重。到一九三四年六月底，「申新」共負債六千三百萬元，而它的資產是六千八百萬元，已到了岌岌可危、大廈將傾的地步。此時，銀行不再放貸，主張以麵粉廠之餘補紗廠之虧。銀行業也不再信任榮宗敬，而希望做事按部就班的王虞卿來代替他。看著自己胼手胝足幾十年創立起來的基業竟要毀於一旦，榮宗敬不禁老淚縱橫，心如刀絞，他決定讓位，由王虞卿擔任總經理，條件是以申新三廠和七廠的產業及榮氏的私人股票一千餘萬元做抵押，組織銀行放貸五百萬元。

　　王走馬上任後積極向銀行疏通，此時無錫的「申三」情況略好，榮宗敬一再打電話向榮德生求援，榮德生猶豫不定，生怕以「申三」支援上海，弄不好會被連累。榮宗敬便派榮德生的長子回無錫，要榮德生取全部的有價證券到滬救急，語氣堅決地說：「否則有今日無明日，事業若倒，身家亦去。」榮德生當時正在無錫家中飲茶，聽到此話，驚得茶杯掉地，立即便決定到上海挽救大局，二十九日，押款五百萬元接洽成功，人心才為之一定。

　　王虞卿擔任總經理沒有幾天，看到局面很難維持，怕連累自己的一二百萬元的資產，便不想再做下去，榮宗敬見他中途變卦，火冒三丈，拍案大吵，把玻璃板都拍碎了，但也沒有用。由於王虞卿不肯答應負責，那五百元的押款，支付了兩百八十萬元就宣告終止了。這樣，一九三四年七月四日，「申新」在百般掙扎後終於擱淺。

　　在「申新」擱淺前後，榮宗敬曾向國民黨政府實業部、財政部等呼籲救濟，請求發行公司債券，實業部長陳公博此時正好藉機要將「申新」據為己有，榮宗敬連忙向吳稚暉求救，各地同行看到「申新」陷入魔爪，兔死狐悲，群起聲討，這樣陳公博才沒得逞。宋子文也打過「申新」的主意，由於當時債權人的利益衝突太複

雜，讓他不勝煩惱，鯨吞之夢才未能得逞。所以說，一九三四年、一九三五年，是榮氏兄弟投身實業以來最難熬的兩年，申新系統由於資不抵債，保險櫃等處常被法院貼上封條，榮氏兄弟見人便唉聲嘆氣，真是狼狽之極。

在這最黑暗的日子裡，榮宗敬感到心灰意冷，曾參加與組織了「上海市民協會」。後來，他被抗日組織警告，於是避走香港。一九三八年二月十日，榮宗敬在驚悸、憂鬱中病逝，享年六十五歲。馳騁商界三十多年的經營鉅子就這樣黯然離開了人間，弟弟榮德生痛失手足，悲憤異常，萬念俱灰。

然而，更難熬的日子還在後頭，由於日本帝國主義的步步進逼，申新五廠、六廠、七廠的原料和機器被日軍劫掠，一廠、八廠被炸，工人傷亡甚重，廠房和機器俱毀。隨著日軍占領區的擴大，申三廠、四廠等也都遭日軍燒燬和掠奪，福一廠、三廠、六廠被日軍占用，申五廠、六廠、七廠歸日軍管理，後來茂二廠、申三廠也被認為是「敵產」而被日軍管理。一九四一年十二月「珍珠港事變」後，在上海的日軍進入租界，申二廠、九廠被接管，福二廠、四廠、七廠、八廠被封鎖停工，總公司業務也停頓了。

但是，榮德生萬萬沒有想到，機會竟又來敲他的大門了。一九四三年後，日本鑒於戰局不利，改變了對占領區經濟的統治方法，變軍管為發還，以誘使中國資本家和他們合作。榮德生聞訊十分高興，申請發還「申三」，在被日寇勒索了巨額的費用後，「申三」終於收回了產權，並於同年的十二月開工。一九四四年，日產紗二十餘件，九月，建立常州支廠，日產紗四件，上海福新廠也積極爭取代磨日方軍麥，此時，不管是紗廠還是麵粉廠，都連獲暴利，營利率之高，歷史上從未有過，又由於通貨膨脹，使得榮氏企

業在償還債務上占盡便宜。

　　到一九四四年，所有上海申新系統的陳年老帳，竟然全部還清了，榮德生感到分外輕鬆，這是他做夢也萬萬沒有想到的。

　　抗日戰爭勝利後，榮德生曾幻想恢復和振興衰落的王國，但是沒有成功。一是由於內部的分裂。榮宗敬去世後，申新總公司分成了四個獨立的經營管理系統：總公司系統、申新二、三系統、申四系統、申九系統，福新麵粉系統仍由王虞卿掌握，別人插不進手。二是由於政府變本加厲的壓榨。一九四六年六月，榮德生遭綁票勒索，三十三天後才得以五十五萬美元贖回。這場險遇，差點送了他的命，脫險歸來的時候，他骨瘦如柴，步履艱難，幾近生命的盡頭。

　　一九五〇年五月八日，上海申新紡織廠總管理處成立，改變了各廠各自為政、分散經營的狀況，一九五一年、一九五四年、一九五六年，榮氏三次向政府申請，將一大批榮氏企業實行公私合營，完成了他心中的一件大事，以此為契機，榮氏資本在中國的企業開始了自己真正的春天。

　　一九五二年七月二十九日，榮德生在無錫寓所逝世，享年七十八歲。

後記

　　本書原名《中國老富豪》，現更名為《政客的工具人：從樓起到樓塌，十七位商業巨擘的坎坷人生》，再次出版。作為可讀性很強的經濟史作品，書稿內容沒有改動，但我仔細校訂了原文，修訂充實了部分史實材料，改與不改目的都是為了尊重大多數讀者的閱讀習慣。

　　一九九一年，我從偏僻的地方來到上海攻讀中國現代史碩士研究生。那時，我如飢似渴的泡在學校的圖書館裡，飽覽大量的歷史、文學書籍，「一心只讀聖賢書」的三年，使得我從原先對於歷史的一知半解，發展到對於歷史特別是中國現代史的一定領悟。作為中國民族實業家重要搖籃的上海，此時正在「一年一個樣，三年大變樣」，加速進行從計劃經濟向市場經濟的過渡，經濟熱潮逐浪滾滾，即便是很有書生氣的我，耳畔也無法聞聽不到這巨濤駭響。我尋思著，「經濟」一詞，本源於「經世濟民」之意，名副其實的「經濟」應該是：「整飭亂世，拯濟貧困。」從這一意義上來說，生活在半封建半殖民地社會的中國民族實業家，他們是花一番心血來對待這個問題的。二十世紀初的民族實業家由於歷史的原因，被塵封了整整半個世紀，不大為人們所了解。但他們的智慧，我們又如何能無視？他們起伏跌宕的創業經歷，可歌可泣的悲壯事蹟，這筆寶貴財富不正是我們這個時代所需要的嗎？身在他們「成就光榮和夢想」的這片土地上，無論從哪個方面說我都沒有理由迴避這一課題。於是，我草擬提綱，收集材料，畢業前夕，在完成畢業論文的同時完成了這本書的初稿。之後，我對二十世紀初的這些民族實

後記

業家代表包括工商業四大天王榮氏兄弟、南洋菸草簡氏兄弟、永安集團郭氏、劉鴻生等進行了深入的研究，充實修改每一個章節，加工潤色每一個字句，很快地，其中的一些篇目，在著名刊物上發表了，也得到了不少讀者的好評。

民族實業家這個課題除了我相當早的長期予以關注以外，其他著名學者諸如吳曉波、傅國湧也同樣給以注意。隨著在中國經濟的快速發展，我相信，會有更多的青年才俊關注這一領域。

有人說，創業者通常具備以下特點：一是他們眼裡有光彩。他們不相信不可能，在他們眼裡，成功只需要一次機會，當你準備好，機會隨時都會出現。二是創業者是個領導者。他們敢於負責，面對最嚴峻的現實，不逃避，不推卸，在他們心裡，比一切都重要的是責任。三是創業者能夠突破自己的瓶頸，在戰爭中學習戰爭，他們深刻認識，最大的敵人是自己，永遠不滿足已有的成功，把自己置於零起點。四是對於自己夢想的無比珍惜和熱愛，朝著目標不斷奮力，像一匹不停腳步的野馬，其動力遠非利益，而是自己的夢想。在本書中，這些特點都得到生動和具體的詮釋。

除此，我對於二十世紀初民族實業家的感覺和印象還有：他們勤奮刻苦，是社會上最能吃苦耐勞的群體，他們往往「沒有時間觀念」，把工作和休息合二為一，以自己的智慧，不辭勞苦地做別人不做也難以做到的事；他們性格剛毅，果決大膽，自信心十足，行動力極強，稍有基礎便新開門戶，以其獨立的姿態出現。相信自己所做的事業絕對能成功，便是他們的信條，他們善於交往，廣泛的整合資本、技術、勞力等各種資源，最大限度地發揮創造財富的本領；他們在最直接地分享到勤勞致富帶來的好處之外，往往成為經濟發展的主要支持者和推動者，但由於中國封建傳統數千年的影

響，商人的地位長期得不到政治上的最大扶持，這些民族實業家在很多時候甚至還要仰仗政治的鼻息，因而，時常表現低調，對於政策不敢放言評論，在社會不穩定的時期其政治立場大都左右搖擺，有的在政治鬥爭中成為最大的犧牲品，這也反映出他們在某些方面還不夠成熟。

二十一世紀是網路資訊時代，網路已經成為席捲全球的風暴，在新的時代背景下，企業的管理模式、經營理念都面臨創新革命，時代對於企業家的知識素養特別是他們的觀察力、想像力、抽象力、操作力和評價力要求更高，他們只有創造新的需求，新的機會，新的機遇，才能立於不敗之地。我同樣相信，在創業已經成為時代潮流的今天，本書的再版無疑具有很強的現實意義。

在寫作和出版本書的過程裡，許多師友曾給予了大力的幫助和支持，鄭存柱、阮凱豐、孫勝濤、楊國明、楊濤、郭傳火、李兵、龔洪烈先生和楊雁女士，在此一併對於他們表示深深的謝意。

張愛民

電子書購買

爽讀 APP

國家圖書館出版品預行編目資料

政商融洽的受益者，商業巨人的創業傳奇：
從學徒到大亨，挑戰極限且成就非凡，是什
麼造就那些商業翹楚的榮光？ / 張愛民 著 . --
第一版 . -- 臺北市：沐燁文化事業有限公司，
2024.07
面； 公分
POD 版
ISBN 978-626-7372-83-8(平裝)
1.CST: 企業家 2.CST: 企業經營 3.CST: 創業
4.CST: 傳記
490.99   113009907

政商融洽的受益者，商業巨人的創業傳奇：從學徒到大亨，挑戰極限且成就非凡，是什麼造就那些商業翹楚的榮光？

臉書

作　　　者：張愛民
發 行 人：黃振庭
出 版 者：沐燁文化事業有限公司
發 行 者：沐燁文化事業有限公司
E - m a i l：sonbookservice@gmail.com
粉 絲 頁：https://www.facebook.com/sonbookss/
網　　　址：https://sonbook.net/
地　　　址：台北市中正區重慶南路一段 61 號 8 樓
8F., No.61, Sec. 1, Chongqing S. Rd., Zhongzheng Dist., Taipei City 100, Taiwan
電　　　話：(02) 2370-3310　　　傳　　真：(02) 2388-1990
印　　　刷：京峯數位服務有限公司
律師顧問：廣華律師事務所 張珮琦律師

定　　　價：375 元
發行日期：2024 年 07 月第一版
◎本書以 POD 印製